电工电子科技创新人才培养系列教材

电工电子工程基础

尹 仕

华中科技大学出版社
http://www.hustp.com
中国·武汉

内 容 简 介

本书是华中科技大学电工电子科技创新中心实践创新培训系列课程"电工电子工程基础"的开篇课程教材。

本书分为五个部分：交流电路及安全用电、焊接技术、常用电子测量仪器仪表及应用、常用电子元器件、印制电路板设计与制作。其中，交流电路及安全用电、常用电子元器件，以及附录是面向初学者而提供的信息性、资料性的电工电子基础知识；焊接技术、常用电子测量仪器仪表及应用、印制电路板的计算机辅助设计是实践性很强的部分，是电工电子类实践创新的实践基础，是培训学生首选必修实践内容之一。

本书可作为高等工科院校本科生科技创新活动培训电工电子工程基础知识的教材，也可作为电工实习教材。

前　言

　　本书是为高等工科院校本科生科技创新活动培训"电工电子工程基础知识"而撰写的。本书涵盖了多数工科院校开设的"电工实习"内容，又根据我校电工电子科技创新中心的教学实践作了一些调整，如增加了"常用电子仪器设备使用"章节，目的是为学生进创新实验室或全开放实验室开辟设备使用的绿色通道。这借鉴了国外高校实验室开放管理中——学生进开放实验室必须拥有"设备使用合格证"的措施。本书也是华中科技大学电工电子科技创新中心实践创新培训系列课程"电工电子工程基础Ⅰ～Ⅸ"的开篇课程教材。

　　审视我国高等教育改革现状可以发现，课外科技创新教育以其实践性和时效性对学生具有巨大的吸引力，已成为当前高校教育的重要组成部分。国内高校教育工作者的积极探索和努力实践，课外科技创新教育已产生了多种形式，如大学生科技创业基金、创业网站、创新院、创新基地、创新团队等，其中"创新基地"正越来越成为主要形式之一，成效也十分显著：大学生公司、大学生专利、大学生国际大奖赛……与这种如火如荼的实践开展相反，适合"创新基地"需要的培训教材却严重缺乏，急需一批能满足各类科技创新活动需要的培训教材。

　　华中科技大学电工电子科技创新中心（以下简称中心）秉承"为精英提供机会，让机会造就大师"的理念，以"提高实践能力，培养创新精神"为人才培养目标，建立了全开放的创新实验室，以开设系列信息类实践选修课为培训平台，以重大学科竞赛为检测平台，构建基于本科生的课外实践创新培养体系，致力于将中心建设成为拔尖创新人才的孵化中心、国内国际重大学科竞赛的培训中心、科技创新活动及创新实践教学改革的示范中心。

　　经过多年课外科技创新人才培养的研究与实践，中心积累了大量的培训资料，并在学校全面推行学分制改革之际，将课外优质教学资源进行整合、优化，形成"电工电子工程基础Ⅰ～Ⅸ"系列课程，并以华中科技大学自然科学类公共选修课的形式面向学生设课。2003 年"电工电子工程基础Ⅰ～Ⅵ"系列课程被正式纳入华中科技大学公共选修课表。"电工电子工程基础"系列选修课经过近 4 年的不断建设，目前已增至 9 门。各选修课的教学主要内容与时间安排见表 1。将课外创新教育纳入正规教学体系，不但使分散、无序的课外科技活动规范化、有序化、制度化，同时也解决了多年来阻碍课外科技活动开展的诸多问题，如教师指导学生开展课外科技活动工作量的计算、酬金的发放，培训场所等系列问题。此外，开设系列信息类工程实践选修课，为大学生创新基地的常态化培训构建了培训平台。

　　本书分为五个部分：交流电路及安全用电、焊接技术、常用电子测量仪器仪表及应用、常用电子元器件，印制电路板设计与制作。其中，交流电路及安全用电、常用电子元器件，以及附录是面向初学者而提供的信息性、资料性的电工电子基础知识；焊接技术、常用电子测量仪器仪表及应用、印制电路板的计算机辅助设计是实践性很强的部分，是电工电子类实践创新的实践基础，是培训学生首选必修实践内容之一。本书未独立编写装配与调试章节，但在培训过程中安排有中心开发的"51 单片机开发板"的组装内容（为后续的单片机培训做准备），因组装内容常有变动未将此部分内容列入教材，编者建议培训教师结合各校自身实践创新的需要安排合

表 1 "电工电子工程基础Ⅰ～Ⅸ"系列课程教学主要内容与时间安排

课 程 名 程	学时数	学分数	主要教学内容	时　间
电工电子工程基础Ⅰ	32	2	电工实习及常用电子设备使用	大一下
电工电子工程基础Ⅱ	32	2	电子线路与系统理论基础	大一暑期
电工电子工程基础Ⅲ	32	2	电子线路制作基础	大一暑期
电工电子工程基础Ⅳ	32	2	单片机原理与接口技术及实验	大二上
电工电子工程基础Ⅴ	32	2	FPGA 设计与实验	大二下
电工电子工程基础Ⅵ	32	2	电子线路系统设计Ⅰ	大二暑期
电工电子工程基础Ⅶ	32	2	ARM 嵌入式技术基础	大三上
电工电子工程基础Ⅷ	32	2	嵌入式 Linux 软件设计	大三下
电工电子工程基础Ⅸ	32	2	电子线路系统设计Ⅱ	大三暑期

适的组装项目。

　　本书的编写工作得到电工电子科技创新中心全体师生的大力支持,桑伟、张利、吴松、陈华奇、徐勋建、李浩、杜骁释、郭崇军、饶波、陈柯宜、王贞炎、左文牟等许多中心学生为此书的出版及以前的讲义作出了大量的工作。在此,对他们的辛勤劳动表示感谢。本书的编写工作得到华中科技大学出版社的大力支持,责任编辑沈旭日老师对本书的整体规划、文图处理等提出了许多修改意见。在本书出版之际,谨向他们致以最诚挚的谢意。本书的编写工作还得到了全国大学生电子设计竞赛湖北赛区专家组的关心与支持,在此表示衷心感谢。

　　由于时间仓促,编者水平有限,本书中难免有错误或不妥之处,敬请读者批评指正。

尹　仕

2008 年 12 月于华中科技大学

目　录

第1章

交流电路及安全用电

1.1 交流电路

1.1.1 三相交流电

在生产实践中,三相电路应用很广,例如,在发电、输电和动力用电等领域,一般都采用三相电路。三相电路是由三个频率相同、幅值相同、相位差分别为 120°的正弦交流电动势为电源所构成的供电电路。

1. 对称三相电源的产生

对称三相电源由三相发电机产生。三相发电机主要由电枢和磁极所组成。图 1.1.1 为三相发电机的原理示意图。电枢是固定的,亦称定子,由定子铁芯和三相绕组组成。定子铁芯是用内圆表面冲有槽的硅钢片叠成的。在槽内放置三相匝数相等、互相独立的对称绕组,称为三相绕组。绕组的起端分别用 A、B、C 标注,末端分别用 X、Y、Z 标注。其中一相绕组如图1.1.2所示。三相绕组的 3 个始端(或末端)在空间彼此相隔 120°。电机的磁极是旋转的,亦称转子。转子铁芯上绕有励磁绕组,通以直流电励磁。合理选择极面的形状和励磁绕组的分布,可以使气隙中的磁感应强度沿圆周作正弦分布。

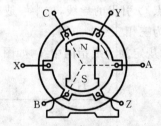

图 1.1.1 三相发电机的原理

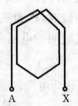

图 1.1.2 一相绕组

如图 1.1.1 所示,当发电机的转子由原动机带动,并按顺时针方向作匀速旋转时,每相绕组将依次切割磁力线,产生频率相同、幅值相等、相位差分别为 120°的正弦电动势,在 3 个绕组中所产生的电动势分别为 e_A、e_B 和 e_C。若以 e_A 为参考正弦量,则有

$$e_A = E_m \sin \omega t = \sqrt{2} E \sin \omega t$$

$$e_B = E_m \sin(\omega t - 120°)$$

$$e_C = E_m \sin(\omega t - 240°) = E_m \sin(\omega t + 120°) \tag{1-1-1}$$

式中,E_m 为电动势的最大值,E 为电动势的有效值。可用相量表示为

$$\dot{E}_A = E \angle 0°$$

$$\dot{E}_B = E \angle -120°$$

$$\dot{E}_C = E \angle 120° \qquad (1-1-2)$$

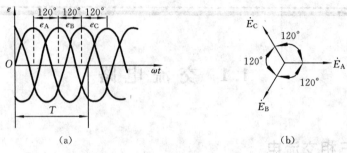

图 1.1.3　对称三相电源的波形及相量图

对称三相电源的波形、相量图分别如图 1.1.3(a) 和图 1.1.3(b) 所示。三相电源中每相电压依次达到最大值的先后次序称为三相电源的相序。式 (1-1-1) 表示的三相电源的相序为 A—B—C，即 B 相比 A 相滞后，C 相又比 B 相滞后，称为正相序。反之，C—B—A 的相序则称为逆相序。工程上通用的是正相序。工业上通常在交流发电机引出线及配电装置的三相母线上涂以黄、绿、红三色，以区分 A、B、C 三相。

2. 三相电源的星形连接

三相电源有两种对称连接方法，即星形 (Y) 接法和三角形 (△) 接法。三角形接法主要用于高压输变电系统。工厂及民用电的低压系统主要采用星形接法。

三相电源的星形连接如图 1.1.4 所示。将发电机的三个绕组的末端 X、Y、Z 接在一个公共点 O 上，这个公共点称为电源的中点或零点。由各绕组的首端 A、B、C 和公共点 O 引出导线与外电路连接，这就构成了电源的星形接法，简称 Y 形连接。从电源的三个首端 A、B、C 引出到负载的导线，称为相线或端线，俗称火线。由公共端点 O 引出的导线，称中线或零线。三相电路系统有中线时，称为三相四线制电路；无中线时称为三相三线制电路。

火线与中线之间的电压称为电源的相电压，其正方向规定为火线指向中线，如图 1.1.4 所示电路中的 $\dot{V}_A$、$\dot{V}_B$、$\dot{V}_C$，一般用 V_P 表示。火线与火线之间的电压称为电源的线电压，其正方向规定由 A 指向 B，B 指向 C，C 指向 A，如图 1.1.4 中的 $\dot{V}_{AB}$、$\dot{V}_{BC}$、$\dot{V}_{CA}$，一般用 V_L 表示。由相量法分析可知，

$$V_L = \sqrt{3} V_P$$

在我国，低压配电系统为三相四线制，规定相压为 220V，线电压为 380V，电源频率为 50Hz。通常，工厂车间、实验室动力用电一般为 380V 三相交流电。普通照明、家用电器、电子仪器等一般采用 220V 的单相交流电。

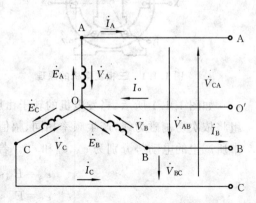

图 1.1.4　三相电源的星形连接

3. 电力系统简介

由发电厂的发电机、升压及降压变电设备、电力网及电能用户(用电设备)组成的系统称为电力系统。

发电厂是生产电能的场所。发电厂的发电形式主要有火力发电、水力发电、核能发电,以及潮汐发电、地热发电、太阳能发电、风力发电等。无论发电厂采用哪种发电形式,最终都是将其他能源转换为电能。

电力网的主要作用是变换电压、传送电能。它由升压和降压变电所及与之相连的电力线路组成,负责将发电厂生产的电能经过输电线路送到电力用户。

电力用户是消耗电能的。电力用户根据供电电压分为高压用户和低压用户。高压用户的额定电压在 1kV 以上,低压用户的额定电压一般是 380V/220V。

电能经电网输送到用电设备的过程如图 1.1.5 所示。

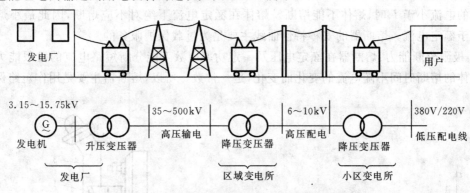

图 1.1.5　从发电厂到电力用户的输配电过程示意图

供电质量指标是评价供电质量优劣的标准参数,其主要参数如下。

① 电压偏移:用电设备的实际端电压偏离其额定电压的百分数。

② 频率偏差:供电的实际频率与电网的标准频率之差。

1.1.2　常用低压电器设备

在照明电路等低压配电网中,需要用到各种低压电器。低压电器是在交流 1000V 或直流 1200V 及以下的电路中,起通断,保护,控制,调节或转换作用的电器。低压电器按其在电气线路中的作用的不同,分为低压控制电器与低压配电电器两大类。低压控制电器包括接触器、控制继电器、启动器、主令电器、控制器、电阻器、变阻器、电磁铁等;低压配电电器包括刀开关、熔断器、自动开关等。本节将简单介绍在照明电路中广泛应用的几种配电电器的结构和工作原理。

1. 熔断器

熔断器是利用物质过热熔化的性质制作的保护电器。当电网或连接在电路中的用电设备发生过载或短路时,它能自身熔化以分断电路,从而可避免过电流的热效应及电动力引起的电网和用电设备的损坏,阻止事故蔓延。

熔断器主要由熔断体(简称熔体)、触头插座和绝缘底座组成。熔体是整个熔断器的核心。

熔体的材料必须具有熔点低、易于熔断、导电性能好、不易氧化和易于加工的性质。一般制作熔体的材料有铅锡合金、锌、铜和银等,选择哪种材料则要根据对熔断器保护的要求而定。一般将熔体制成丝状或片状。

熔断器的主要技术参数如下。

① 额定电压:熔断器长期工作所能承受的电压,如交流 380V、500V、1kV 等,直流 220V、440V 等。

② 额定电流:熔断器在长期工作情况下,各部件温升不超过规定值时能承受的电流。

③ 安秒特性曲线:亦称为熔断特性曲线、保护特性曲线,是表征流过熔体的电流与熔体的熔断时间的关系曲线,如图 1.1.6 所示。曲线说明熔体的熔断时间是随电流的增大而缩短的,是反时限特性。因为熔断器是以过载时的发热现象作为动作的基础的,而在电流发热过程中总存在 I^2r 为常数的规律,即熔断时间与电流的平方成反比,电流越大,熔断时间越短。安秒特性曲线的 I_r 称为最小熔化电流或临界电流,当通过熔体的电流等于或大于 I_r 时,熔体将熔断;当通过的电流小于 I_r 时,熔体不能熔断。熔体在额定电流下绝对不应熔断,因此最小熔化电流应大于额定电流。熔断器的安秒特性曲线主要是为过载保护服务的。

④ 极限分断能力:熔断器在额定电压及一定功率因数下能分断短路电流的极限能力。短路时熔体的熔断时间不随电流的变化而变化,是一常数。所以,熔断器主要是用作短路保护用的。

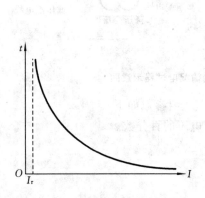

图 1.1.6　熔断器的安秒特性曲线

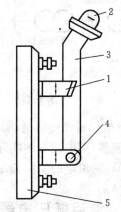

图 1.1.7　刀开关的结构

2. 刀开关

刀开关是低压电器中结构比较简单,应用十分广泛的一类手动操作电器,其主要作用是将电路和电源明显的隔开,以保障检修人员的安全,有时也用于鼠笼式异步电动机的直接启动。

如图 1.1.7 所示,刀开关由静插座 1、手柄 2、触刀 3、铰链支座 4 和绝缘底板 5 等组成,依靠手动来实现触刀插入插座与脱离插座的控制。对于额定电流较小的刀开关,插座多用硬紫铜制成,依靠材料的弹性来产生接触压力;对于额定电流较大的刀开关,则要通过插座两侧加设弹簧片来增加接触压力。为使刀开关分断时有利于灭弧,有时还装有灭弧罩。刀开关按刀的极数分,有单极、双极与三极等三种。

刀开关的主要技术参数有额定电压、额定电流、通断能力、动稳定电流、热稳定电流等。在电路发生短路故障时,刀开关并不因短路电流产生的电动力作用而发生变形、损坏或触刀自动弹出之类的现象,这一短路电流(峰值)即为刀开关的动稳定电流,可高达额定电流的数十倍。在电路发生短路故障时,刀开关在一定时间(通常为1秒)内通过某一短路电流时,不会因温度急剧升高而发生熔焊现象,这一最大短路电流,称为刀开关的热稳定电流。热稳定电流也可以高达额定电流的数十倍。

3. 低压断路器

低压断路器俗称自动空气开关,是低压配电网中的主要电器开关之一,它不仅可以接通和分断正常负载电流、电动机工作电流和过载电流,而且可以接通和分断短路电流。低压断路器主要在不频繁操作的低压配电线路或开关柜(箱)中作为电源开关使用,并对线路、电器设备及电动机等实行保护,在发生严重过电流、过载、短路、断相、漏电等故障时,能自动切断线路,起到保护作用。高性能万能式断路器带有各种保护功能脱扣器,包括智能化脱扣器,可实现计算机网络通信。低压断路器的多种功能是由脱扣器或附件实现的。根据用途不同,断路器可配备不同的脱扣器或继电器。脱扣器是断路器本身的一个组成部分,而继电器(包括热敏电阻保护单元)则是通过与断路器操作机构相连的欠电压脱扣器或分励脱扣器的动作控制断路器的。

低压断路器按结构形式分,有万能框架式、塑料外壳式和模块式三种。低压断路器主要由触头和灭弧装置,各种可供选择的脱扣器与操作机构,以及自由脱扣机构等组成。各种脱扣器包括过流、欠压(失压)脱扣器和热脱扣器等。

图1.1.8为低压断路器的结构示意图。图中,断路器处于闭合状态,三个主触点通过传动杆与锁扣保持闭合,锁扣可绕轴转动。当电路正常运行时,电磁脱扣器的电磁线圈虽然串接在电路中,但所产生的电磁吸力不能使衔铁动作,只有当电路达到动作电流时,衔铁才被迅速吸合,同时撞击杠杆,使锁扣脱扣,主触点被弹簧迅速拉开将主电路分断。一般电磁脱扣器,是瞬时动作的。用双金属片制成的热脱扣器,用于过载保护,在过载达到一定倍数并经过一段时间后,热脱扣器动作使主触点断开主电路。热脱扣器是反时限动作的。电磁脱扣器和热脱扣器合称复式脱扣器。欠电压脱扣器在正常运行时衔铁吸合,当电源电压降低到额定电压的40%~75%时,吸力减小,衔铁被弹簧拉开,并撞击杠杆,使锁扣脱扣,实现欠压(失压)保护。

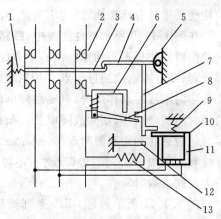

图1.1.8　低压断路器结构示意图

1—弹簧;2—主触点;3—传动杆;4—锁扣;
5—轴;6—电磁脱扣器;7—杠杆;8—衔铁;
9—弹簧;10—衔铁;11—欠压脱扣器;
12—双金属片;13—发热元件

除此之外,还有实现远距离控制使之断开的分励脱扣器,其电路如图1.1.9所示。在低压断路器正常工作时,分励脱扣线圈不通电,衔铁处于打开位置。当要实现远距离操作时,可按下停止按钮,如在保护继电器动作时,分励脱扣线圈通电,其衔铁动作,使低压断路器断开。

必须指出的是,并非每种类型的断路器都具有上述各种脱扣器,根据断路器使用场合和本身体积,有的断路器具有分励、失压和过电流三种脱扣器,而有的断路器只具有过电流和过载两种脱扣器。

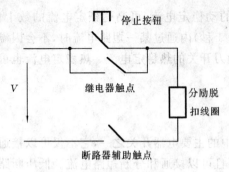

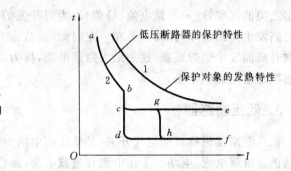

图 1.1.9　分励脱扣器电路　　　　图 1.1.10　低压断路器的保护特性

低压断路器的主要技术参数有额定电压、额定电流、通断能力、分断时间等。其中,通断能力是指断路器在规定的电压频率及规定的线路参数(交流电路为功率因数,直流电路为时间常数)下,所能接通和分断的短路电流值。分断时间是指切断故障电流所需的时间,它包括固有断开时间和燃弧时间。另外,断路器的动作时间与过载和过电流脱扣器的动作电流的关系称为断路器的保护特性,如图 1.1.10 所示。

为了能起到良好的保护作用,断路器的保护特性应同保护对象的允许发热特性匹配,即断路器保护特性应位于保护对象的允许发热特性之下,只有这样,保护对象才不因受到不能允许的短路电流而损坏。为了充分利用电器设备的过载能力和尽可能缩小事故范围,断路器的保护特性必须具有选择性,即它应当是分段的。

在图 1.1.10 所示特性曲线中,断路器保护特性的 ab 段是过载保护部分,它是反时限的,即动作时间的长短与动作电流的平方成反比,过载电流越大,动作时间越短; df 段是瞬时动作部分,只要故障电流超过与点 d 相对应的电流值,过电流脱扣器便瞬时动作,切除故障电流; ce 段是定时限延时动作部分,只要故障电流超过与点 c 相对应的电流值,过电流脱扣器经过一定的延时后就会动作,切除故障电流。根据需要,断路器的保护特性可以是两段式的,如 $abdf$,即有过载延时和短路瞬时动作,或 $abce$,即有过载延时和短路延时动作;为了获得更完善的选择性和上下级开关间的协调配合,还可以是三段式的,如 $abcghf$,即有过载延时、短路延时和特大短路的瞬时动作。

图 1.1.11 所示的是 DZ10 系列塑料外壳式断路器的外形图。塑料外壳式断路器有一绝缘塑料外壳,触点系统、灭弧室及脱扣器等均安装于塑料外壳内,而手动扳把则露在正面壳外中央处,以便手动或电动分合闸。它有较高的分断能力和动稳定性及比较完善的选择性保护功能,广泛用于配电线路。

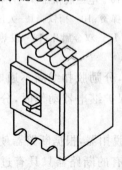

图 1.1.11　DZ10 系列断路器的外形图　　　　图 1.1.12　DZ47-63 系列小型断路器的外形图

图 1.1.12 所示的是 DZ47 系列塑料外壳式小型断路器的外形图。该系列断路器主要适用于交流 50Hz/60Hz，额定工作电压为 230V/400V 及以下，额定电流至 63A 的电路中。按用途分，有 C 型和 D 型两种。C 型用于照明保护，D 型用于动力保护。C 型按额定电流分类，有 1A、2A、3A、4A、5A(6A)、10A、15A(16A)、20A、25A、32A、40A、50A、63A 共计 13 类。DZ47-63/2 C20 含义是："DZ"代表塑料外壳式断路器、"47"为设计序号，"63"为壳架等级额定电流，"2"为极数，"C"为照明保护，"20"为额定分断电流 20A。

4. 电度表

电度表按其电路进表相线分，可分为单相电度表和三相电度表两种。单相电度表多用于民用照明，常用规格有 2.5(5)A 和 5(10)A。三相电度表有三相三线制和三相四线制两种；按接线方式不同，又各分为直接式和间接式两种。直接式三相电度表常用规格有 10A、20A、30A、50A、75A、100A 等多种，一般用于电流较小的电路上，间接式的常用规格是 5A 的，与电流互感器连接后，用于电流较大的电路上。

电度表按其工作原理分，可分为电气机械式电度表和电子式电度表两种。

(1) 单相电度表

单相电度表的接线方法如图 1.1.13 所示。单相电度表共有四个接线桩头，从左到右按 1、2、3、4 编号。接线方法一般是 1、3 接电源进线，2、4 接出线，称为跳入式接线，如图 1.1.13 (a)所示。也有 1、2 接电源进线，3、4 接出线的，称为顺入式接线，如图 1.1.13(b)所示。具体应参照电度表接线桩头盖子上的接线图进行接线。

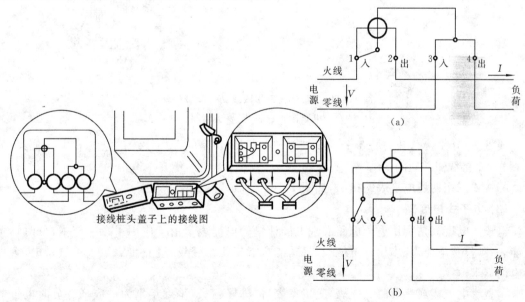

接线桩头盖子上的接线图

图 1.1.13 单相电度表连线

(a) 跳入式接线； (b) 顺入式接线

(2) 三相四线制电度表

根据用电负荷的大小，三相四线制电度表的接线方法有直接式和间接式两种。如图 1.1.14 所示，直接式三相四线制电度表共有 11 个接线桩头，从左到右按 1，2，…，11 标号。其中，1、4、7 是电源相线的进线桩头，用来连接从总熔丝盒下桩头引来的 3 根相线；3、6、9 是相线

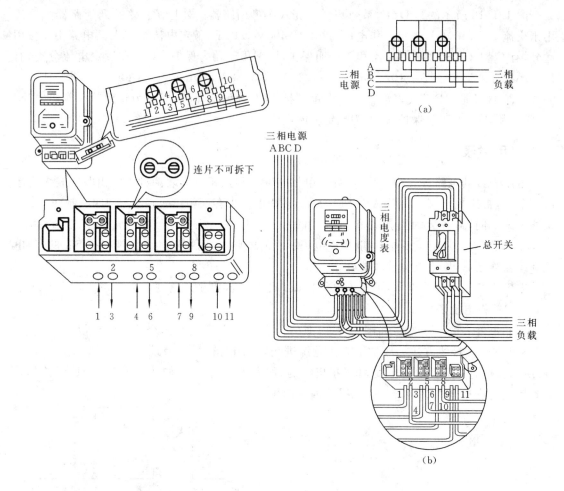

图 1.1.14　直接式三相四线制电度表接法

(a) 电路图；　(b) 安装实体图

的出线桩头,分别接总开关的 3 个进线桩头;10、11 分别是电源中性线的进线和出线桩头;2、5、8 这 3 个接线桩头可空着。

间接式三相四线电度表的接法,如图 1.1.15 所示。

(3) 电子式电度表

电子式电度表是利用电子电路实现电能计量的电能表。由于应用了数字技术,分时计费电能表、预付费电能表、多用户电能表、多功能电能表纷纷登场,进一步满足了科学用电、合理用电的需求。

多费率电能表或称分时电能表,复费率表,俗称峰谷表,是近年来为适应峰谷分时电价的需要而提供的一种计量手段。它可按预定的峰、谷、平时段的划分,分别计量高峰、低谷、平段的用电量,从而对不同时段的用电量采用不同的电价,以鼓励用户调整用电负荷,移峰填谷。预付费电能表俗称卡表,用 IC 卡预购电,将 IC 卡插入表中可控制按费用电,防止拖欠电费。多用户电能表一只表可供多个用户使用,对每个用户独立计费,因此可达到节省资源,并便于管理的目的,还利于远程自动集中抄表。多功能电能表是集上述多项功能于一身的电表。载波电能表利用电力载波技术,用于远程自动集中抄表。

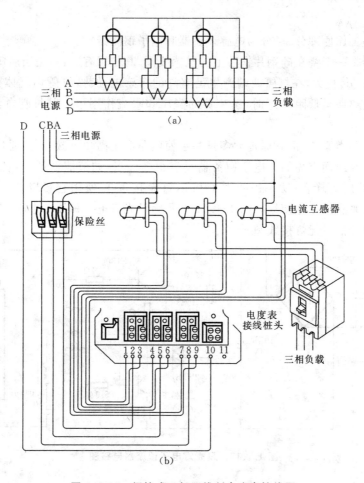

图 1.1.15　间接式三相四线制电度表接线图

（a）经互感器接入时的线路图；　（b）安装实体图

5. 日光灯

(1) 日光灯电路简介

日光灯电路由日光灯管、镇流器、启辉器等三部分组成，如图 1.1.16 所示。

1）日光灯管

日光灯管是由一根普通的玻璃管内充满氩气，管内壁涂有一层均匀的荧光粉，灯管两端各有一根钨丝绕成的螺旋状灯丝，灯丝上涂有金属氧化物而制成的。灯丝的作用是：在通过电流后因受热而发射电子，在灯管两端高电压的作用下，高速电子将氩气电离而产生弧光放电。水银蒸气在弧光放电下发出紫外线，管壁上的荧光粉因受紫外线激发而发出频谱接近于阳光的光线，因而称为日光灯。日光灯是一种放电管，放电管的特点是开始放电时需要较高的电压，一旦放电，即可在较低电压下维持通电状态。

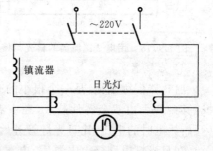

图 1.1.16　日光灯电路

2）镇流器

镇流器按其工作原理分,可分为电感镇流器和电子镇流器。

电感镇流器是一个绕在硅钢片铁芯上的电感线圈,其作用有二:一是当启辉器两触头突然断开瞬间由于 di/dt 很大,在灯管两端产生足够高的自感电动势,灯管内气体被电离导电;二是在管内气体电离而呈低阻状态时,镇流器的降压和限流作用可限制灯管电流,防止灯管损坏。

电子镇流器种类繁多,但其原理大多是基于使电路产生高频自激振荡,通过谐振电路使灯管两端得到高频高压而点亮的。电子镇流器具有很多优点:如节能低耗(自耗 1W),效率高;不用启辉器;工作时无蜂音;功率因数大于 0.9,甚至接近 1;使用它可以使灯管寿命延长一倍……因而被愈来愈广泛地使用。图 1.1.17 所示为日光灯电子镇流器电路。图 1.1.18 所示为采用电子镇流器的日光灯接线图。

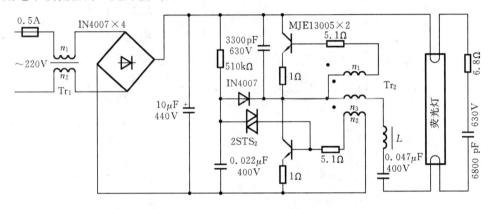

图 1.1.17　日光灯电子镇流器电路图

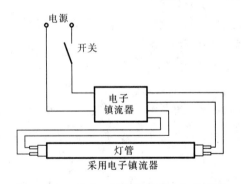

图 1.1.18　用电子镇流器的日光灯接线图

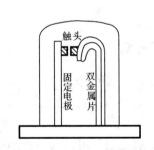

图 1.1.19　启辉器的原理

3）启辉器

启辉器俗称别火,是一个很小的充气放电管(氖管),如图 1.1.19 所示,启辉器内有两个电极,其中一个由双金属片制成,在室温下两个电极之间有空隙。启辉器两电极间的启辉电压(开始放电时的电压)比日光灯管开始放电的电压要低。

在日光灯电路接上电源后,电源电压便加在启辉器的两个电极上,使启辉器产生辉光放电,放电所产生的热量加热了电极,于是双金属片伸张与另一电极接触。两电极接触后把日光灯的灯丝接通,使日光灯的灯丝灼热,另一方面两电极接触后启辉器内的辉光放电停止,于是双金属片逐渐冷却并在零点几秒内恢复原状,与另一电极分开。在两电极分开的瞬间 di/dt 很大,镇流器上产生一个很大的反电势,它和电源电压一起加到日光灯管的两端,使日光灯放电并发出频谱接近于阳光的光线。

日光灯管放电后,电路变成了镇流器和日光灯管相串联,电路中有一定电流通过,镇流器上就有一部分电压降,此时日光灯管两端的电压低于电源电压,而启辉器与灯并联,其两端的电压此时也低于启辉器的启辉电压,所以启辉器在日光灯点燃后不会再发生辉光放电。简而言之,启辉器接通时,它使日光灯管的灯丝加热;启辉器断开时,它使日光灯管放电,启辉器起"点燃"日光灯的作用。为防止两触头断开时产生火花将触头烧坏,在启辉器两电极间并接一个小电容器。

(2) 日光灯的工作原理

如图 1.1.17 所示,当开关闭合时,电源电压首先加在与灯管并联的启辉器两触头之间,在辉光管中引起辉光放电,产生大量热量,加热了双金属片,使其膨胀伸展与静触头接触,灯管被短接,电源电压几乎全部加在镇流器线圈上,一个较大的电流流经镇流器线圈、灯丝及辉光管。电流通过灯丝,灯丝被加热,并发出大量电子,灯管处于"待导电"状态。启辉器动静二触头电压下降为零,辉光放电停止,不再产生热量,双金属片冷却,两触头分开,切断了镇流器线圈中的电流,在镇流器线圈两端便产生一个很高的电压,此电压与电源电压叠加而作用在灯管两端,管内形成高速电子流,撞击气体分子,使气体电离而产生弧光放电,日光灯便点燃。点燃后,电路中的电流以灯管为通路,电源电压按一定比例分配于镇流器及灯管上,灯管上的电压低于启辉器辉光放电电压,启辉器不再产生辉光放电,日光灯进入正常工作状态,此时,镇流器起电抗器的作用,可限制灯管中的电流,使其不至过大,当电源电压波动时,镇流器起稳定电流变化之用。在日光灯电路中,由于镇流器是高感抗元器件,故整个电路的功率因数很低,一般只有 0.5～0.6。

1.1.3　用电负荷的确定及导线、保险丝的选择

1. 用电负荷的确定

电力负荷计算的目的在于,计算出最大负载,并以此作为选择配电设备、导线截面等的依据。计算用电负荷的大小不是简单地将所有设备的容量加起来,因为在实际中并不是所有的设备都同时使用,并且在使用的设备中不一定都达到了它的额定容量。计算负荷的方法很多,有需要系数法、二项式法、负荷密度法等等。但无论采用哪种计算方法,都有局限性,在实际中应根据具体情况的不同,合理地选用合适的方法。

需要系数法是把设备额定容量乘以该设备实际需要系数来直接计算负荷的。其中,需要系数可查阅有关工程设计手册。二项式法是指在设备组容量之和的基础上,考虑若干容量很大设备的影响,采用经验系数进行加权求和来计算负荷的方法。其中,经验系数可查阅有关工程设计手册。当电设备台数较多,各台设备容量相差不悬殊时,宜采用需要系数法;当电设备台数较少,各台设备容量相差悬殊时,宜采用二项式法。

2. 导线的选择

导线的材质有铝、铝合金、铜和钢等,按结构又可分为单股、多股绞线和复合材料多股绞线等。

在选择导线时,首先要保证在最大负载情况下,导线始终能通过允许电流而不会过热;其

次,要保证所安装的保护开关或熔断器真正能对导线起到保护作用。

按力学强度选择时,要求导线能经受住拉力,且不因机械损伤而发生折断;对于照明装置,还要求户内用的铜导线的最小截面为 $0.5mm^2$,铝线(铝绞线)的为 $2.5mm^2$;户外用的铜导线的最小截面为 $1.0mm^2$,铝线(铝绞线)的为 $2.5mm^2$。一般要根据负荷电流不超过电缆和导线的长期载流量来确定导线的截面积。

3. 保险丝的选择

为了防止电气设备的短路或负荷增加而使电路电流增大,损坏电气设备或发生人身触电、灼伤事故,必须在电路的适当处安装保护性电气设备(保险丝)。在电气设备短路等故障情况下,保险丝会发热熔断,从而切断电路,保护电气设备不受损失,保证人身安全。

保险丝一般由铅、锡、锌及其合金等低熔点材料制成,按形状分,有圆线型、长片型两类;按构造分,有封闭式、裸露式和固定式、活动式等几种。

(1) 保险丝的选择

① 确定熔断电流与熔断线径的关系。保险丝的熔断电流与线径的截面积、长度安装的紧密程度和周围散热的冷却条件有关。一般线径小而长的保险丝容易熔断;封闭式的比裸露式的先熔断,铅质、锡质的比锌质的易熔断;安装松动的比紧密的容易熔断。

② 选择保险丝的额定电流。当通过保险丝的电流超过保险丝的额定电流 $1.2\sim1.3$ 倍时,保险丝即可熔断。通过的电流越大,熔断的时间越短。实验证明,当通过的电流为保险丝额定电流的 5 倍时,熔断时间为 5s 左右。一般来讲,熔断器动作都有一定的延时,如果峰值电流持续时间极短,则允许保险丝的额定电流小于峰值电流。

不同的电气设备,对保险丝的要求不同。值得注意的是:照明线路熔丝的额定电流一般不超过 15A。同时还应注意保险丝的额定电流不得超过熔断器的额定电流。不得使用未注明额定电流的保险丝,更不准用不符合电气安全要求的其他金属来代替保险丝。

(2) 保险丝的安装

安装保险丝之前一定要先切断电源,并用试电笔验明无电才能安装。固定保险丝的螺钉要加平垫圈,不要让保险丝的端头与螺旋方向一致,以防接触不良。并联保险丝时,应将保险丝对称地并联起来安装,不要将保险丝拧扭在一起,这样会损伤保险丝,影响散热,同时会造成熔断电流变小,影响保险作用。另外,不要将保险丝安装得过紧或过于弯曲,这样容易改变保险丝的熔断电流,达不到保险的作用。在更换保险丝前,应配备适当的安全用具,有条件的应尽量停电更换。

1.1.4 电气照明装置安装规定

1. 一般规定

① 当在砖石结构中安装电气照明装置时,应采用预埋吊钩、螺栓、螺钉、膨胀螺栓、尼龙塞或塑料塞固定;严禁使用木楔。在无特殊要求的情况下,上述固定件的承载能力应与电气照明装置的重量相匹配。

② 在危险性较大及特殊危险场所,当灯具距地面高度小于 2.4m 时,应使用额定电压为36V 及以下的照明灯具,或采取保护措施。

③ 电气照明装置的接线应牢固,电气接触应良好;需接地或接零的灯具、开关、插座等非带电金属部分,应有明显标志的专用接地螺钉。

2. 灯具

① 灯具不得直接安装在可燃构件上。当灯具表面高温部位靠近可燃物时,应采取隔热、散热措施。

② 在变电所内,高压、低压配电设备及母线的正上方,不应安装灯具。

③ 灯头的绝缘外壳不应有破损和漏电。

④ 对于带开关的灯头,开关手柄不应有裸露的金属部分。

3. 插座

(1) 插座的安装高度

插座的安装高度应符合设计要求,若无具体要求,则应符合下列要求。

① 一般场所的插座距地面的高度不低于 1.3m,托儿所、幼儿园及小学的不低于 1.8m;同一场所插座的安装高度应一致。

② 车间及试验室的插座距地面的高度不应低于 0.3m;特殊场所安装的插座高度不应低于 0.15m;同一室内安装的插座高度差不要超过 5mm;并列安装的相同型号的插座高度差不要超过 1mm。

(2) 插座的接线

插座的接线应符合以下要求:

① 对单相两孔插座,面对插座的右孔或上孔与相线相接,左孔或下孔与零线相接;单相三孔插座,面对插座的右孔与相线相接,左孔与零线相接。

② 单相三孔、三相四孔及三相五孔插座的接地(PE)线或接零(PEN)线均应接在上孔。插座的接地端子不应与零线端子直接连接。

(3) 其他

① 落地插座应具有牢固可靠的保护盖板。

② 当交流、直流或不同电压等级的插座安装在同一场所时,应有明显的区别,且必须选择不同结构、不同规格和不能互换的插座;其配套的插头应按交流、直流或不同电压等级选用。

③ 同一场所的三相插座,其接线的相位必须一致。

④ 潮湿场所采用密封并带保护地线触头的保护型插座,其安装高度应不低于 1.5m。

⑤ 备用照明、疏散照明的回路上不应设置插座。

4. 开关

① 安装在同一建筑物、构筑物内的开关,宜采用同一系列的产品,开关的通断位置应一致,且操作灵活、接触可靠。

② 开关安装的位置以便于操作为宜,开关边缘距门框的距离宜为 0.15～0.2m;开关距地面高度宜为 1.3m;拉线开关距地面高度宜为 2～3m,且拉线出口应垂直向下。

③ 相线应经开关控制。

5. 吊扇

① 吊扇挂钩安装牢固,吊扇挂钩的直径不小于吊扇挂销直径,且不小于 8mm;有防振橡胶垫;挂销的防松零件齐全、可靠。

② 吊扇扇叶距地面的高度不小于 2.5m。

③ 在组装吊扇时不能改变扇叶角度,扇叶固定螺栓防松等零件应齐全。

④ 吊杆间、吊杆与电动机间螺纹连接,啮合长度不小于 20mm,且防松零件齐全紧固。

⑤ 吊扇接线正确,运转时扇叶应无明显颤动和异常声响。

⑥ 涂层完整,表面无划痕,无污染,吊杆上下扣碗安装牢固到位。

⑦ 同一室内并列安装的吊扇开关高度一致,且控制有序不错位。

6. 壁扇

① 壁扇底座采用尼龙塞或膨胀螺栓固定;尼龙塞或膨胀螺栓的数量不少于 2 个,且直径不小于 8mm。

② 壁扇下侧边缘距地面高度不小于 1.8m。

③ 壁扇防护罩扣紧,固定可靠,当运转时扇叶和防护罩无明显颤动和异常声响。

④ 涂层完整,表面无划痕,无污染,防护罩无变形。

7. 照明配电箱(板)

① 照明配电箱(板)内的交流、直流或不同电压等级的电源,应具有明显的标志。

② 照明配电箱(板)不应采用可燃材料制作;在干燥无尘的场所,采用的木制配电箱(板)应经阻燃处理。

③ 导线引出面板时,面板线孔应光滑无毛刺,金属面板应装设绝缘保护套。

④ 照明配电箱底边距地面高度宜为 1.5m;照明配电板底边距地面高度不宜小于 1.8m。

⑤ 照明配电箱(板)内,应分别设置零线和保护地线(PE 线)汇流排,零线和保护线应在汇流排上连接,并应有编号。

⑥ 照明配电箱(板)上应标明用电回路名称。

1.2　安　全　用　电

随着科学技术的发展,电作为主要的动力源在工业、农业、国防、日常生活等方面得到了广泛的应用。从家庭到办公室,从娱乐场所到工矿企业,从学校到公司,几乎没有不用电的场所。电是现代物质文明的基础,同时又是危害人类的肇事者之一,如同现代交通工具把速度和效率带给人类的同时,也让交通事故闯进现代文明一样,电气事故是现代社会不可忽视的灾害之一。因此,要更有效地利用电能,除了要掌握电的基本规律外,还必须了解安全用电的知识,安全合理地使用电能,避免人身伤亡和设备损坏等事故的发生。

安全用电包括人身安全和设备安全两大内容。人身安全是指保证使用用电设备的人的安全,它包括:防止触电、电灼伤、雷击,电气设备安装、使用、检修等的安全,以及触电救护等内容。设备安全是指保证电气设备及工作机械等其他设备的安全,它包括设备的安装、使用的技术要求和维修、保养的安全等。

1.2.1 电流对人体的危害

如果人体不慎直接触及或过分靠近带电体,就会有电流通过人体。电流通过人体后很有可能引起局部受伤或死亡,这种现象称为触电。根据人们触电受伤程度的不同,触电可分为电击伤和电伤两种。电流通过人体内部,对人体内脏及神经系统造成破坏直至死亡的触电伤害,称为电击伤;电流对人体外部造成局部伤害的触电伤害,如灼伤等称为电伤。

触电的伤害程度取决于流过人体电流的大小、流过的途径、持续的时间、电流的频率、电压的高低、人体电阻的大小等诸多因素。通过人体电流的大小对触电者的伤害程度起决定作用。实验证明:当有 0.6~1.5mA 的电流通过人体时,人就会有感觉,手指会麻木发抖;当有 50~80mA 的电流通过人体时,人就会呼吸麻痹、心室开始颤抖。电流通过人体的途径以两手间最为危险,通电时间越长,人体电阻越小,危险性越大。

人体对电压和电流有一定的承受能力,但极其有限。我国的安全电压大多采用 36V 和 12V 两种,这是针对交流电而言的。对于直流电则有 48V、24V、12V、6V 四种情况。为了减少触电事故,要求所有工作人员经常接触的电气设备全部使用安全电压,而且环境越潮湿,使用安全电压等级越低。凡手提照明灯、高度不足 2.5m 的一般照明灯、危险环境或特别危险环境的局部照明和携带式电动工具等,如无特殊安全结构和安全措施,其安全电压均应采用 36V;凡工作地点狭窄、行动困难以及周围有大面积接地导体环境,如金属容器、隧道和矿井内的手提照明灯及其他电动器具,其安全电压均采用 12V。浴室中的电器由于环境特别潮湿,也应以 12V 为安全电压。

1.2.2 触电方式及触电现场急救

1. 触电方式

触电方式是指人们在受到电击时接触到电压的状态,以及电网中电流流经人体的情况。按实际情况分类,可以把触电方式分为单极接触、双极接触和跨步电压接触三类。

(1) 单极接触

当人体站在地面或接地体上,而人体的其他部位与电气设备的一相电源接触,称为单极接触。根据供电系统中中性点是否接地,单极接触又分中性点接地系统的单极接触和中性点不接地系统的单极接触。

1) 中性点接地系统的单极接触

如图 1.2.1 所示,这种触电情况在使用家用电器时最为常见。一般城市低压电网均采用变压器直接接地的供电系统,接在这种电网上的家用电器正处于这种运行条件下。下述三种常见的触电情况均属于这一类型的单极接触。

① 用手插、拔插头时不慎碰到插头上外露的带电接触铜片。

② 电线长期使用、弯折、磨损,使外包皮绝缘损坏,人的手接触到裸露的带电相线。

③ 由于家用电器的工作线圈本身绝缘损坏造成相线带电部分接触金属外壳,而人体又接触到金属外壳的导电部分。

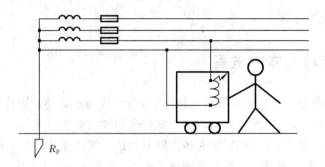

图 1.2.1　中性点直接接地供电条件下的单极接触

如图 1.2.1 所示,在单极接触的条件下,流过人体的电流为:

$$I_s = V_1/(R_p + R_e + R_r) \tag{1-2-1}$$

式中:I_s 为单极接触时流过人体的电流;V_1 为供电电网的相电压;R_p 为供电变压器中性点的接地电阻;R_e 为鞋子的等值电阻;R_r 为人体的电阻。

按规定 R_p 不得大于 4Ω,R_p 与 R_e、R_r 相比可以忽略不计。假设在最不利的条件下 $R_e = 0$,这种情况相当于光脚或穿湿鞋接触地面,这在夏天使用洗衣机时是很有可能的,此外,一手扶着墙,另一手因插头触电,也属于 $R_e = 0$ 的情况。此时,式(1-2-1)可简化为:

$$I_s = V_1/R_r \tag{1-2-2}$$

在低压电网中,相电压 $V_1 = 220V$,人体的电阻一般可以取 1000Ω。此时由式(1-2-2)可知,流过人体的电流应为 $220mA$,人在这种电流下一秒钟之内就可能触电致死,因此家用电器在使用时若不采取相应的安全措施是非常危险的。

2) 中性点不接地系统的单极接触

如图 1.2.2 所示,由于变压器中性点没有接地,因此当人们接触到某一相的电压时,没有直接构成电气回路的途径,一般来说,这样是比较安全的,不至于造成生命危险。这时通过人体电流可按下式近似计算:

$$I_s = 3V/|3R + Z| \tag{1-2-3}$$

式中:R 表示人体电阻;Z 为三相电网中每相对地的绝缘阻抗;V 为电网相电压。

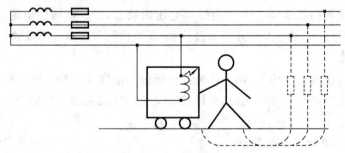

图 1.2.2　中性点不直接接地电网供电条件下的单极接触

这是由于每相输电线对地存在绝缘电阻和分布电容,电流经过人体和另外两根相线的对地电容同样构成了回路。只是当线路对地绝缘水平较高时,可以降低触电的危险程度而已。但是,当线路绝缘不良、线路较长,导致对地电容增大时,对人体的危害性仍然是很大的,尤其是在一相接地的情况下,人体触及另一相就等于接触到线电压,此时的危险程度与双极接触相同,比中性点直接接地条件下的单极接触还要危险。

由此可知,中性不接地系统的单极接触相对来说比较安全,但不能因此而麻痹大意,其理由是:第一,电网绝缘电阻下降会使单极接触情况下流过人体的电流也增加到危险程度;第二,绝缘损坏造成一相接地,会使单极接触变为双极接触;第三,线路分布电容过大,会使人在单极触电时发生危险。为了保证在这种电网上家用电器的安全性,有必要采取一定的安全措施。

(2) 双极接触

当人们的肢体任何部分接触到电气设备的两极时的触电叫做双极接触,此时人体承受线电压。图 1.2.3 所示的为双极接触电击的示意图。其计算公式如下:

$$I = \sqrt{3}V/R \tag{1-2-4}$$

式中:R 为人体电阻;V 为电网相电压。

由上式可知,双极接触时流过人体的电流要比单极接触最严重情况的还要大。这种触电方式最危险,为了防止双极接触,必须采取措施防止家用电器的任何带电部分裸露,同时必须采取安全可靠的插座头。

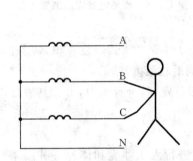

图 1.2.3　双极接触电击示意图

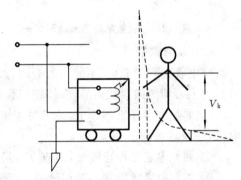

图 1.2.4　跨步电压电击示意图

(3) 跨步电压

跨步电压使人受到电击的情况如图 1.2.4 所示,虽然人体任何部分均未与用电设备直接接触,但当电气设备漏电或对外绝缘损坏时,通过家用电器的保护接地极在地面上形成一个向外扩散的电流场。当人的双足处于不同的电位上时,人体就通过双足形成电压而受到电击,双足间所承受的电压称为跨步电压(图中 V_k)。一般离接地设备的接地极越近,跨步电压越大。当跨步电压足够大时,触电者就会被击倒而造成不幸事故。因此,光脚站在电气设备接地极附近的人,也有潜在的危险。

2. 触电现场急救

(1) 迅速脱离电源

当发现有人触电时,应当及时抢救。首先应用正确的方法以最快的速度使触电者脱离电源,这是必须的关键性的第一步。并且要记住,当被断开的部分有足够的电容时,必须先进行放电并接地。

在一般低压线路的用电设备发生触电时,应优先考虑拉开开关、切断用电设备电源。若无法做到这一点,则可利用不导电的物体如干燥的木棍、竹竿、衣服、绳子等物,拨开触电者身上的电线或把触电者拉开。也可用带绝缘手柄的电工钳、干燥的木柄斧将电源截断(见图1.2.5)。抢救时必须注意:触电者身体已带电,抢救人员绝对不能触及触电者身体上未盖衣服的部分和附近的金属构件,不可用手直接拉触电者的手或脚。即使拉触电者的衣服,也应用一只手为宜(见图1.2.6)。如触电者紧握电线,难以解脱,则应立即设法使触电者与地面脱离,可以在触电者的脚下插入干燥的木板,或用干燥的绳索、衣服等将触电者的双脚提起,同时断开电源,设法松开触电者紧握电线的手。当触电者处于高处时,应防止触电者在脱离电源时从高处摔下而导致摔伤。

图1.2.5　使触电者逃离电源之一　　　图1.2.6　使触电者逃离电源之二

(2) 紧急救护

触电者脱离电源后,不能强烈摇动、大声呼叫或口喷冷水使其恢复意识,切忌使用强心剂及其他强心刺激的急救药品,应按伤害程度采取不同的救治方法。

① 如触电者伤害不严重,尚未失去知觉,只是四肢发麻,全身无力,可让其静卧,观察一段时间,应注意保暖。

② 如触电者已停止呼吸,则应立即进行人工呼吸。

③ 如触电者呼吸和心脏均已停止,则必须立即进行人工呼吸和体外心脏按摩。注意:人工呼吸必须连续,不能有暂时的中断,且需连续进行几个小时。

当触电者带有外部出血性外伤时,首先应及时包扎止血。

(3) 人工呼吸与体外心脏按摩

抢救触电者时,应牢记"时间就是生命",现代医学证明:心脏停止跳动与停止呼吸的受害者,若在1分钟内进行抢救,则苏醒率超过95%;在3分钟内抢救,则苏醒率为75%;在5分钟内抢救,则苏醒率为25%;而经过6分钟后再抢救,则苏醒率将低于10%!

在现场,检查心脏有无搏动是首要的,由于触电造成死亡的多数是心脏先停止跳动,然后再停止呼吸;因此一旦发现受害者的心脏停止跳动,就应毫不犹豫地立即同时进行体外心脏按摩与人工呼吸。

1) 人工呼吸法

在做人工呼吸前,应首先做以下准备工作:

① 迅速解开触电者身上衣物,打开领口,松开裤带,去掉围巾;

② 清除被害人口中的杂物,如有假牙也应去掉;

③ 在颈后部填入衣服等物,使头尽量后仰,以确保呼吸道通畅(见图1.2.7)。

做完上述准备工作后就可以进行口对口人工呼吸,口对口人工呼吸也称为对口吹气法。在特殊情况下也可以口对鼻吹气,口对口呼吸每次换气量可达1000~2000mL之多。一般正常人每次呼吸量约为500mL左右。具体做法是:先连续大口吹气两次,每次1~5秒,然后均匀吹气,一般每5秒重复一次(吹气2秒,患者呼气3秒)。吹气时应捏紧鼻子,吹完后迅速松开口、鼻,让患者自己呼气(见图1.2.8)。

当人工呼吸进行到触电者有好转的迹象时,应暂停人工呼吸数秒等待病人自主呼吸。当确信病人已有自主呼吸时,则人工呼吸的频率应当与自主呼吸的频率一致。在患者恢复正常呼吸后,心脏还是很虚弱的,应静卧一段时间,以免因过早站立行走而失去知觉。

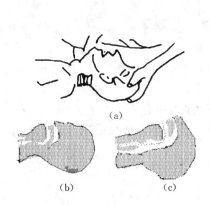

图 1.2.7 确保气道畅通

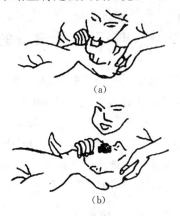

图 1.2.8 口对口人工呼吸法

(a) 吹气; (b) 自行换气

2) 体外心脏按摩法

应用这种方法时要解开受害者的衣服,让患者仰卧在硬木板或硬地面上,用手掌根部压迫人体的心脏部位,直至身体表皮下陷 3～5cm 为止(儿童及瘦弱者酌减);每分钟压 60～80 次,当部位和方法适当时,可感觉到受害者颈部脉搏的跳动(见图 1.2.9)。

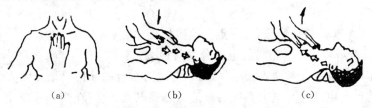

图 1.2.9 体外心脏按摩法

(a) 中指对准锁骨上窝当胸一手掌; (b) 向下挤压 3～5cm 迫使血液流出心房;

(c) 突然松手复原使血液返流到心房

一般情况下,体外心脏按摩必须与人工呼吸法同时进行。若由两人进行抢救,则可以分工负责:一人进行人工呼吸,一人进行体外心脏按摩;一般每按 5 次心脏向受害者口中吹一口气,也可用 7∶1 的配合方法。

若只有一人进行抢救,则每按 15 次心脏,再向触电者吹两口气比较好。若抢救见效,受害者已经放大的瞳孔将会缩小,面色也会好转;但无论抢救是否有效,均应坚持到底。抢救见效,触电者恢复知觉后,要注意防止他突然起来狂跑,造成新的事故。必须静卧一段时间,稳定情绪,防止体力不支而再度衰竭。应当注意的是:对于触电"假死者",千万不要用强心剂或升压药来抢救,否则只会导致无法抢救的局面。

(4) 抢救原则

① 若触电者未失去知觉或只是一度昏迷后已恢复知觉,则应继续保持安静,观察 2～3 小时,并请医生治疗,尤其是对触电时间较长者,必须注意观察,以防意外。

② 要有充分的抢救信念。在触电或雷击造成的事故中绝大部分都处在"假死"状态,只要抢救及时、得法,其中大部分可以救活。

③ 要一直坚持抢救,直到触电者"复活"或经医生判断确实已死亡为止。有的触电者经抢救半小时后"复活",甚至有抢救 4 小时后"复活"的。

④ 动作要快,方法、步骤要正确。

1.2.3　电气、电子设备的接地和接零

电气、电子设备经长时间运行后,内部的绝缘材料有可能老化,如若不及时修理,将出现带电部件与外壳相连,使机壳带电的情况,极易产生触电事故。为了防止人身触电事故的发生,以及保证电气设备的安全运行,常采用电气、电子设备的保护接地与保护接零措施。

所谓保护接地,就是将电气、电子设备在故障情况下可能出现危险电压的金属部分(如外壳等)用导线与大地作电气连接。所谓保护接零,是指将电气、电子设备在正常情况下不带电的金属部分(外壳)同电网的保护零线(保护导体)连接起来。

1. 常见保护接地方式

按 IEC 标准,根据保护接地的形式不同,低压配电系统可分为:IT 系统、TT 系统和 TN 系统等。其中,IT 系统和 TT 系统的设备外露可导电部分经各自的保护线直接接地(保护接地);TN 系统的设备外露可导电部分经公共的保护线与电源中性点直接连接(接零保护)。

(1) 国际电工委员会(IEC)对系统接地的文字代号规定

第一个字母表示电力系统的对地关系:

T——一点直接接地;

I——所有带电部分与地绝缘,或一点经高阻抗接地。

第二个字母表示装置的外露可导电部分的对地关系:

T——外露可导电部分对地直接电气连接,与电力系统的任何接地点无关;

N——外露可导电部分与电力系统的接地点直接电气连接(在交流系统中,接地点通常就是中性点)。

后面还有字母时,这些字母表示中性线与保护线的组合:

S——中性线与保护线是分开的;

C——中性线与保护线是合一的。

(2) IT 系统

如图 1.2.10 所示,IT 系统的电源中性点是对地绝缘的或经高阻抗接地的,而用电设备的金属外壳是直接接地的。图中 PE(Protective Earthing)表示保护接地。

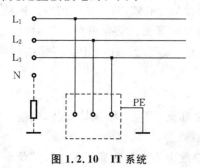

图 1.2.10　IT 系统

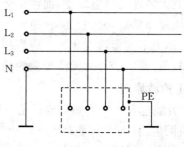

图 1.2.11　TT 系统

IT 系统适用于环境条件不良、易发生单相接地故障的场所，以及易燃、易爆的场所，如煤矿、化工厂、纺织厂等。

（3）TT 系统

如图 1.2.11 所示，TT 系统的电源中性点直接接地，负载侧电气装置外露可导电部分接到电气上与电力系统接地点无关的独立接地装置上。

TT 系统在确保安全用电方面主要还存在以下两点不足：

① 在采用 TT 系统的电气设备发生单相碰壳故障时，接地电流较小，往往不足以使保护装置动作，这将导致线路长期带故障运行。

② 当 TT 系统中的用电设备只是由于绝缘不良引起漏电时，漏电电流很小（仅为毫安级），不足以使线路的保护装置动作，因而漏电设备的外壳长期带电，增加了人体触电的危险。

因此，TT 系统必须加装漏电保护开关。TT 系统广泛应用于城镇、农村、居民区，工业企业和由公用变压器供电的民用建筑中。对于接地要求较高的数据处理设备和电子设备，应优先考虑 TT 系统。

（4）TN 系统

在变压器或发电机中性点直接接地的 380V/220V 三相四线低压电网中，将正常运行时不带电的用电设备的金属外壳经公共的保护线和电源的中性点直接电气连接就形成 TN 系统。

TN 系统的电源中性点直接接地，并有中性线引出，按其保护线的形式，TN 系统又分为TN-C 系统、TN-S 系统和 TN-C-S 系统三种。

① TN-C 系统（三相四线制）。如图 1.2.12（a）所示，整个系统的中性点（N）和保护线（PE）是合一的，该线又称为保护中性线（PEN）。其优点是：节省了一条导线，但在三相负载不平衡或保护中性线断开时所有用电设备的金属外壳都会带上危险电压。在一般情况下，如保护装置和导线截面选择适当，TN-C 系统是能够满足要求的。

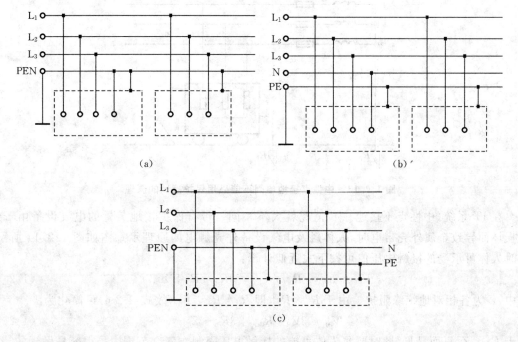

(a) (b) (c)

图 1.2.12 TN 系统

② TN-S 系统(三相五线制)。如图 1.2.12(b)所示,整个系统的 N 线和 PE 线是分开的。其优点是:PE 线在正常情况下没有电流通过,因此,不会对接在 PE 线上的其他设备产生电磁干扰。此外,由于 N 线和 PE 线分开,N 线断开也不会影响 PE 线的保护作用,但 TN-S 系统耗用的导电材料较多,投资较大。

③ TN-C-S 系统(三相四线与三相五线混合系统)。如图 1.2.12(c)所示,系统中一部分中性线和保护线是合一的,一部分是分开的。这种系统兼有 TN-C 系统和 TN-S 系统的特点,常用于配电系统末端环境较差或者对电磁干扰要求较严的场所。

2. 电气设备的保护接地

(1) 保护接地的工作原理及应用范围

将电气设备的金属外壳或构架用足够粗的金属导线与大地可靠地连接起来,称为保护接地。它适用于 1000V 以下电源中性点不接地的电网和 1000V 以上的任何形式电网。

在 TT 接地系统(中性点直接接地)中,若采用保护接地,如图 1.2.13 所示,则电器绝缘损坏会导致金属外壳带电,人体触及电气设备外壳时,所承受的接触电压可以用下式表示:

$$V_d = V_1 \cdot R_r // R_b / (R_p + R_r // R_b) \qquad (1\text{-}2\text{-}5)$$

式中,V_d 为人体所承受的接触电压;V_1 为低压系统的相电压;R_r 为人体电阻;R_b 为电气设备的保护接地电阻;R_p 为变压器中性点直接接地的工作接地电阻。由于 $R_r \gg R_b$,故 $R_r // R_b \leqslant R_b$。

一般来说,电器设备的保护接地电阻 R_b 要大于变压器中性点直接接地的工作接地电阻 R_p,即 $R_b \geqslant R_p$。据此,可算得接触电压为

$$V_d \geqslant 0.5 V_1$$

因此,在 TT 接地系统中,人体将承受 50% 以上的相电压,人体触电,显然是非常危险的;在 TT 接地系统中,电气设备如采用保护接地,根据 IEC 标准则应装设漏电保护器。

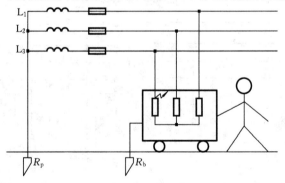

图 1.2.13　中性点接地电网不能采用保护接地的原理

在 IT 系统(中性点不接地)中,情况就大不相同。带有保护接地装置的电气设备由于绝缘损坏而导致金属外壳带电时,人体触及电气设备外壳触电的原理示意图如图 1.2.14 所示。此时人体可承受的接触电压值可按下式近似计算:

$$V_d = 3V_1 \cdot R_r // R_b / | 3R_r // R_b + Z | \qquad (1\text{-}2\text{-}6)$$

式中,Z 为各相对地绝缘阻抗。由于 $R_r \gg R_b$,即 $R_r // R_b \leqslant R_b$,故式(1-2-6)可简化为

$$V_d = 3V_1 \cdot R_b / | 3R_b + Z | \qquad (1\text{-}2\text{-}7)$$

由于 $R_b \ll Z$,显而易见,此时要将人体可能的接触电压限制在安全范围内是很容易做到的。

应再次强调指出:保护接地方法一般只适用于中性点不接地的电网;只有在这种电网中,

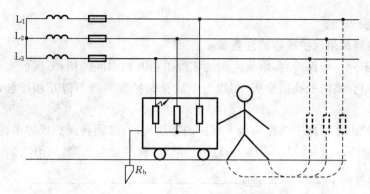

图 1.2.14 中性点不接地电网的一相碰壳接触电压示意图

凡有金属外壳的家用电动家具和电热器具才可以采用保护接地法来保证人身安全。

（2）家用电器采用保护接地的注意事项

① 必须工作于中性点不接地的电网条件下。

② 接地电阻不宜超过 4Ω。

③ 人工接地体，可用壁厚不小于 3.5mm 的钢管或厚度不小于 4mm、截面积不小于 100mm² 的扁钢制造。在可能有强烈腐蚀性土壤的条件下，应当采用镀铜或镀锌的导体及管子来接地，也可采用铜管接地。

④ 接地引入线应采用截面积不小于 1.5mm² 的多股绝缘软铜线，接地引入线不允许随便拆卸。

3. 电气设备的保护接零

（1）保护接零的工作原理及应用范围

在电气设备正常情况下，将不带电的金属外壳，用导线与电力系统的零线可靠连接，以达到保护人身安全，防止触电事故发生的目的，称为电气设备的保护接零。保护接零的方法适用于中性点直接接地的三相四线制 380V/220V 交流电网中使用的家用电器。

采用保护接零的家用电器接线原理如图 1.2.15 所示。

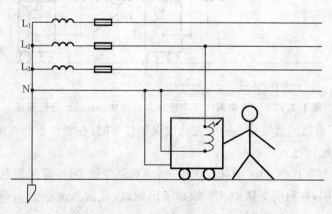

图 1.2.15 采用保护接零的家用电器接线原理

当绝缘损坏或其他原因导致电气设备与外壳相碰时，电流通过电气设备的金属外壳和保护接零的零线形成回路，形成单相短路。因此，装在相线上的熔断器或自动开关会立即切断电路,从而保护人身安全。

（2）家用电器采用保护接零的注意事项

① 零线上不允许装保险;各电器之间的零线不得互相串联使用;零线的连线必须牢固。

② 必须使用合格的三孔插座头,相线与零线及保护接零线不得互相接触,以防零线在插接过程中带电。

③ 不允许把工作回路中线作为接零保护的零线使用,必须将保护接零单独引至电器的保护接零柱上(见图1.2.16(a))。否则,一旦中线断开,就有触电危险(见图1.2.16(b))。

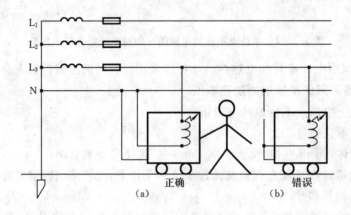

图 1.2.16　保护接零必须单独引出

④ 接零线处的油漆必须刮干净,以免接触不良。

⑤ 不允许将同一中性点接地电网中的用电设备的一部分采用接零保护,而另一部分采用接地保护,以免某一接地设备外壳带电造成所有接零设备的外壳都带电(见图1.2.17)。

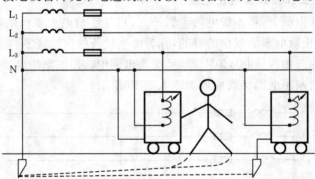

图 1.2.17　一个电网中既有接地又有接零设备的危险性原理

⑥ 当利用家用电器的金属构件或外壳构成保护接零时,在结构上和在安装时都必须保证这一电流通路的接触良好。

⑦ 保护线 PE 与零线 N 的区别:PE 线用黄、绿双色线代表,N 线用黑色或淡蓝色线代表;导线截面不一定相同,在照明支路中,PE 线必须用铜线,截面不得小于 1.5mm^2,而 N 线截面为 1.0mm^2。

（3）保护接零应满足的运行条件

① 必须有足够大的碰壳短路电流,以保证当一相碰壳时能迅速而可靠地切断电源。一般由熔断器和自动开关作为保护切断元件。

② 接零干线的导线截面积应不小于相线截面积的 50%，支线则不应小于相线截面积的 33%。

③ 对用于移动式家用电器的接零保护导线，当相线截面积小于或等于 2.5mm² 时，零线截面积就可以取与相线截面积相等的截面积；当相线截面积大于 4mm² 时，零线截面积允许取为相线截面积的 33%。

④ 在有重复接地的情况下，重复接地电阻不得大于 10Ω。重复接地作用的原理图如图 1.2.18 所示，当 P 点断开时，若无重复接地电阻 R_{CH}，则设备 B 外壳带电时，人体触及它将受到相电压 V 的电击；若有重复接地电阻 R_{CH}，则触及带电外壳时，人体受到的接触电压约为相电压的 50%。显然，在万一零线故障（断线）的情况下，可降低人体受到电击的危险程度。另一方面必须指出重复接地亦非万全之策。若零线断线，则人遭受电击仍有生命危险。因为保护接零的必要条件之一是零线不允许折断。零线一断就有危险，这一点务必牢记。

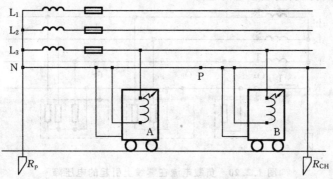

图 1.2.18　重复接地作用的原理

⑤ 目前接零保护用得较多，家用电器大多使用单相插座。因此，单相插座的接线是否正确无误，对于用电设备来说至关重要。

现举一些单相插座的错误与正确接法相对照的例子，如图 1.2.19 所示。图中，只有 f 接法是正确的，它符合插座的接法规定，其工作零线和保护零线分别从零线干线上引到插座的对应孔上，相线在插座的右侧孔中。图中，a～e 接法都是错误的和不安全的。其中，a 接法中保护零线未从干线引入，万一工作零线断开就十分危险；b 接法中未接保护零线；c 接法中不仅未单独引入保护零线，而且工作零线上错误地安装了保险丝，更加危险；d 接法中把相线接在插座的左侧，与规定不符，容易引起断路事故；e 接法中用对称的两极插座，这是不允许的，一旦插反就会造成外壳带电，而这两极插座无法避免反插的危险性。

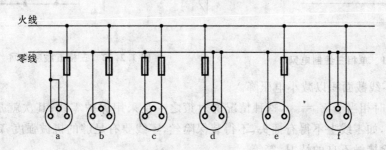

图 1.2.19　单相插座的错误接法 a～e 和正确接法 f

插座的正确安装和接法应当呈正三角性。地线（或零线）插孔在上，下边的两个插孔应当是左边为零线,右边为相线(即火线)。电路是否正常、接线有否错误,一般用电笔不能完全判断出来,可用一种简单装置——插座极性检查器进行判断。

(4) 零线带电的原因及对策

在 380V/220V 的三相四线制供电系统中,保护接零是重要的、用得很普遍的安全措施。一般情况下,人们认为零线总是不带电的、安全的,但有时零线也会带电。造成零线电位升高的原因主要有以下几个方面。

1) 负载电流在零线上引起的电压降

接在电网上的单相负载、两相负载和三相负载分别如图 1.2.20 的 A,B,C 所示,在不同相数负载的情况下,在零线所引起的电流均要造成电压降。人们接触到 O_A、O_B 或 O_C 点时,就接触到 O_A、O_B 或 O_C 到中性点之间的电压降。同样,人们接触电器外壳时也会承受上述电压降,电压降大到某一程度就会造成触电的危险。

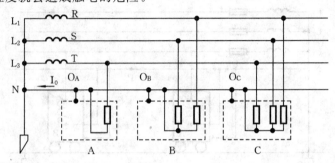

图 1.2.20　负载电流在零线上引起的电压降

由上可知,载流零线电压降造成零线带电是不可避免的。为此,可采取对策如下。

① 最根本的或最彻底的办法是将保护零线与载流中线分开,即采用单相三线制或三相五线制电网供电,如图 1.2.21 和图 1.2.22 所示。

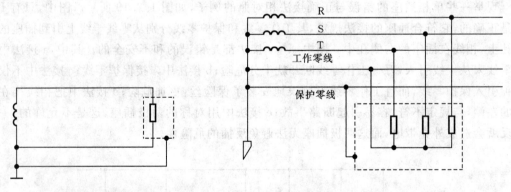

图 1.2.21　单相三线制电网　　　　**图 1.2.22　三相五线制电网**

② 扩大零线截面积以减小电压降。

零线断线时相当于 $Z_o = \infty$,这种情况的对策之一是采用保护零线;其次就是用多种措施避免零线断开,如零线上不得有插头,不得装保险丝,零线要有足够的机械强度,定期检查零线的接线端,消除接触不良的情况,等等。

2) **零线接地不良**

极端情况相当于零线断线,并且接地电阻较大,这就存在着一定的危险。极端情况相当于中性点绝缘。

3) 高压侧造成零线带电

变压器高压侧一相接地时,电容和分布电阻将使电压传递到低压侧的零线上。其等效电路及原理如图1.2.23所示。

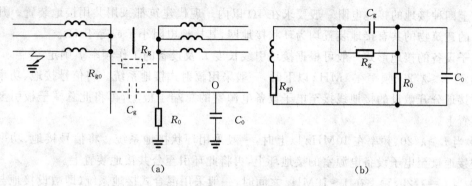

图1.2.23 高压侧一相接地时在零线上引起电压的原理

当零线接地良好时,低压侧零线上呈现的电压还不至于过大,但接地不良或断线时就会严重起来,危险性很大。因此,必须采用充分有效的安全措施。

设高压侧接地故障处电阻 $R_{g0}=0$,高、低压测间的绝缘电阻 $R_g=\infty$,低压侧接地处断开时,$R_0=\infty$。这样,等效电路如图1.2.23(b)所示,它可简化为图1.2.24所示的电路。

此时,低压零线段O点上的电压可用下式表示:

$$V_0 = C_g/(C_g+C_0)V_g$$

一般 $C_g \gg C_0$,因此,$V_0 = V_g$,也就是说,低压侧零线上的电压接近高压侧的相电压,其危险程度远远超过低压触电情况下最严重的双极接触电击的,这是绝对不允许的。

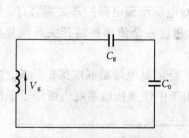

图1.2.24 简化等值电路图

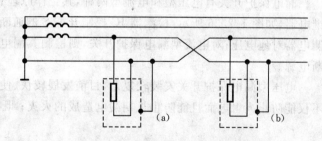

图1.2.25 零线与相线错接的原理
(a) 正确接法; (b) 电网或用户错接相线与零线的情况

4) 相线与零线错接

相线与零线错接零线带电的原理如图1.2.25所示,错接的原因有:用户自己安装插座时接错,电源插座未接错而用户的电源插头接错。其结果都会使零线带电,使接零设备的外壳全部带电。

4. 电子设备接地

电子设备一般有以下几种接地。

① 信号接地:为了保证信号具有稳定的基准电位而设置的接地。

② 功率接地：除电子设备以外的其他交、直流电路的接地。

③ 保护接地：为保证人身安全及设备安全的接地。

④ 防静电接地：有些电子设备需要防静电，一般采用防静电地板，并将此地板中的金属构件接地。

以上四种接地的接地电阻一般要求在 4Ω 以内。现代建筑都采用共用接地装置。凡有电子设备的建筑物的共有接地装置均为环状接地网，其接地电阻小于或等于 1Ω。

电子设备的接地形式一般可根据接地引线长度 L 及设备的工作频率 f 确定：

① 当 $L \leqslant \lambda/20$，频率在 1MHz 以下时，一般采用辐射式接地系统。将信号接地、功率接地和保护接地分开敷设的接地线接至电子设备电源室的总端子板上，再将此总端子板引至公共接地装置上。

② 当 $L \geqslant \lambda/20$，频率在 10MHz 以上时，一般采用环状接地系统。将信号接地、功率接地和保护接地接至电子设备电源室的接地环上，再将此环引至公共接地装置上。

③ 当 $L = \lambda/20$，频率在 1～10MHz 之间时，一般采用混合式接地系统（即敷设接地与环状接地相结合的系统）。

接地线一般采用绝缘导线穿 PVC 管，其截面积一般不小于 16mm² 的铜芯线，但线的长度应避免为波长的 1/4 及 1/4 的奇数倍，以防止产生驻波或起振。防静电接地可接至附近与接地装置相连的柱子主筋上，也可接至就近的 PE 线上。

1.2.4 漏电保护开关

漏电保护开关也叫触电保护开关，是一种切断型的安全保护装置，它比保护接地或保护接零更灵敏、更有效。

漏电保护开关有电压型和电流型两种，其工作原理有共同性，即都可把它看作是一种灵敏继电器，如图 1.2.26 所示，检测器 JC 控制开关 S 的通断。对电压型漏电保护开关而言，JC 检测电器对地电压；对电流型漏电保护开关，则检测其漏电流，超过安全值即控制开关 S 动作切断电源。

电压型漏电保护开关安装较复杂，目前发展较快、使用广泛的是电流型漏电保护开关。它不仅能防止人触电而且能防止长期漏电造成的火灾；既可用于中性点接地系统也可用于中性

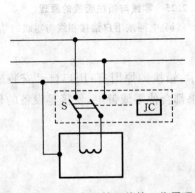

图 1.2.26 漏电保护开关的工作原理

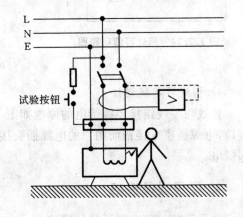

图 1.2.27 电流型漏电保护开关的工作原理

点不接地系统；既可单独使用也可与保护接地，保护接零共同使用，而且安装方便，值得大力推广。

典型的电流型漏电保护开关的工作原理如图 1.2.27 所示。当电器正常工作时，流经零序互感器的电流大小相等、方向相反，检测输出为零，开关闭合电路正常工作。当电器发生漏电时，漏电流不通过零线，零序互感器检测到不平衡电流并达到一定数值时开关断开，切断故障电路。

图 1.2.27 所示的检测电路是由按钮与电阻组成的，可测试开关是否正常。

按国家标准规定，电流型漏电保护开关电流时间乘积应不超过 30mA·s。实际产品一般额定动作电流为 30mA，动作时间为 0.1s。如果在潮湿等恶劣环境，则可选取动作电流更小的。另外，还有一个额定不动作电流，一般取 5mA，这是因为用电线路和电器都不可避免地存在微量漏电。

图 1.2.28 是 DZ47 系列小型塑壳(漏电)断路器的外形图。DZ47 系列漏电断路器可作为人身触电和设备漏电保护，以及照明线路过载和短路保护之用，也可在日常情况下作为线路的不频繁转换之用，尤其适用于工业和商业的照明配电系统。

图 1.2.28　DZ47 系列小型塑壳(漏电)断路器的外形图

该系列漏电断路器为电流动作型电子式快速漏电断路器。它由高导磁材料制造的零序电流互感器、电子组件板、漏电脱扣器和 DZ47-63 开关组成。当被保护电路有漏电或有人身触电时，只要触电电流或漏电电流 I_0 达到漏电动作电流值，零序电流互感器的二次线圈就输出一个电压信号，此信号经电路放大，并使自动开关动作切断电源，从而起到漏电和触电保护作用。

DZ47 系列漏电断路器主要适用于交流 50Hz/60Hz，额定工作电压为 230V/400V 及以下，最大额定电流为 63A 的电路中。按用途分有 C 型(用于照明保护)和 D 型(用于动力保护)。按额定电流分类有 1A、3A、6A、10A、16A、20A、25A、32A、40A、50A、63A 等 11 类。按极数分类有单极、两极(具有一个保护极)、两极(具有两个保护极)、三极(具有三个保护极)、四极(具有三个保护极)、四极(具有四个保护极)等 6 类。

1.2.5　家用电器用电安全常识

① 首先应查对说明书上所列的技术规格，阅读使用注意事项，尤其应注意警告性的特殊要求。在接电源之前，应注意家用电器的额定电压与电源电压是否相符，额定频率与电源频率是否一致，电源容量是否够用，保险丝规格是否够大，供电线路容量是否足够，核对无误后再考虑通电问题。

② 在接通家用电器电源前，应注意各开关所处的状态，有运动部分的电器应注意接通开关时是否有足够的空间。

③ 电源线路中的相线、零线和保护接零专用零线一定要分清,最好用电笔测试。不得互相接错,否则就会有潜在的触电危险。

④ 任何情况下都不允许用煤气管作为接地连接线。

⑤ 采用接零保护时,禁止使用对称的两眼插座,以免插错而造成火线接壳。

⑥ 兼作保护接零用的零线和单独引出的保护接零专用线上,均不准接保险丝或开关。

⑦ 禁止用铜丝代替保险丝。

⑧ 禁止用湿手去摸开关或电器金属部分,也不能用湿手去换灯泡。

⑨ 禁止用拖拉电线的办法去移动家用电器,也不要在运转情况下去搬动;在搬动家用电器前应拔下插头,并注意不要碰压电线。

⑩ 当发生家用电器冒烟、不运转等故障时,应立即切断其电源。

⑪ 电热类器具不得在易燃物或挥发性物质附近使用。

⑫ 接触人体的电热器具如电热毯等,应选用可以调温并有触电保护和过热保护功能的产品。

⑬ 注意选用合格的安全电源插座。这种插座可防止人们在插、拔时接触到带电部分,也能防止零线插头误入相线插孔内。禁止用拉拽电线的方法拔插头。

⑭ 插座或开关应装在幼儿无法触及的高度(离地面 1.5m 以上)。

⑮ 定期检查供电线路及家用电器的绝缘情况。尤其在雨季和长期不用的家用电器重新启动时更要注意,应保证家用电器的绝缘电阻大于或等于 $1M\Omega$。

⑯ 在必须剪断带电导线的紧急情况下,一定要使用绝缘电工钳,不得使用普通剪刀。

⑰ 发现导线破损,应及时更换或用电工胶布包扎。禁止用伤湿止痛膏或普通胶布代替电工胶布包扎破损处。

⑱ 在三相三线制供电的变压器中性点不直接接地的电网中,家用电器采用保护接地就可保证其安全使用。但实际上,大部分新设电网均用中性点直接接地的三相四线制供电,若只是保护接地并不能完全保证其安全性。家用电器绝缘下降且外壳带电,同样具有较大的危险性。此外,在有条件的地方,应将保护接地的电阻限制在 1Ω 或 0.5Ω 以内,这样无论采取什么样的电网供电,保护接地都是相当安全的。

⑲ 发现电线绝缘破损后,千万不能用手去摸,以免触电。应先切断电源,再将破损处用绝缘胶布包好。

⑳ 当发现有电线断在室外且落到地上时,在半径 8m 以内(以电线落地处为圆心)不得进入。

1.3 家电节能

能效标识是附在产品或产品最小包装物上的一种信息标签,用于表示用产品的能效等级、能源消耗量等指标。图 1.3.1 所示为中国正在使用的能效标识。它分为 5 个等级,等级 1 表示产品达到国际先进水平,最节电,即耗能最低;等级 2 表示比较节电;等级 3 表示产品的能效为我国市场的平均水平;等级 4 表示产品能源效率低于市场平均水平;等级 5 是市场准入指标,低于该等级要求的产品不允许生产和销售。

空调能效标识的信息包括产品的生产者,型号,能效等级、能效比、输入功率、制冷量、国家标准号。

空调能效比是指一台空调用一千瓦的电能所产生的制冷/热量。其分为制冷能效比 EER 和制热能效比 COP。例如，一台空调的制冷量是 4800W，制冷功率是 1860W，则制冷能效比（EER）是 4800/1860≈2.6；制热量 5500W，制热功率是 1800W，则制热能效比 COP 是 5500/1800≈3.1。显然，能效比越大，空调效率就越高，空调也就越省电。

电冰箱能效标识的信息包括产品的生产者、型号、能效等级、24 小时耗电量、各间室容积、国家标准号等。

我国电冰箱的能效值是按照《家用电冰箱耗电量限定值及能源效率等级 GB12021.2—2003》给出了一个计式：

冰箱能效指数 η＝实测耗电量/耗电量限定值 E_{max}×100%

注意：冰箱要标注 24 小时的耗电量、冷藏室容积和冷冻室容积。

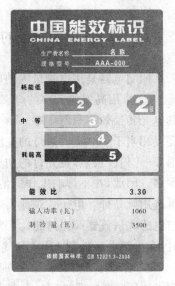

图 1.3.1 中国能效标识

目前国内微波炉、电风扇、电饭锅等小家电普遍存在产品标准滞后、能效标准更滞后的情况，国家正在为这三类小家电产品制定强制性能效标准。这三个产品将采用不同的指标衡量其节能性能：电饭锅和微波炉将采用热效率指标、电风扇将采用能效值指标。

1.3.1 减小电能损失的方法

① 正确选择导线截面积。电流通过导线会使导线发热，在相同的电流下，导线截面积越大，越不易发热，线损就越小。但导线截面积越大，投资就越大。因此，导线截面积究竟多大为合适，应根据用电的实际情况选择。

② 合理布线。应避免迂回曲折布线，尤其是大功率用电器具更应避免这种布线。线路越长，电阻越大，线损也就越大。同理，用电器具（尤其是大功率器具）的电源引线的截面积应足够大，长度宜短。

③ 处理好导线连接头。导线接头连接不良，接触电阻就大，电流通过时便容易发热，严重时接头会发红，不仅让电流白白在接头处消耗掉，而且还威胁用电安全。因此，应尽可能避免导线有接头；在不可避免时，必须将接头连接紧密牢靠。

④ 防止导线漏电。接头绝缘受潮、导线受潮或绝缘老化，都会引起漏电。电流通过不良的绝缘介质泄漏到大地，会造成电能损耗。

⑤ 保证插头与插座有良好的接触。这一点对大功率用电器具尤其重要，插头接触不良，不但使插头严重发热浪费电能，而且容易烧焦导线绝缘层和烧坏插头的绝缘层，引发事故。

⑥ 应尽可能采用电子式镇流器荧光灯。因为这类荧光灯功率因数很高，线损小。如果使用电感式镇流器荧光灯，则应配上补偿电容器，以提高其功率因数，降低线中损耗。

⑦ 尽量不使用稳压器、变压器、调压器等设备，因为这些设备本身会消耗电能。

1.3.2　照明电器的节电方法

照明电器是用电量最大的电器之一,这方面的节电潜力也很大,具体办法如下。

① 采用高发光效率的灯。在一般家庭中,应优先选用荧光灯。白炽灯的发光效率很低,其电光转换效率只有 7%～8%;而荧光灯发光效率高,约为白炽灯的 3～4 倍。30W 荧光灯的亮度相当于 100W 白炽灯的亮度。另外,荧光灯的使用寿命也比白炽灯长得多,一般为白炽灯的 3～5 倍。虽然,荧光灯的初始投资较白炽灯大,但从长远经济效益看,使用荧光灯还是经济得多。因此,在不影响工作的情况(对要求辨色高的工作,荧光灯显色性较差,不适合)下,应尽量选用荧光灯。电子式镇流器荧光灯和异形节能荧光灯又较电感式镇流器荧光灯节电。前者与电感式镇流器荧光灯相比,节电率与亮度均提高了 30% 以上,灯管寿命可延长 3 倍左右;同时,在电源电压低到 132V 和气温低到 0℃以下均能正常启辉。

② 合理布置灯具。通常,应根据需要采取一般照明与局部照明相结合的方式。一般照明通常以达到照度标准的 50% 左右为宜。在缝纫工作台或书桌上,则可设置台灯等局部照明来满足。

③ 充分利用自然光。在房屋设计上、家具布置上,尽可能增加采光面积。

④ 充分利用环境的反射光。采用高反射系数的墙壁表面,并将家具等设备油漆成浅色,可增加房间的亮度。

⑤ 采用调光器或节电控制器。利用调光器可以根据需要任意调节照明亮度,走廊灯、路灯等则可采用自动控制器来避免电能浪费。

⑥ 定期清洁灯具,或选择不易污染的灯具,提高发光效率。改善环境,加强通风(如厨房加装换气扇、排油烟机等),减少灰尘及污垢的侵蚀。

⑦ 及时更换旧灯泡和灯管。灯的光通量衰减到 70% 左右就应该更换。

⑧ 养成随手关灯的良好习惯,做到"人走灯灭"。

1.3.3　几种家用电器的节电方法

1. 电冰箱的节电方法

① 不要将电冰箱安置在靠近热源及受阳光直射的地方,也不要靠墙太近,以免影响冷凝器向空中散热。测试表明,设环境温度为 20℃,冰箱耗电量为 100%,那么,环境温度上升10℃,耗电量则要增加 5%;反之,温度下降 5℃,耗电量就可减少 15% 左右。

② 经常注意电冰箱的密封性能,检查门封条是否变形、老化,箱门是否变形、锈蚀,尤其要检查冰箱下面边框有无锈蚀情况(因为此处最容易锈烂)。若发现问题,就及时修理。

③ 尽量减少开门次数和缩短开门时间。如果开门一次 10 秒钟,则压缩机大约要多运转7～15分钟。另外,开门的角度也要小,以减少冷量损耗。

④ 勿将热食放入电冰箱,以减轻压缩机的工作负担。

⑤ 定期清扫冷凝器上的积尘,以免灰尘覆盖而影响散热效果;不要在冷凝器上搭晾衣服,以免增加电耗,甚至导致冷凝器锈蚀。

⑥ 及时除霜。一般当霜层厚度达 4～6mm(单门电冰箱)或 6～8mm(双门电冰箱)时,就应进行一次除霜。

⑦ 根据使用条件调节温度调节器。因为箱温控制得越低,耗电越大。应根据环境温度、贮藏的食品特点和贮藏时间,合理调节箱温,尤其不要经常把温度调节器调到最冷点。

⑧ 改自动除霜为手动除霜。

⑨ 冷冻室内食品宜装满,这样不会因电冰箱门经常开启影响冷冻室内的温度,如果冷冻室内食品很少,暖空气就会乘虚而入,不仅影响冷冻效果,而且费电。当食品少放不满时,也可放几只空罐头盒填充。

⑩ 贮藏的食品之间应留有适当的间隙,以有利冷气对流,有利于箱温降低和均匀。在不需要用冰的季节,不应在冰盒里加水。不要在冰箱中制作大块冰或大盒冷水,否则电耗会显著增大。

⑪ 合理贮藏食品。

2. 电热器具的节电方法

① 根据实际需要选用合适功率的电热器具。电热器具的耗电量等于其额定功率与使用时间的乘积,所以并不能说使用功率小的电热器具就节电。相反,功率小,加热时间就长,热量的有效利用率也就低。如果用于煮开水、煮饭等,电热器具的功率以 $700 \sim 1000W$ 为宜。当然,如果煮一杯牛奶,使用 $1kW$ 电热炉,显然会造成大量的热量散失。

② 减少停炉次数和防止空烧。由于电热炉的功率一般都比较大,每次停止工作后,再恢复工作都要多消耗电能,所以电热炉应尽可能连续工作,不要断断开开。这就要求使用前将各项准备工作做好,避免电热炉时开时停或空烧。

③ 减少电热炉的热耗散。电热炉的炉体外表面会不断地向四周散发热量,因此应确保炉体的绝热性能,要使炉体外表面与环境温差尽可能小,以减小热能的耗散。

④ 煮水器具底面积宜大于电热炉炉盘面积,以增加煮水器具的受热面积,防止热量散失;煮水时要防止电扇或户外冷风吹到煮水器具上,将热量散失,因此电热量器具不要放在电扇下或在敞开的门窗边使用。

⑤ 最好使用电水壶或速热器烧开水,因为这类电器的发热元件直接与水接触,热效率比普通电热炉高很多,省电。

⑥ 使用电热器具时要有人看管,尤其是在煮水时,如果已经沸腾了还煮,则会浪费电能;最好使用带水沸报警的电水壶。

⑦ 设法提高热利用率。用煤烟涂成黑色的壶底,比溜光精亮的壶底(它会把应该吸收的热量反射散失)节电 12% 左右。

⑧ 不宜将电热炉作取暖用具,取暖应使用充油式电暖器或远红外加热器等。因为充油式电暖器内部虽以电热元件为热源,但用特殊的导热油作为导热介质,再通过散热片扩散热量,加热空气,热效率较高;远红外加热器利用热辐射率高的涂料等,其热效率较高,要比普通电热炉节电 30% 左右。

⑨ 不要用电热炉来加热物料,因为用电来加热物料,能源利用率太低,除必要时不得不用电热炉外,应尽可能采用其他热源,如煤、油等。

3. 空调器的节电方法

① 根据房间的大小选购合适的空调器。

② 严格按要求安装。安装方式不合理将会使冷凝器的进风量过小或进风温度过高,导致

冷凝压力高,空调器负载增大,耗电量增大,制冷量减小。特别是一些窄小的安装场所,常将一侧的进风百页人为遮堵,造成冷却风量大幅度下降。安装空调器需要开洞,必须做好空调器与墙洞四周的密封工作(采用保温材料等充填),以防止冷气(夏天制冷)或热气(冬天制热)外泄。

③ 正确使用温度调节器。夏季适当提高室温,冬季适当降低室温。

④ 定期清洁滤尘网,一般每 2 至 3 周清洁一次;定期清扫空调器,一般每年打开清扫一次。

⑤ 冷凝器(散热片)不要用罩布等物覆盖或用杂物阻挡,也不可压扁散热片,否则会影响其散热,加重压缩机的工作负担,增加电耗。

⑥ 应尽量少开房门。开门时不要开得过大,关门要快。门、窗的密封性要好。

4. 电风扇的节电方法

① 电风扇的规格不同,耗电量也不同,扇叶越长,耗电量越大。因此,应根据房间的大小配装合适的电风扇。

② 电风扇的转速越高,风力越大,耗电量越多。因此,如果没有必要,不要把转速调到最高。

③ 有的电风扇,当电源电压低时,用微风挡启动困难,长时间启动,不但容易使电动机过热,而且费电。正确的做法是:先将调速器放在快速挡,待电扇运转后再切换到微风挡。

④ 做好维护保养工作,定期给轴承加润滑油,以减小机械磨损,节约电能。

5. 电熨斗的节电方法

① 电熨斗功率越大,发热量越多,熨衣速度越快,但功率越大,耗电也越多,应视具体情况选用合适功率的电熨斗。例如,熨烫店,熨烫量大,工作时间长,宜用较大功率的电熨斗;家庭熨烫一般使用 300～500W 的为宜,蒸汽、喷雾型电熨斗可选用 800W 的。

② 熨烫前将电熨斗电源插头插上预热,在预热这段时间或在预热前将要熨烫的衣服先准备好,以便在电熨斗底板达到预定温度时立即进行熨烫。

③ 一次熨烫的衣服越多,越省电。如果为了一块小织物而使用电熨斗,就很不经济了。

④ 要避免电熨斗空烧。掌握好熨烫温度,及时熨烫。

6. 电视机的节电方法

① 对于亮度、对比度、色饱和度能自动调节的电视机,应使用自动调节功能将图像调好。这样,就不会出现这些参量的过调问题,图像也逼真。

② 电视机的亮度不要调得过大。亮度越大,功耗越大。例如,22 英寸(1 英寸＝2.54cm)彩色电视机,最亮时的功耗为 85W,最暗时仅为 55W。电视机的亮度过大容易使光栅聚焦变坏,进而缩短显像管的使用寿命。

③ 电视机不要在很亮的环境中使用,因为在亮度高的环境中看电视,需要增加亮度、对比度和色饱和度,这必然要增加电视机的耗电量。在白天收看电视时,应将窗帘拉上,造成较暗的环境。尤其不要在屏幕上加滤色片,因为滤色片减弱了图像亮度,为了看清图像就要增加电视机的亮度,从而增加电耗。

④ 也不要将对比度和色饱和度调得过大。

⑤ 电视机的音量不要调得过响。音量越大,功耗越大,同时,音量太大还会增大失真,有时还会引起图像抖动,甚至损坏扬声器。

⑥ 电视机不要太靠近墙,否则不利散热;使用中的电视机上不要用布罩遮盖,以免堵塞散

热孔,使机内元件升温,增加电耗,同时容易造成机内元件过热而损坏。

7. 洗衣机的节电方法

① 不要在电源电压过低时使用洗衣机,否则会加重电动机的负担,造成电动机过热,浪费电能,而且也不利电动机的安全。

② 衣物太少时最好不用洗衣机洗。因为衣物太少,照样要使用同样多的水(浪费水),照样要开动电动机和用去差不多的洗涤时间(否则衣物洗不干净),所以每次使用,都应洗涤一定量的衣物,以免造成浪费。当然,一次洗涤的衣物太多也不行,因为这样不但不易洗净衣物,而且要花更长的洗涤时间,电动机负担也加重,不利节电。

③ 正确选择洗涤方式和洗涤时间。单向洗涤,电动机一个方向旋转,比较省电;双向洗涤(如标准洗涤),电动机一会儿正转、一会儿反转,反复启停,每次的启动电流都较大,所以较费电。但各种洗涤方式对不同衣物的磨损程度是不相同的,应按要求正确选择。

洗涤时间过长,不但费电,也没必要,而且加重对衣物的磨损,因此应根据衣物肮脏程度等确定。

④ 经洗涤的衣物,应移至脱水桶脱水后,再作第 2 次、第 3 次漂洗,这样可以缩短漂洗时间,节省用水。

⑤ 脱水时间不必过长,一般 2 至 3 分钟即可。

⑥ 平时注意保养。皮带过紧和过松都不利节电,可拧松电动机底盘固定螺栓调节皮带松紧;机械卡阻、电动机轴承缺油等,都会加重电动机的负担,增加电耗。

8. 计算机的节电方法

① 暂停使用计算机时,如果预计暂停时间小于 1 小时,则建议将计算机置于待机状态,如果暂停时间大于 1 小时,最好彻底关机。

② 平时用完计算机后要正常关机,应拔下电源插头或关闭电源接线板上的开关,并逐步养成这种彻底断电的习惯,而不要让其处于通电状态。

③ 不用的外设像打印机、音箱等要及时关掉。

④ 像光驱、软驱、网卡、声卡等暂时不用的设备可以先屏蔽掉。

⑤ 使用 CPU 降温软件。

⑥ 降低显示器亮度。在做文字编辑时,将背景调暗些,这样,在节能的同时还可以保护视力、减轻眼睛的疲劳度。当计算机在播放音乐、评书、小说等单一音频文件时,可以彻底关闭显示器。

1.4　电气火灾的预防与扑救

1.4.1　引起电气火灾的原因

电气设备的安装、使用和维护不当都有可能引发电气火灾事故。电气火灾的原因是多方面的,归纳起来有以下几个方面:

① 电气设备选型及安装不当。例如,大功率电气设备使用小容量的插座;进户线无保护套管,因磨损造成短路引燃周围易燃、可燃物体;嵌入式灯具散热孔被堵,周围无足够的散热空间等。

② 电气设备短路。相线与零线或相线与相线之间的导体相互碰连、相线与大地碰连,都会使线路电流突然增大,并产生电火花,若保险丝不能及时熔断(当保险丝选择过大或用粗铜丝替代时),导线绝缘体就会被引燃,引起火灾。

③ 电气设备过载。如果负载过大,通过导线或设备的电流便会超过它们的安全载流量,绝缘层会因过热而加速老化,严重或长期的过负载,会使绝缘层变质损坏,引起短路着火。

④ 电气连接点接触电阻大。在电气回路中不可避免地有许多连接点,例如,导线与导线的连接,导线与用电设备接线端子的连接等。在正常情况下,这些连接点的接触电阻很小,发热甚小,如果有安装不良,或被有害介质锈蚀等,接触电阻就会显著增大,连接点严重发热,使金属变色甚至熔化,并会引起绝缘材料、可燃物质的燃烧。

⑤ 电气设备使用不当。例如,灯泡过于接近蚊帐、被子、衣物、纸张和木板等易燃物。特别是大功率灯泡、红外线灯泡、高压汞灯、碘钨灯等的表面温度极高,很容易引燃附近的易燃物品;电热器具接通后无人看管或停电时没有拔掉插头、复电后又无人知晓;在一个插座上接入过多的用电设备等也极易引发火灾事故。

⑥ 电气设备绝缘层老化。导线和电气设备绝缘层被老鼠咬伤或机械损伤,使用年久的导线和电气设备自然老化,过载或短路事故造成绝缘过早老化,以及设备长年失修等,都会使其绝缘性能降低或丧失,造成设备短路等事故。

⑦ 电火花和电弧。电火花是电极间放电的结果。大量密集的电火花构成了电弧。电火花和电弧能引起周围可燃物质的燃烧,能使金属熔化、飞溅,构成危险的火源。

电气设备在正常工作和操作时也会产生电火花。例如,开关通断、插拔插头和熔断器插头,都会产生火花,这类火花属正常火花。另一类火花为事故火花,即电气设备发生故障时产生的火花,例如,导线短路,保险丝熔断,误操作,雷击等引起的火花。

⑧ 不懂安全规则,例如,在可能发生电火花的设备或场所用汽油擦洗设备等。

1.4.2　电气火灾的预防措施

为预防或减少电气火灾事故的发生。主要可从以下几个方面去做:

① 在安装电气线路和电气设备时,要正确选型、规范操作。尤其对于潮湿、有腐蚀性的物质,高温及有火灾和爆炸危险的房间、仓库和作坊,更应严格按规定要求选型和安装。

② 修建房屋或装修时,必须加强防火意识,保证电气安装质量,以免留下隐患。

③ 正确安装和使用照明灯和家用电器,尤其是大功率电器、电热器具的安装和使用,切不可马虎。

④ 在使用导线、电气设备和家用电器时,不可超出允许限度。

⑤ 切实预防线路和电气设备的短路、过载事故发生。

⑥ 切实做好电气接头的连接工作,防止接触电阻过大引起火灾。

1.4.3 电气火灾的扑救方法

1. 常用灭火材料

常用的灭火材料有水、化学液体、泡沫、固体粉末和黄沙等。

水是最常用的灭火剂,灭火效率较高。但是水能导电,因此,在有电情况下,一般不能用水扑救,只在断电的情况下才能使用水。

黄沙也是常用的灭火材料。用沙覆盖住火焰,可使火熄灭。

常用的灭火器主要有酸碱灭火器、泡沫灭火器、二氧化碳灭火器、四氯化碳灭火器、1211灭火器等。其中,酸碱、泡沫两种灭火器的灭火材料具有导电作用,不适用于带电体灭火,而且对电气设备有腐蚀作用,对绝缘层损害大,不易清理,因此只有在危急情况下,方可用于断电时的电气灭火。

二氧化碳、四氯化碳、1211、干粉灭火器的灭火材料绝缘性能好,对电气设备的腐蚀作用小,损害少,易清理,因此适用于扑灭电气设备火灾。

2. 带电情况下的灭火方法

如果处于无法切断或不允许切断电源,以及时间紧迫来不及切断电源(否则会失去战机,扩大危险性,使火势蔓延)或不能确定是否已断电情况下,则可采用带电灭火的方法。带电灭火是一项危险的工作,必须注意以下事项:

① 应使用二氧化碳、四氯化碳、1211、干粉灭火器。但由于这类灭火器射程不远,要接近火源才能发挥灭火作用。

② 灭火器的机体、喷嘴及人体与带电体之间应保持足够的安全距离,以防发生触电事故。

③ 必须注意周围环境,防止身体、手、足或者使用的消防器材(火钩、火斧等)直接与带电部分接触或与带电体过于接近而造成触电事故。

④ 若有导线断落地面,则应划出一定的警戒区,防止跨步电压触电。

⑤ 用水枪灭火时宜用喷雾水枪,同时必须采取安全措施,如穿戴绝缘手套、绝缘靴或穿均压服等进行操作。水枪喷嘴应可靠接地。

⑥ 用四氯化碳灭火时,灭火人员应站在上风侧,以防中毒,灭火后要注意通风。

3. 断电情况下的扑救方法

电气设备发生火灾,或其附近引燃可燃物时,首先应该设法切断电源,然后进行扑救,以保证扑救人员的安全和防止火势蔓延扩大。室外或街道的供电线路起火时,要及时同供电部门联系,切断电源;室内的电气设备发生火灾时,应尽快拉下总开关或拔掉总熔断器插头,切断电源,并及时用灭火器材进行扑救。

① 发生火灾时,闸刀开关因受潮或烟熏、火烤,绝缘层强度降低,因此在拉闸门或熔断器插头时,要注意安全,最好用绝缘工具操作。

② 如果要剪断供电线路,则应该使用电工钳,最好戴上干燥手套,以防触电。

③ 切断电源的地点应在电源方向的支持物附近,要防止导线切断后掉落在地上造成接地短路或触电事故。

④ 在剪断扭缠在一起的合股电源线时,要一根一根剪,非同相电线和火线与零线,应在不同部位剪断,以免相互碰连短路。

当电气设备在切断电源后,其灭火方法与扑救一般的火灾相同。

1.5　防雷常识

1.5.1　雷电的形成

闪电和雷鸣是大气中的放电现象。雷雨季节,大地气温升高。靠近地面空气受热膨胀,随着密度变小,重量减轻而上升,同时将地面附近的水蒸气带上高空。水蒸气在高空遇冷气凝结成小水滴向下降落,与上升的气流发生碰撞摩擦,形成带有电荷的小水珠。这些下降的水滴与上升的水珠分别带有异种电荷。这两种水珠的逐渐聚积,就形成了分别带有正、负电荷的云层。随着云层越积越厚,云层的电荷也越来越多,当两个云层间的电场强度达到一定值时,其间的空气绝缘层被击穿,发生云层间的放电,这种放电电流高达几万安到几十万安,电压从几万伏到几十万伏,温度也在万度以上,同时发出强烈的闪光和炸响,这就是所谓空中雷。

若带电云层离大地较近,则静电感应会使离云层较近的大地带上异种电荷。当地面有突出物时,便发生云层与大地之间的放电,这就是所谓落地雷。

雷电的种类除上述按放电位置分为空中雷和落地雷两种外,按雷电闪光的形状也可分为线状雷(呈树枝状)、带形雷、链形雷和球形雷等;若按雷击的不同成因还可分为直击雷和感应雷。

1.5.2　雷电的危害及其活动规律

在上述的几种雷电中,对人类危害最大的是落地雷。凡是在它放电通路上的建筑物、线路和电器设施等均会遭到破坏,人畜会因触电而死亡,这是落地雷中直击雷的危害。建筑物和线路除受直击雷破坏外,它的金属部分,由于静电感应和电磁感应等电位会迅速升高,会导致金属导体之间发生火花放电,引起爆炸、火灾或使人畜触电。雷电的电磁作用所感应的高电压,还可能通过架空输电线路引入室内,击穿电气设备的绝缘层(包括接在电源线上的各种家用电器),造成事故。

人们在长期的生产实践和科学实验中,逐步认识了雷电活动的一些规律,总结了如下几个容易遭受雷击的地方。

① 独立高耸的建筑物,如宝塔、水塔、天线、旗杆、尖形屋顶等。

② 空旷地区的独立物体,如输电线杆塔、高大树木、平坝上的高房、山顶上行走的人畜等。

③ 烟囱冒出的热气(烟中含有大量导电质点、游离态分子)和排出带电尘埃的厂房、废气管道及地下水出口。

④ 屋顶为金属结构的建筑物,特别潮湿的建筑物及露天放置的金属物。

⑤ 金属矿床、河岸、山坡与稻田接壤的地区,土壤电阻率较小的地区,良导电土质与不良导电土质的交界区等。

上述这些易受雷击的地方,在雷雨时要特别注意不要造近它们。

1.5.3　避雷针

安装避雷装置,如避雷针、避雷器等,是防止雷击的积极措施之一。

避雷针由接闪器、杆身、接地引线和接地极四部分组成,如图 1.5.1 所示。接闪器的针尖由直径为 25mm 的镀锌圆钢或直径为 40mm、厚度不小于 3mm 的镀锌圆管制成,尖端必须打扁磨尖,以增强尖端放电效果。

接地引线明装时用 $\phi8$ 圆钢,暗装时则用 $\phi8$ 镀锌圆钢。它的接地极必须单独埋设,不得和其他设备的接地极共用。接地电阻要在 $10\,\Omega$ 以下,接地极应埋在距建筑物 3m 以外很少有人通过的地方。避雷针本身离开被保护物体的距离不得小于 5m。它的接闪器、接地引线和接地极必须用电弧焊焊接牢固,并在焊点上涂以沥青防护漆。

避雷针的工作原理是:当临近建筑物的云层带电时,由于静电感应,建筑物及其附近的地面均带上异种电荷,这些电荷将通过避雷针进行尖端放电,将地电荷与云层电荷中和,从而可避免雷击的发生。假若遇到直击雷,避雷针也可以将雷电引入大地疏散,使线路、电器设备及建筑物免遭雷击。

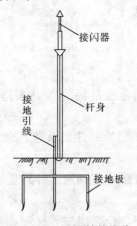

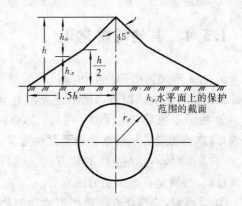

图 1.5.1　避雷针的构造　　　　图 1.5.2　单支避雷针的保护范围

避雷针的保护范围:单支避雷针的保护范围如图 1.5.2 所示。从空间到地面,是一个折线圆锥形,它在地面的保护半径 $r=1.5h$(h 为避雷针顶离地面的高度)。

折线圆锥形的剖面是从针顶两旁向下作 $45°$ 斜线,构成圆锥形的上部;从距离针脚两边 $1.5h$ 处向上再作斜线与前一斜线在高 $h/2$ 处相交,交点以下构成圆锥形的下半部。设建筑物(或线路、设备等)的高度 h_x 位于 $x\text{-}x$ 平面上,则在该平面上的保护半径可由下式确定:

当 $h_x \geqslant h/2$ 时,

$$r_x = (h - h_x)P$$

当 $h_x < h/2$ 时,

$$r_x = (1.5h - 2h_x)P$$

式中的 P 是避雷针的高度影响系数。当 $h \leqslant 30\text{m}$ 时,$P=1$;当 $120\text{m} > h > 30\text{m}$ 时,$P=5.5/h$。

为了扩大避雷针的保护范围,可在两个位置安装两支等高避雷针,如图 1.5.3 所示。

两针外侧的保护范围与单支避雷针相同。两针之间的保护范围按连接两针顶点 1、2 及中

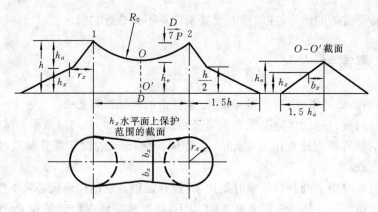

图 1.5.3　两支避雷针的保护范围

点 O 的圆弧确定，O 的半径为 R_o，O 点为两针中间假想避雷针的顶点，它的高度 h_o 为

$$h_o = h - (D/7P)$$

式中：P——高度影响系数；D——两避雷针的距离。

在两针间的建筑物高 h_x 所在的平面内，保护范围的最小宽度 $2b_x$ 为

$$2b_x = 3(h_o - h_x)$$

一般来说，两支避雷针间的距离与针高之比 D/h 不宜大于 5。

1.5.4　其他防雷常识

① 为了避免雷电的高电压通过避雷针的接地极传到输电线路、引入室内而造成危害，避雷针接地极与输电线路接地极至少应相距 10m。

② 为了避免雷电高压由架空线引入室内，应将进户线的最后一件支承物上的绝缘子铁脚接地，进户线的最后一根电杆应重复接地。

③ 雷雨时，不要在空旷的地方站立或行走，更不能穿着湿衣裳到避雷针附近。雨伞不要举得过高，特别是有金属柄的雨伞。

④ 雷雨时，应选择有屏蔽作用的建筑物或物体，如汽车、电车、房屋等躲避。不可站在孤立的大树、电杆、烟囱或高墙下面。

⑤ 雷雨时，不要停留在容易受雷击的地方，如山顶、湖泊、河边、沼泽地、游泳池等。

⑥ 在室内的人员，雷雨时要关好门窗，不要站在窗前或阳台上，也不要站在有烟囱的灶前。应离开电力线、电话线、水管、煤气管、暖气管和天线馈线等处。

⑦ 雷雨时，不要使用家用电器，应将电器的电源插头拔下，以免雷电沿电源线侵入电器内部损伤绝缘体，击毁电器，甚至使人触电。

第 2 章

焊接技术

焊接就是利用各种可熔的合金(焊锡)连接金属部件的过程。焊接可以分为软焊接和硬焊接,软焊接温度低于 450℃,硬焊接温度高于 450℃。硬焊接通常用于银、金、钢、铜等金属,其焊接点比软焊接的牢固得多,抗剪强度为软焊接的 20~30 倍。

焊接过程如下:

① 熔化助焊剂,进而去除被焊金属表面的氧化膜;

② 熔化焊锡,使其悬浮于其中的不纯净物质及较轻的助焊剂浮到表面;

③ 部分地溶解一些与焊锡相连接的金属;

④ 冷却并在焊接处形成合金层。

为了定位电路功能出现的问题,常常需要将元器件从印制电路板上取下来进行测量,其操作过程如下:

① 特殊元器件的拆卸;

② 元器件的测试;

③ 有缺陷元器件的替换;

④ 测试检查电路性能。

摘取和替换电子元器件,也需要实施焊接操作。

2.1 电烙铁的分类与使用

电烙铁是手工施焊的主要工具,它是用电来加热电阻丝或 PTC(正温度系数)加热元件,并将热量传送给烙铁头熔化焊锡实现焊接的。为方便使用,焊锡通常做成焊锡丝的形式,焊锡丝内一般都含有助焊的松香。焊锡丝使用约 60% 的锡和 40% 的铅合成,熔点较低。松香是一种助焊剂,既可以直接用,也可以配置成松香溶液。

2.1.1 电烙铁的分类

1. 根据电烙铁的功能分类

根据功能分,电烙铁可分为恒温式、调温式、双温式、带吸锡功能式及无绳式等。

(1) 恒温式电烙铁

恒温式电烙铁的烙铁芯一般采用 PTC 元件(热敏电阻),如图 2.1.1 所示。此类型的烙铁头不仅恒温,而且可以防静电、防感应电,可直接焊 CMOS 器件。

(2) 调温式电烙铁

调温式电烙铁如图 2.1.2 所示。其附有一个功率控制器,可以改变供电的输入功率,可调

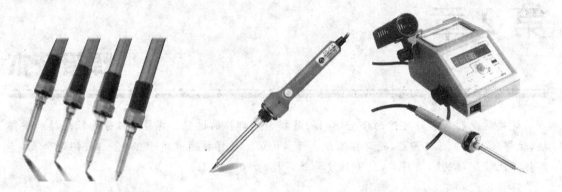

图 2.1.1　恒温式电烙铁　　　　　　　　图 2.1.2　调温式电烙铁

温度范围为 100~400℃。调温电烙铁的最大功率是 60W，配用的烙铁头为铜镀铁烙铁头（俗称长寿头）。

(3) 双温式电烙铁

双温式电烙铁如图 2.1.3 所示。双温式电烙铁为手枪式结构，在电烙铁手柄上附有一个功率转换开关，只要转换开关的位置即可改变电烙铁的发热量。

图 2.1.3　双温式电烙铁

(4) 带吸锡功能式电烙铁

吸锡式电烙铁如图 2.1.4 所示。带吸锡功能式电烙铁自带电源，适合于拆卸整个集成电路，且速度要求不高的场合。其吸锡嘴、发热管、密封圈所用的材料，决定了烙铁头的耐用性。

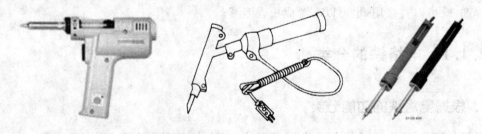

图 2.1.4　吸锡式电烙铁

(5) 无绳式电烙铁

无绳式电烙铁如图 2.1.5 所示。无绳式电烙铁是一种新型恒温式焊接工具，由无绳电烙铁单元和红外线恒温焊台单元两部分组成，可实现 220V 电源电能转换为热能的无线传输。烙铁单元组件中有温度高低调节旋钮，由 160~400℃ 连续可调，并有温度高低挡格指示。另外,还设计了自动恒温电子电路,可根据用户设置的使用温度自动恒温,误差范围为 3℃。

2. 根据电烙铁的加热方式分类

根据加热方式分,电烙铁可分为直热式、燃气式等。

(1) 直热式电烙铁

图 2.1.5 无绳式电烙铁

一般的电烙铁都是直热式的。直热式电烙铁又分为内热式和外热式两种。内热式电烙铁的发热元件安装在烙铁头里面,外热式电烙铁的发热元件安装在烙铁头外面。

常用的外热式电烙铁有 25W、30W、45W、75W、100W、150W、200W、300W 等多种规格,外热式电烙铁的典型外形及结构如图 2.1.6 所示。

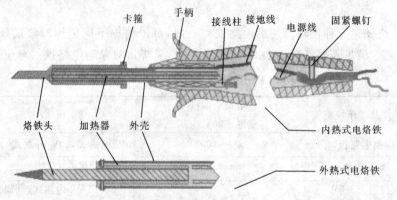

图 2.1.6 典型电烙铁结构示意图

外热式电烙铁的主要部分的作用如下。

① 烙铁头。常用的烙铁头有直型和弯型两种。烙铁头的刃口形状也有很多种,可以根据焊点的大小形状来选用,以满足不同焊接物面的要求。

② 传热筒。加热器的热量通过它传到烙铁头上。

③ 加热体。加热器是在传热筒上分层缠绕的电阻丝。加热器的作用是通过电流并将电能转换成热能,烙铁头受热而温度升高。

外热式电烙铁既适用于焊接大型元器件和零部件,也适用于焊接小型元器件。由于烙铁头是插在传热筒里边的,电阻丝发出的热量大部分散发到空间,因此它的加热效率低,烙铁头加热升温比较缓慢,一般加热到熔化焊锡的温度约需六七分钟。由于外热式电烙铁体积比较大,所以焊接小型元器件时显得不方便,在这种情况下,可使用内热式电烙铁。

内热式电烙铁常用的规格有 20W、35W、50W 等。各部分的作用与外热式电烙铁基本相同。不同点在于内热式电烙铁的发热器(烙铁芯)装于烙铁头空腔内部,故称内热式电烙铁。由于发热器是在烙铁头内部,热量能完全传到烙铁头上,所以这种电烙铁的特点是热得快,加热效率高,体积小,重量轻,耗电省,使用灵巧等,最适用于晶体管等小型电子元器件和印制电路板的焊接。

(2) 燃气式电烙铁

图 2.1.7 所示的为燃气式电烙铁及储气罐。燃气式电烙铁又称自热烙铁,它是利用丁烷气体燃烧产生的热量加热烙铁头来进行焊接的。此类型的烙铁头由纯铜作基体,经镀铁、镀铬

图 2.1.7　燃气式电烙铁及储气罐

及镀锡多层镀层加工而成,切不可用锉刀打磨或改变其形状。

2.1.2　电烙铁的选用

恒温式电烙铁是一种比较理想的电烙铁。一般,可以根据不同施焊对象选择不同功率的普通电烙铁,能够满足需要就行。表 2.1.1 给出了常见焊接对象与电烙铁的对应关系。

表 2.1.1　常用焊接对象与电烙铁的对应关系表

焊件及工作性质	烙铁头温度 (室温、220V 电压)	选 用 烙 铁
一般印制电路板、导线	300~400℃	20W 内热式,30W 外热式、恒温式
集成电路	300~400℃	20W 内热式、恒温式
焊片、电位器、2~8W 电阻、电解电容、功率管	350~450℃	35~50W 内热式、调温式 50~75W 外热式
8W 以上大电阻、φ2 以上导线等较大元器件	400~550℃	100W 内热式,150~200W 外热式
汇流排、金属板等	500~630℃	300W 以上外热式或火焰锡焊
维修、调试一般电子产品	20W 内热式、恒温式、储能式、感应式	

电烙铁的烙铁头外形如图2.1.8所示。在选择烙铁头时应注意使其满足焊接面的要求和焊点密度的需要。焊点小时,选用细尖刃口为好;焊点大时,应选用宽大些的刃口。烙铁头的刃口可根据不同装配物体的焊接需要,用锉刀改变。

凿形及尖锥形烙铁头通常用于手工焊接及一般修理工作。这种烙铁头角度大时热量比较集中,温度下降较慢,适用于一般焊接点。烙铁头的角度小,温度下降快,适用于焊接对温度比较敏感的元器件。

斜面设计的烙铁头,由于表面大,传热较快,适合于焊接单面印制电路板上不十分拥挤的焊盘接点。

圆锥形烙铁头多用于焊接高密度的线头、小孔及小且怕热的元器件。

电烙铁的烙铁头一般采用紫铜制成,在表面镀了一层锌合金,它在温度较高和使用时间较

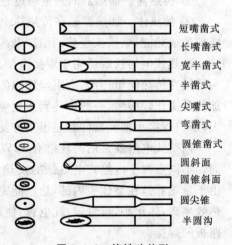

短嘴凿式
长嘴凿式
宽半凿式
半凿式
尖嘴式
弯凿式
圆锥凿式
圆斜面
圆锥斜面
圆尖锥
半圆沟

图 2.1.8　烙铁头外形

长情况下容易氧化,因此,经常要修理重新上锡方能继续使用。方法是:在烙铁架上放一点焊锡和松香,接通烙铁电源,将烙铁头放在焊锡中来回滚动,让烙铁头表面均匀地镀上焊锡,以延长使用时间。

2.1.3　使用电烙铁的注意事项

① 使用电烙铁一定要注意安全,避免发生触电事故。使用前应该保证电源线及电源插头完好无损。应仔细检查塑料皮导线有无烫伤处,应将裸露部分用绝缘胶布包扎好,防止触电和发生短路。

② 对初次使用和长期放置未用的电烙铁,使用前最好将电烙铁内潮气烘干,以防止烙铁出现漏电现象。

③ 新烙铁头刃口表面有一层氧化铜,使用前需要先给烙铁头镀上一层锡。镀锡的方法是:先用锉刀或砂纸将刃口表面的氧化层打磨掉,再将电烙铁通电加热,在打磨干净的部位涂上一层焊剂(例如,松香),当松香冒烟,烙铁头开始熔化焊锡的时候,把烙铁头放在有少量松香和焊锡的砂纸上研磨,要将各个面都研磨到,使烙铁头的刃口镀上一层锡。镀上的焊锡,不但能够保护烙铁头不被氧化,而且使烙铁头传热加快。不过,现在很多烙铁头在出厂时已经做了镀锡处理,不用自行镀锡。

④ 使用过程中电烙铁不宜长时间空热,以免烙铁头被"烧死"(不沾锡),以及电热丝加速氧化而被烧断。

⑤ 烙铁头要保持清洁,使用中可常在石棉毡上擦几下清除氧化层和污物。当烙铁头出现不沾锡的现象时,就要重新镀锡。

⑥ 电烙铁工作时,最好放在特制的烙铁架上,这样既方便使用,又能避免烫坏其他物品。

⑦ 使用电烙铁焊接必须掌握火候,即适时地掌握烙铁头的温度。这里可以应用一点小技巧,就是通过烙铁头沾松香冒烟的状况来判断温度,具体如表 2.1.2 所示。

表 2.1.2　观察法估计烙铁头温度

观察现象	烟细长,持续时间长,超过20秒	烟稍大,持续时间为10~15秒	烟大,持续时间较短,为7~8秒	烟很大,持续时间短,为3~5秒
估计温度	低于200℃	230~250℃	300~350℃	高于350℃
焊接	达不到锡焊温度	PCB及小型焊点	导线焊接、预热及较大焊点	粗导线、板材及大焊点

2.1.4　电烙铁的维护

1. 电烙铁的拆装

电烙铁在使用过程中,会出现种种故障,为排除故障有时需要将电烙铁拆卸分解。以内热式电烙铁为例,拆卸时,首先要拧松手柄上顶紧导线的螺钉,旋下手柄;然后拆下电源线和烙铁芯引线;取出烙铁芯;最后拔下烙铁头。安装时的顺序和做法与拆卸时相反。在旋紧手柄时,一定要注意不能使电源线随手柄一起扭动,以免将电源线接头部位绞坏,造成短路。

2. 电烙铁的维护修理

要注意对电烙铁进行经常性检查和维护,及时发现和排除一些常见的小故障。

① 检查有无漏电。用模拟万用表 R×1k(Ω)或者 R×10k(Ω)挡或数字万用表的 2M(Ω)以上挡位,测量插头和外壳之间的电阻,若指示无穷大,或电阻大于 2~3MΩ,就可以使用。若电阻值小,说明有漏电现象,应查明漏电原因,排除之后才能使用。

② 发现手柄松动时,要及时拧紧,否则容易使电源线破损,造成短路。

③ 发现烙铁头松动,要及时旋紧固定螺钉。电烙铁使用一段时间后,应将烙铁头取下,去掉与传热筒接触部分的氧化层或锈污,以免取不下烙铁头。电烙铁头使用过久,会出现腐蚀、凹坑,失去原有形状,影响正常焊接,应该用锉刀对其整形,加工成符合要求的形状,再镀上锡。

④ 电烙铁的电路故障,通常有短路和断路两种。如果出现短路,则当电烙铁接上电源后会烧断保险丝。短路的部位一般在手柄或插头的接线处。如果电烙铁接上电源后,过一段时间(几分钟),还不发热,则可以判定是电烙铁出现了断路故障。以 25W 烙铁为例,用模拟万用表欧姆挡(R×1000(Ω))或数字万用表的 20k(Ω)挡测量烙铁芯两个接线柱之间的电阻,如果阻值在 2kΩ 左右,可以断定烙铁芯良好。这时应检查电源线和接头,找出故障部位,彻底排除。如果烙铁芯两个接线柱间的电阻值是无穷大,可以断定烙铁芯电阻丝断路或接线断路。如果是烙铁芯电阻丝断路,则更换烙铁芯,故障即可排除。

2.2　焊接知识与操作要领

2.2.1　焊料的选用

在电子设备的装配和维修中常用的焊料是锡铅焊料,简称焊锡。焊锡常制成条状和盘丝状。绝大多数盘丝状焊锡丝是一种空心焊锡丝,心内储存有松香焊剂。常使用的焊锡丝有外径为 2.5mm、2mm、1.5mm、1mm、0.8mm、0.6mm、0.5mm 等几种。

2.2.2　焊剂的选用

金属在空气中,特别是在加热的情况下,其表面会生成一薄层氧化膜。在没有去掉氧化膜的情况下实施焊接,氧化膜就会阻碍焊锡的浸润,影响焊接点合金的形成,最容易出现虚焊或假焊现象。焊接时使用助焊剂(简称焊剂),能改善焊接性能。这是因为焊剂具有净化焊料,清除金属表面污物,破坏金属氧化物,使氧化物漂浮在焊锡表面的作用。

常用的焊剂有焊锡膏和松香。焊锡膏的主要成分是松香,其中掺有氯化锌和其他化学药品,有一定的腐蚀作用。松香的最大优点是没有腐蚀作用,而且绝缘性能也比较好。在印制电路板焊接中,通常选用松香作焊剂,而不用焊油。

2.2.3 锡焊机理

锡焊过程实际上是焊料、焊剂、母材（焊件）在焊接加热的作用下，相互间所发生的物理——化学过程。锡焊的机理如下。

1. 浸润

焊接中的浸润现象，就是指熔化的焊料在固体金属表面的扩散现象。焊接质量好坏的关键是浸润的程度，如图 2.2.1 所示。

若润湿角 $\theta<90°$，则润湿良好；$\theta>90°$，则润湿不足或不润湿。

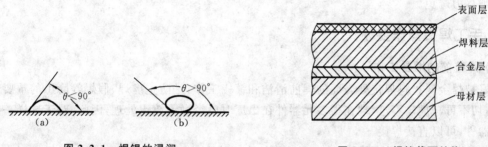

图 2.2.1　焊锡的浸润
（a）浸润性好；　（b）浸润性差

图 2.2.2　焊接截面结构

2. 合金层的形成

在浸润的同时，还发生液态焊料和固态母材金属之间的原子扩散，结果在焊料和母材的交界处形成一层金属化合物层，即合金层，合金层使不同的金属材料牢固地连接在一起。因此，焊接的好坏，在很大程度上取决于这一层合金层的质量。

焊接结束后，焊接处截面结构如图 2.2.2 所示，共分四层：母材层、合金层、焊料层和表面层。

理想的焊接，在结构上必须具有一层比较严密的合金层，否则，将会出现虚焊、假焊现象，如图 2.2.3 所示。

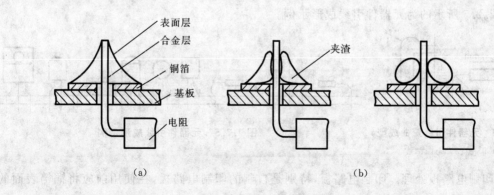

图 2.2.3　正常焊接与虚焊
（a）正常焊接；　（b）虚焊

2.2.4 焊接基本操作要领

1. 焊接点的质量要求

焊接点，简称焊点。焊点的质量要求是：电接触良好、机械性能优良和清洁美观。其中最关键的一点就是电接触良好，要避免假焊和虚焊。造成假焊和虚焊的主要原因是金属表面存在氧化层和污垢。假焊会使电路完全不通。虚焊使焊点成为有接触电阻的连接状态。当温度、湿度等外部工作环境发生变化，以及受到振动等因素影响时，电路往往不能正常工作，工作状态时好时坏，且没有规律，电路工作的可靠性大大降低，而且给电路检修工作带来很大困难，因此必须尽力避免。

2. 手工焊接操作要领

(1) 焊接前的准备工作

做好被焊金属材料焊接处表面的焊前清洁和镀锡工作，是防止虚焊、假焊等隐患的重要工艺步骤，切不可马虎。不过，现在很多元器件在出厂时已经做了镀锡处理，因此，对于这样一些新的元器件，可以直接焊接。

① 元器件引线表面处理。一般可用砂纸擦去引线上的氧化层，也可以用小刀轻轻刮去引线上的氧化层、油污或绝缘漆，直到露出金属表面、其上面干干净净为止。引线在清洁处理后，应立即涂上少量的焊剂，然后用热电烙铁在引线上镀上一层很薄的锡层，避免其表面重新氧化，提高元器件的可焊性。

② 对于镀金、镀银的合金引出线，清洁时要注意不能把镀层刮掉。

③ 对于新的扁平形集成电路的引线，焊前一般不作清洁处理，但这类元器件在使用前要妥善保存，不要弄脏引线。

④ 元器件引线成形。元器件引线成形是对小型元器件而言的，这类元器件安装时可采用跨接、立装或卧装方式，其要求是：在受振动时不变动元器件位置。元器件安装前必须进行整形，图 2.2.4 所示的为元器件引线折弯的各种形状。引线折弯处与根部至少要有 2mm 的距离，弯曲半径不小于引线直径的两倍。

图 2.2.5 所示的为元器件引线成形示例。

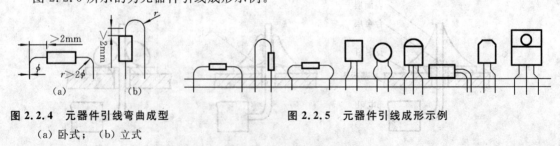

图 2.2.4 元器件引线弯曲成型
（a）卧式； （b）立式

图 2.2.5 元器件引线成形示例

⑤ 印制电路板处理。印制电路板，特别是自制的印制电路板，在使用前应将铜箔表面的氧化层除掉。

(2) 焊接姿势

电烙铁的握法一般有三种，如图 2.2.6 所示。第一种是常见的"握笔法"。这种握法使用

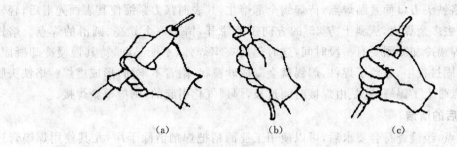

图 2.2.6 电烙铁的握持方法

(a) 握笔法； (b) 正握法； (c) 反握法

的电烙铁头一般是直型的,常用于小型电子设备和印制电路板上的焊接。第二种是"正握式"。当使用功率比较大的电烙铁时用这种握法。这种电烙铁的烙铁头一般为弯型,适合于大型电子设备的焊接。操作者的鼻尖与烙铁头的距离应在 20cm 以上。还有一种是"反握法",这种握法动作稳定,长时间操作不易疲劳,适于大功率烙铁的操作。

（3）焊接方法

① 带锡焊接法。这是初学者常用的方法。焊接前,将准备好的元器件插入印制电路板规定的位置,检查无误后,在引线和印制电路板铜箔的连接点上涂上少量的焊剂,待电烙铁加热后,用烙铁头的刃口沾带上适量的焊锡,然后将烙铁头的刃口准确接触印制电路板上的铜箔焊点与元器件引线处,并注意烙铁头的刃口与印制电路板的夹角,如图 2.2.7 所示。

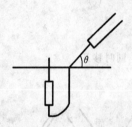

图 2.2.7 电烙铁刃口与印制电路板的夹角

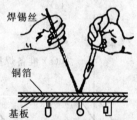

图 2.2.8 点锡焊接法

② 点锡焊接法。把准备好的元器件插入印制电路板的焊接位置。调整好元器件的高度,并逐点涂上焊剂。右手握着电烙铁,将烙铁头的刃口放在元器件引线焊接位置,确定好烙铁头刃口与印制电路板的角度。左手捏着焊锡丝,用它的一端去接触焊点位置上的烙铁头刃口与元器件引线的接触点,根据焊点的大小来控制焊锡的多少。点锡焊接必须左、右手配合,如图 2.2.8 所示,才能保证焊接质量。

（4）烙铁温度

烙铁头温度过高,焊锡易滴淌,焊接点上存不住锡,还会使被焊金属表面与焊料加速氧化,焊剂焦化,不容易形成合乎要求的焊点。烙铁头的温度也不宜太低,否则,焊锡流动性差,易凝固,会出现焊锡拉接现象,使焊点内存在杂质残留物,甚至会出现假焊、虚焊现象,严重影响焊接质量。焊接时有一种简单可行的方法,可判断烙铁头的温度是否合适,即当烙铁头碰到松香时,应有"刺"的声音,并冒出白烟,这说明温度合适。如没有声音,仅能使松香勉强熔化,说明温度低;如果烙铁头一碰上松香,冒烟过多,则说明温度太高了。

（5）掌握好焊点形成的火候

焊接是靠热量而不是靠力使焊锡熔化的,所以焊接时不允许烙铁头刃口在焊点上来回用力磨动,应将烙铁头刃口面紧贴焊点,待焊锡全部熔化,其表面张力紧缩使其表面光滑后,轻轻转动烙铁头带去多余焊锡,从斜上方 45°的方向迅速脱开,留下一个光亮、圆滑的焊点。烙铁头脱开后,因焊锡冷却凝固要有一段时间,这时仍要夹牢焊件,不能晃动,待其慢慢冷却凝固。如果在焊锡凝固过程中,晃动了焊件,焊锡就会凝成砂粒状,附着不牢固,形成虚焊。烙铁头脱开后,如果焊点带上了锡峰,这是由焊接时间过长,焊剂气化引起的,则应重新焊接。

(6) 焊接后的清洁

焊好的焊点,经检查符合要求后,可以使用工业酒精把焊剂清除干净,尤其使用焊锡膏这类有一定腐蚀性的焊剂焊接时更要清除干净,若焊剂粘在印制电路板上,则不仅会把元器件或印制电路板腐蚀坏,而且会逐渐渗进印制电路板中,破坏印制电路板的绝缘性能,电路之间会添加一些无形电阻,产生一些难以修复的古怪毛病。当使用焊锡膏这类有一定腐蚀性的焊剂焊接时,清洁工作不是可有可无,而是必须做的。

(7) 焊接的基本步骤

点锡焊接工序可分为三工序法和五工序法两种,分别如图 2.2.9、图 2.2.10 所示。

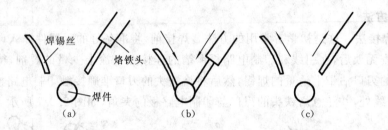

图 2.2.9　三工序法

(a) 准备焊接; (b) 送烙铁、焊丝; (c) 同时移开

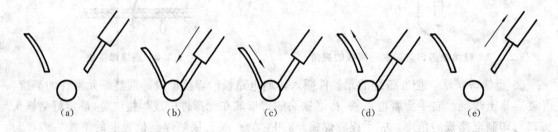

图 2.2.10　五工序法

(a) 准备焊接; (b) 送烙铁; (c) 送焊丝; (d) 移焊丝; (e) 移烙铁

(8) 焊接点质量的检查

对焊接点质量的检查可以从外观检查和通电检查两个方面进行。首先必须进行严格的外观检查,就是用眼睛检查焊点的焊锡量,表面形状和光泽程度,检查焊点是否有裂纹,凹凸不平,拉尖,桥接及焊盘是否有剥离现象。必要时还要用手指触动,镊子拨动,拉线等方法检查有无引线松动,断线等缺陷。通电检查要在外观检查确认无问题后才可进行,以免通电时问题太多无法进行或损坏仪器设备。通电检查可发现虚焊,元器件损坏等问题。

常见的焊点缺陷及原因如表 2.2.1 所示。

表 2.2.1　常见焊点缺陷及分析

焊点缺陷	外观特点	危　害	原因分析
虚焊	焊锡与元器件引线或与铜箔之间有明显的黑色界线,焊锡向界线凹陷	不能正常工作	①元器件引线未清洁好,未镀好锡或锡氧化; ②印制板未清洁好,喷涂的助焊剂质量不好
焊料堆积	焊点结构松散,呈白色、无光泽	机械强度不足,可能虚焊	①焊料质量不好; ②焊接温度不够; ③焊锡未凝固时,松动了元器件引线
焊料过多	焊料面呈凸形	浪费焊料,且可能包藏缺陷	焊丝撤离过迟
焊料过少	焊接面积小于焊盘的 80%,焊料未形成平滑的过渡面	机械强度不足	①焊锡流动性差或焊丝撤离过早; ②助焊剂不足; ③焊接时间太短
松香焊	焊缝中夹有松香渣	强度不足,导通不良,有可能时通时断	①助焊剂过多或已失效; ②焊接时间不足,加热不足; ③表面氧化膜未去除
过热	焊点发白,无金属光泽,表面较粗糙	焊盘容易剥落,强度降低	烙铁功率过大,加热时间过长
冷焊	表面呈豆腐渣状颗粒,有时可能有裂纹	强度低,导电性不好	焊料未凝固前焊件抖动
浸润不良	焊料与焊件交界面接触过大,不平滑	强度低,不通或时通时断	①焊件清理不干净; ②助焊剂不足或质量差; ③焊件未充分加热
不对称	焊锡未流满焊盘	强度不足	①焊料流动性不好; ②助焊剂不足或质量差; ③加热不足
松动	导线或元器件引线松动	导通不良或不导通	①焊锡未凝固前引线移动造成空隙; ②引线未处理好(浸润差或不浸润)
拉尖	出现尖端	外观不佳,容易造成桥接现象	①助焊剂过少,加热时间过长; ②烙铁撤离角度不当

续表

焊点缺陷	外观特点	危　害	原因分析
桥接	相邻导线连接	电气短路	①焊锡过多； ②烙铁撤离方向不当
针孔	目测或低倍放大镜可见有孔	强度不足,焊点容易腐蚀	引线与焊盘孔的间隙过大
气泡	引线根部有喷火式焊料隆起,内部藏有空洞	暂时导通,但长时间容易引起导通不良	①引线与焊盘孔间隙大； ②引线浸润性不良； ③双面板通孔堵塞,焊接时间长,孔内空气膨胀
铜箔翘起	铜箔从印制电路板上剥离	印制电路板已被损坏	焊接时间太长,温度过高
剥离	焊点从铜箔上剥落(不是铜箔与印制板剥离)	断路	焊盘上金属镀层不良

(9) 印制电路板的焊接特点及焊接时注意事项

① 印制电路板是用粘合剂把铜箔压粘在绝缘板上的,但粘合剂的能力不强。由于铜箔与绝缘板的膨胀系数不同,焊接时温度过高,时间过长,就会引起印制电路板起泡、变形,甚至使铜箔脱落。这些都要求在焊接时,选用焊锡丝和松香,不能用焊膏,并尽可能控制好电烙铁的温度。焊接时间一般以 2～5 秒为宜。焊接点上的焊锡和松香也要适量,焊锡以包着引线灌满焊盘为宜,形成一个大小合适而且圆滑的焊点,典型焊点的外观如图 2.2.11 所示。同样,焊接导线也会出现如图 2.2.12 所示的问题。

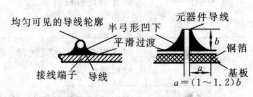

图 2.2.11　典型焊点的外观

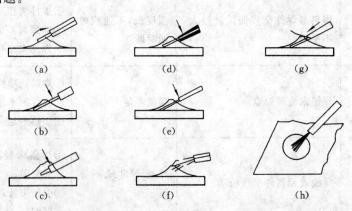

图 2.2.12　导线端子焊接缺陷示例

(a)虚焊；　(b)芯线过长；　(c)焊锡浸过外皮；　(d)外皮烧焦；
(e)焊锡上吸；　(f)断丝；　(g)甩丝；　(h)芯线散开

② 焊锡丝的正确施加方法：正确的方法是将焊锡丝从烙铁头的对面送向焊件，并且一般不要直接接触烙铁头，以避免焊锡丝中助焊剂在烙铁头的高温下分解失效。

③ 焊锡和助焊剂的用量要合适，如图 2.2.13 所示。

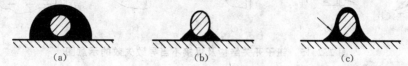

图 2.2.13　焊锡的用量对比图

(a) 过多；　(b) 过少；　(c) 合适

④ 采用合适的焊点连接形式，如图 2.2.14 所示。

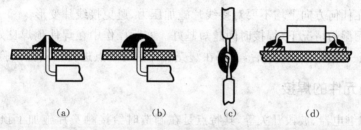

图 2.2.14　焊点连接形式

(a) 插焊；　(b) 弯焊；　(c) 绕焊；　(d) 搭焊

(10) 直插型集成电路的焊接

集成电路的引脚多而密，且还是一种非常"娇气"的元器件，焊接时温度不能太高，焊接时间也不能过长。一般选用尖形烙铁头，采用带锡焊接法，烙铁头只需蘸少量焊锡轻轻在元器件引线和焊点上点一下即可。如果使用较细的焊锡丝，当然也可使用点锡焊接法。为防止电烙铁工作时产生的感应电压损坏集成器件，最好将电烙铁与电源断开，利用余热焊接，或使用外壳接地的电烙铁。总之，在焊接这类"怕热"元器件时，必须十分当心，既要保证焊接牢固，又要保证元器件不受损。只要多练，就能掌握好焊接技术。

2.2.5　特殊元器件的焊接

1.（有机材料）铸塑元器件的焊接

各种有机材料，包括有机玻璃、聚氯乙烯、聚乙烯、酚醛树脂等材料，已被广泛用于电子元器件的制作，例如，各种开关、插接件等，这些元器件都是采用热铸塑方式制成的。它们最大的弱点就是不能承受高温。当对铸塑在有机材料中的导体接点施焊时，如不注意加热时间，极容易造成塑性变形，导致元器件失效或降低性能，造成隐性故障。

图 2.2.15(a) 是钮子开关结构示意图，(b)～(e) 列举了焊接不当造成失效的例子。其中，(b) 所示的为施焊时侧向加力，造成接线片变形，导致开关不通；(c) 所示的为焊接时垂直施力，使接线片 1 垂直位移，造成闭合时接线片 2 不能导通；(d) 所示的为焊接时加助焊剂过多，沿接线片浸润到接点，造成接点绝缘或接触电阻过大；(e) 所示的为镀锡时间过长，造成开关下部塑壳软化，接线片因自重移位，簧片无法接通。

正确的焊接方法如下。

① 在元器件预处理时应尽量清理好接点，一次镀锡成功，特别是将元器件放在锡锅中浸

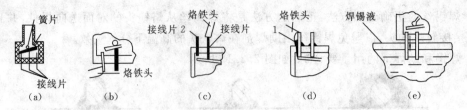

图 2.2.15　钮子开关结构及焊接不当导致失效的示意图

镀时,更要掌握好浸入深度和时间。

② 焊接时,烙铁头要修整得尖一些,以便在焊接时不碰到相邻接点。

③ 非必要时,尽量不使用助焊剂;必须添加时,也要尽可能少,以防其浸入电接触点。

④ 烙铁头在任何方向上均不要对接线片施加压力,避免接线片变形。

⑤ 在保证润湿的情况下,焊接时间越短越好。实际操作中在焊件预焊良好时只需用挂上锡的烙铁头轻轻一点即可。焊接后,不要在塑壳冷却前对焊点进行牢固性试验。

2. 簧片类元件的焊接

这类元件如继电器、波段开关等,其特点是在制造时给接触簧片施加了预应力,使之产生适应的弹力,保证电接触的性能。安装施焊过程中,不能对簧片施加过大的外力和热源,以免破坏接触点的弹力,造成元件失效。所以,簧片类的焊接要领是:

① 可靠的预焊;

② 加热时间要短;

③ 不可对焊点的任何方向加力;

④ 焊锡量宜少。

3. 片状焊件的焊接

片状焊接在实际应用中用途最广,例如接线焊片、电位器接线、耳机和电源插座等,这类焊件一般都有焊线孔。往焊片上焊接导线或元器件时要先将焊片、导线镀上锡,焊片的孔不要堵死,将导线穿过焊孔并弯曲成钩形,具体步骤如图 2.2.16 所示。切忌只用烙铁头沾上锡,在焊件上堆成一个焊点,否则很容易造成虚焊。

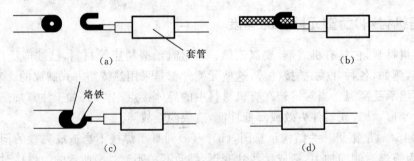

图 2.2.16　片状焊点的焊接

(a) 焊件预焊;　(b) 导线构接;　(c) 烙铁点焊;　(d) 热套绝缘

如果焊片上焊的是多股导线,最好用套管或热缩管将焊点套上,这样既可保护焊点使之不易和其他部位短路,又能保护多股导线不容易断开。

4. 槽形、板形、柱形焊点的焊接

这类焊接一般没有供缠线的焊孔,其连接方法可用绕、钩、搭接,但对某些重要部位,例如,电源线等处,应尽量采用缠线固定后焊接的方法。其中槽形、板形主要用于插接件上,板形、柱形则用于变压器、电位器等元器件上。其焊接要点同焊片类相同,焊点搭接情况及焊点剖面如图 2.2.17 所示。

这类焊点,一般每个接点仅接一根导线,一般都应套上塑料套管。注意套管尺寸要合适,应在焊点冷却前趁热套入,以套入后不能自行滑出为宜。

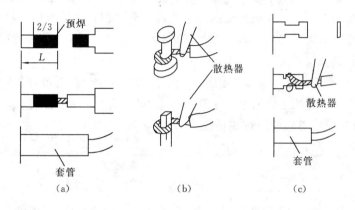

图 2.2.17　槽形、柱形、板形焊点焊接

(a) 槽形搭焊;　(b) 柱形绕焊;　(c) 板形绕焊

5. 杯形焊件的焊接

这类接头多见于接线柱和接插件,一般尺寸较大,如焊接时间不足,容易造成虚焊。这种焊件一般和多股导线连接,焊前应对导线进行镀锡处理。操作方法如图 2.2.18 所示。其操作步骤如下:

① 往杯形孔内滴一滴助焊剂,若孔较大,则可用脱脂棉蘸焊剂在杯内均匀擦一层。

② 用烙铁加热并将锡熔化,靠浸润作用流满内孔。

③ 将导线垂直插入到底部,移开烙铁并保持到凝固,注意不可动导线。

④ 待完全凝固后立即套上套管。

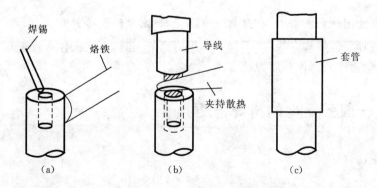

图 2.2.18　杯形焊点焊接

2.2.6　电子工业中的焊接简介

1. 浸焊和波峰焊

① 浸焊。将插装好元器件的印制电路板表面浸入熔化了焊锡的焊锅内,浸入深度约为印制电路板的 50%~70%。浸焊时间约为 3~5 秒,浸焊槽的温度通过自动温度调节器保持在比焊锡熔点高出 40~50℃的范围,待焊锡与焊点充分熔合,提起印制电路板使其冷却。浸焊后印制电路板焊接表面上没有涂阻焊层的所有金属部分将覆盖一层焊料。浸焊可一次完成印制电路板上众多焊点的同时焊接,提高了焊接效率和质量。浸焊用于元器件引线较长的焊接。浸焊有手工浸焊和机械浸焊两种。

② 波峰焊。它是使用波峰焊机焊接的,由于这种方法效率高、质量好,是大批量生产主要采用的主要焊接方法。焊机上方有水平运动的链条,已插好元器件的印制电路板挂在这个链条上向前移动,波峰焊是用泵加压熔锡使之从长度为 300mm 左右的长方形喷嘴中喷流到待焊的印制电路板上,一次完成所有焊点的焊接。

2. 再流焊

先将焊料加工成一定粒度的粉末,加上适当的液态粘合剂,成为可流动的糊状焊膏,用糊状焊膏将元器件粘贴在印制电路板上,加热使焊膏中的焊料熔化而再次流动,实现焊接。

3. 高频加热焊

采用高频感应电流,将被焊的金属进行加热焊接的方法。

4. 脉冲加热焊

利用脉冲电流在短时间内对焊点加热进行焊接的方法。

2.3　拆焊与更换

在电子产品的制作和维修中,有时需要更换元器件,把已焊接好的焊点和元器件拆除的过程称为拆焊。拆焊元器件和导线时,不仅要选用适当的工具,而且操作方法要得当。还要求仔细认真,才能避免损坏元器件和原焊接点。

2.3.1　一般元器件的拆焊与更换

1. 拆焊工具

电烙铁既是焊接工具,同时又是拆焊工具。但对特殊元器件的拆除,必须选用专用的拆焊工具。

（1）自动恒温电烙铁

自动恒温电烙铁是一种内热式电烙铁。它主要由四部分组成：电烙铁身、可控硅温度控制电路（装在烙铁身内）、发热芯、加热头。发热芯内装有热敏电阻，可检测出加热头的温度，通过可控硅控制，可将烙铁头的最高温度控制在 390℃ 左右。如需要不同的温度，可通过烙铁身端部的调温电位器来调整。电烙铁的功率一般为 10～20W。图 2.3.1 所示的为自动恒温电烙铁的各种配套的加热头。

L 型加热头（头部较宽）
S 型加热头（头部较窄）
固定基座
Y 型引出脚集成电路专用加热头
加热头
吸锡网
集成电路

图 2.3.1　特殊烙铁头

加热头的规格有多种，分别用于拆卸不同引脚数目的四列扁平封装的集成电路。使用时可将发热芯的前端插入加热头的固定孔中。图 2.3.1 所示的为 L 型和 S 型加热头，是用于拆卸双列扁平封装集成电路、片状晶体管、二极管的专用加热头。其中，头部较宽的 L 型加热头用于拆卸集成电路，头部较窄的 S 型加热头用于拆卸晶体管和二极管。使用时将两片 L 型或 S 型加热头用螺丝固定在基座上，然后再插入发热芯的前端。图 2.3.1 中间所示的加热头用于拆卸 Y 型引脚的大规格混合集成电路的专用加热头。

（2）吸锡器

拆卸元器件常需要使用吸锡器，尤其是集成电路。简单的吸锡器是手动式的，且大部分是塑料制品，它的头部由于常常接触高温，因此通常都采用耐热塑料制成。

吸锡器在使用一段时间后必须清理，否则内部活动的部分或头部会被焊锡卡住。不同的吸锡器的清理方式不同，不过大部分都是将吸锡头拆下来，再分别清理。

1）吸锡器的外形

常见的吸锡器主要有吸锡球、手动吸锡器、电热吸锡器、防静电吸锡器、电动吸锡枪以及双用吸锡电烙铁等，其外形分别如图 2.3.2 所示。

2）手动吸锡器的使用

胶柄手动吸锡器的里面有一个弹簧，使用时，先把吸锡器末端的滑杆压入，若听到"咔"声，则表明吸锡器已被固定；再用烙铁对接点加热，使接点上的焊锡熔化，同时将吸锡器靠近焊点，按下吸锡器上面的按钮即可将焊锡吸上。若一次未吸干净，则可重复上述步骤。

3）电动真空吸锡枪的使用

电动真空吸锡枪的外观呈手枪式结构，主要由真空泵、加热器、吸锡头及容锡室组成，是集电动、电热吸锡于一体的新型除锡工具。

电动真空吸锡枪具有吸力强、能连续吸锡等特点，且操作方便、工作效率高。工作时，加热器使吸锡头的温度达 350℃ 以上。当焊锡熔化后，扣动扳机，真空泵产生负气压将焊锡瞬间吸入容锡室。因此，吸锡头温度和吸力是影响吸锡效果的两个因素。

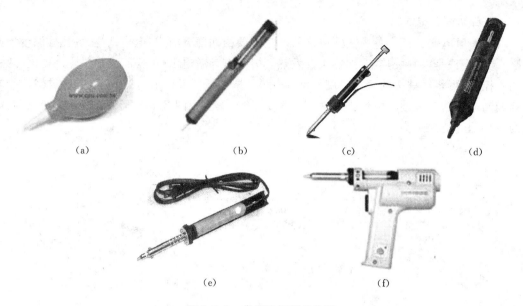

图 2.3.2　常见吸锡器的外形

(a) 吸锡球；　(b) 手动吸锡器；　(c)电热吸锡器；　(d) 防静电吸锡器；

(e) 双用吸锡电烙铁；　(f) 电动吸锡枪

电动真空吸锡枪的工作原理是,吸锡枪接通电源后,经过 5～10 分钟预热,当吸锡头的温度升至最高时,用吸锡头贴紧焊点使焊锡熔化,同时将吸锡头内孔一侧贴在引脚上,并轻轻拨动引脚,待引脚松动、焊锡充分熔化后,扣动扳机吸锡即可。

电动真空眼锡枪的使用技巧:若吸锡时,焊锡尚未充分熔化,则可能会造成引脚处有残留焊锡,这时,应在该引脚处补上少许焊锡,然后用吸锡枪吸锡,从而将残留的焊锡清除。

根据元器件引脚的粗细,可选用不同规格的吸锡头。标准吸锡头内孔直径为 1mm、外径为 2.5mm。若元器件引脚间距较小,则应选用内孔直径为 0.8mm、外径为 1.8mm 的吸锡头;若焊点大、引脚粗,则可选用内孔直径为 1.5～2.0mm 的吸锡头。

电动真空吸锡枪的日常维护。电动真空吸锡枪在日常使用中,应注意以下事项:

① 频繁使用吸锡枪时,应经常检查过滤料是否失效,若失效则应及时更换。

② 在使用过程中,若吸锡枪的吸力不足,则应旋开容锡室的底盖和上盖,将焊锡及时清理掉。

③ 需要更换吸锡头时,应首先通电 5～10 分钟,使吸锡头与吸管间的残余焊锡熔化,然后拧下吸锡头并拔掉电源,待吸锡枪冷却后,再将在连接螺纹上缠 2～3 层密封胶带,接着拧下新的吸锡头即可。

(3) 热风拆焊器

热风拆焊器是一种贴片元件和贴片集成电路的拆焊、焊接工具。热风拆焊器主要由气泵、印制电路板、气流稳定器、外壳、手柄等部件组成。性能较好的热风拆焊器具有噪声小、气流稳定的特点,而且风流量较大,一般为 27L/min;手柄组件由消除静电的材料制成,可以有效地防止静电干扰。850 系列热风拆焊器的外形如图 2.3.3 所示。

850A 热风拆焊器适用于表面贴片元件的拆焊,如 SOIC、QFP、PLCC、BGA 等。

1) 热风拆焊器的拆卸技巧

① 直插元件的拆卸:根据焊盘大小换上合适的风嘴和吸锡针,加热即可。根据不同的电

图 2.3.3　850 系列热风拆焊器的外形

路基板材料和不同的焊盘,选择合适的温度和风量。本方法适合多种单、双面电路板及各种大小不同的焊点。

② 贴片元件的拆卸:根据不同的电路基板材料选择合适的温度及风量,使风嘴对准贴片元件的引脚,反复均匀加热,待达到一定温度后,用镊子稍加力量使其自然脱离基板。

③ 贴片元件的焊装:在已拆贴片元件的位置上涂上一层助焊剂,然后把焊盘整平,用热风把助焊剂吹匀,对准位置,放好贴片元件,用焊锡定位。在贴片元件应该焊接的地方,全部堆上焊锡(堆锡法),然后再按上述方法除去多余的焊锡,用电烙铁稍加整形即可。

2) 注意事项

① 使用前,应将机箱下面最中央的红色螺钉拆下来,否则会引起严重的问题。

② 使用前,必须接好地线,以备泄放静电。

③ 禁止在焊枪前端网孔放入金属导体,否则会导致发热体损坏及人体触电。

④ 在热风焊枪内部,装有过热自动保护开关,若枪嘴过热,保护开关自动开启,机器停止工作。必须把热风风量按钮"AIR CAPACITY"调至最大,延迟 2 分钟左右,加热器才能工作,机器恢复正常。

⑤ 使用后,要注意冷却机身。关电后,发热管会短暂喷出冷风,在此冷却阶段,不要拔去电源插头。

⑥ 不使用时,请把手柄放在支架上,以防意外。

2. 拆焊方法

(1) 一般焊点的拆焊方法

搭焊、插焊、钩焊和网焊同属一般焊点,前三种拆焊较为简单,只需用电烙铁在焊点上加温,待焊锡熔化后,用镊子或尖嘴钳拆下元器件的引线就行了;网焊点拆焊则较为困难,而且容易损伤元器件,所以在拆焊网焊点时,通常在离焊点约 10mm 处剪断元器件的引线,然后将这段引线与新元器件焊接。

(2) 印制电路板上元器件的拆焊方法

对于电阻和电容等只有两个焊接点的元器件,可采用分点拆除的方法,即先拆下一端焊接点的引线,再拆另一端焊接点的引线,然后拔出元器件。像集成块等多接点的插接件,由于焊接点多而密,拆焊时通常采用集中拆焊法。具体方法是:先用电烙铁和吸锡工具逐个将焊接点上的焊锡吸掉,再使用排锡管将元器件引线与焊盘分离,最后取下元器件。

总之,拆焊操作时,要求注意力集中,动作要快。

2.3.2 特殊元器件的拆焊与更换

1. 装卸工具

由于片状元器件体积非常小（最小的片状电阻器、电容器的长和宽都不到 1mm），怕热又怕碰，必须配用一套相应的工具来装卸。

2. 常用片状元器件的拆换

(1) 混合电路模块的拆换

混合电路模块是由许多片状型元器件，按设计要求安装在一块基片上构成的。基片有 F 型引脚、Y 型引脚两种，如图 2.3.4 所示。

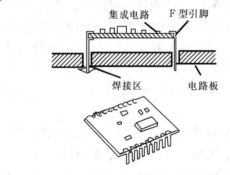

图 2.3.4　电路模块的引脚　　　图 2.3.5　F 型引脚电路模块

① F 型电路模块安装在印制电路板上的状态如图 2.3.5 所示。

拆卸方法：一是用电烙铁和吸锡铜网来清除引脚上的焊锡；二是用真空吸锡枪直接吸走引脚上的焊锡。吸锡铜网法如图 2.3.6 所示。

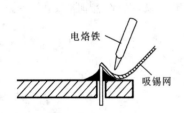

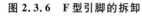

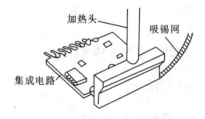

图 2.3.6　F 型引脚的拆卸　　　图 2.3.7　Y 型引脚的拆卸、安装

这种混合电路模块的安装方法较简单，将模块插入印制电路板中，然后用电烙铁逐个焊牢各引脚即可。

② Y 型电路模块的拆卸如图 2.3.7 所示。

拆卸时将吸锡网先放在电路模块一侧的引脚上，再将专用加热头放在吸锡网上。加热温度不能超过 290℃，加热 3 分钟后轻轻抬起加热的引脚侧，注意抬起来的距离要尽可能小，以防止另一侧引脚在板剥离，然后再用同样的方法拆下另一侧引脚。

Y 型引脚的安装方法是：先将电路模块放在预定的位置上。先焊住对角的两个引脚，然后再逐个焊其他引脚。

(2) 双列扁平封装集成电路的拆换

拆卸方法：选用和集成电路一样宽的 L 型加热头，在加热头的两个内侧面和顶部加工焊锡。如图 2.3.8 所示,将加热头放在集成电路的两排引脚上,按图中所标箭头方向来回移动加热头,以便将整个集成电路引脚上的焊锡全部熔化。当所有引脚上的焊锡都熔化时,再用镊子将集成电路轻轻夹起。

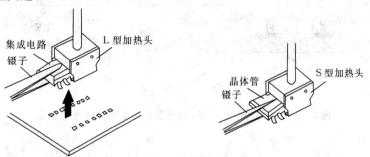

图 2.3.8　双列扁平封装集成电路的拆卸

双列扁平封装集成电路的安装方法同 Y 型。

(3) 四列扁平封装集成电路的拆换

四列扁平封装集成电路在印制电路板上的安装及拆卸方法如图 2.3.9 所示。拆卸时要选用专用加热头,并在加热头的顶部加上焊锡,然后将加热头放在集成电路引脚上约 3 秒后,再轻轻转动集成块,并用镊子配合,把集成块轻轻抬起。

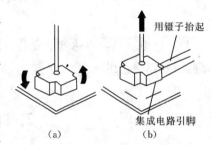

图 2.3.9　四列扁平封装集成电路的拆卸法

安装时,将集成电路块放在预定的位置上,如图 2.3.10 所示。用少量焊锡将 a、b、c 三个引脚先焊住,然后给其他引脚均匀涂上助焊剂。逐个焊接时,若引脚间发生焊锡粘连现象,则可按图 2.3.11 所示方法清除所粘连的焊锡。

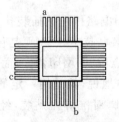

图 2.3.10　四列扁平封装集成电路的安装

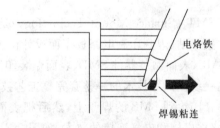

图 2.3.11　清除粘连的焊锡

(4) 片状二极管、三极管的拆换

方法一:选用与晶体管一样宽的 S 型加热头,在加热头的顶部和两个内侧面加焊锡。将加热头放在晶体管的引脚上约 3 秒后,焊锡即可熔化,然后用镊子轻轻将晶体管夹起。

方法二:先用一把电烙铁加热一个引脚,然后用另一把电烙铁在另外的脚之间来回移动加热,直到焊锡熔化后,再用两把电烙铁配合将元器件轻轻取下。

焊接的方法:一般在焊接点处先涂助焊剂,在基板上加一滴不干的胶液,再用镊子将晶体管放在预定的位置上,先焊住一个引脚,后焊其他引脚。

(5) 片状电阻、电容、电感器在印制电路板上的安装

其安装如图 2.3.12 所示。可用两把电烙铁来拆卸,如图 2.3.13 所示。拆卸方法和拆卸

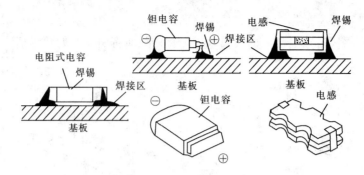

图 2.3.12　片状电阻、电容、电感器在印制电路板上的安装

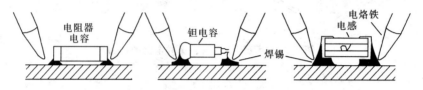

图 2.3.13　电阻、电容、电感器的拆卸

晶体管相似。

　　片状电阻、电容、电感器的安装方法与安装晶体管相似,但安装钽电容器时,要先焊正极,后焊负极,以免产生应力。

2.4　表面贴装技术

2.4.1　表面贴装技术简介

　　SMT(Surface Mount Technology)是一种无需在印制电路板上钻插装孔,将表面贴装元器件直接贴、焊到印制电路板表面设计位置上的电子电路装联技术。SMT 是包括表面贴装元件 SMC、表面贴装器件 SMD、表面贴装印制电路板 SMB、点胶、漏网印膏、表面贴装设备、再流焊及在线测试等技术的一整套完整工艺技术的统称。具体地说,就是用一定的工具将粘合剂或焊膏印涂到 SMB 的焊盘上,然后把表面贴装元器件引脚对准焊盘贴装,经过再流式波峰焊,建立机械和电气连接的技术,如图 2.4.1 所示。

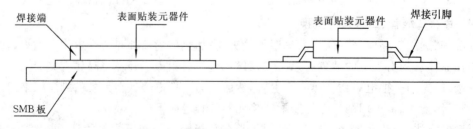

图 2.4.1　表面贴装示意图

　　SMT 和 THT(通孔插装)的根本区别是"贴"和"插",这个特征决定了这两类组装元器件及其包装形式的差异,也决定了工艺、工艺装备的结构和性能上的差别。

2.4.2 表面贴装元器件

表面贴装元器件简称 SMD,其外形为矩形片状、圆柱形、立方体或异型,元器件焊端或引脚制作在同一平面,并适合于表面贴装工艺。

表面贴装元器件具有下列特点:

① 尺寸小、重量轻,适合于在 PCB 两面贴装,节省空间,有利于高密度组装。如传统组装的收音机采用表面贴装技术后,其厚度可减少到只有 5mm。这种灵巧性技术应用在电子领域,将会带来多么令人惊叹的实用前景。

② 无引线或引线很短,减少了寄生电容、电感,改善了高频特性。

③ 表面贴装元器件紧贴在 SMB 上,不怕振动与冲击,并耐焊接高温,提高了电子产品整机的可靠性。

④ 元器件无需打弯和剪短,尺寸和形状标准化,采用自动贴装机进行贴装,再流焊接,效率高,质量好,有利于大批量生产和在线检测,综合成本低。

2.4.3 表面贴装基本工艺

1. 波峰焊

采用波峰焊时的具体步骤如下。

① 点胶:用手动/自动点胶机将胶水点到 SMB(表面贴装印制电路板)上的元器件中心位置。

② 贴片:用手动/自动贴片机将元器件放到印制电路板上。

③ 固化:使用相应的固化装置将元器件固定在印制电路板上。

④ 焊接:将印制电路板经过波峰焊机。

⑤ 清洗,检测。

此种方法适合大批量生产,贴片的精度高,生产自动化程度高。其工艺流程图如图 2.4.2 所示。

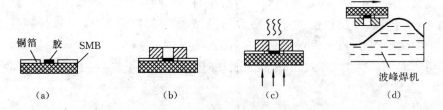

图 2.4.2 波峰焊工艺流程

(a) 点胶; (b) 贴片; (c) 固化; (d) 焊接

2. 再流焊

采用再流焊时的具体步骤如下。

① 涂焊膏:在 PCB 上涂布焊锡膏。

② 贴片:用手动/半自动/自动贴片机贴片。

③ 再流焊:用再流焊焊接。

④ 清洗,检测。

这种方法较为灵活,视配置设备的自动化程度,可用于中小批量生产,也可用于大批量生产。其工艺流程图如图 2.4.3 所示。

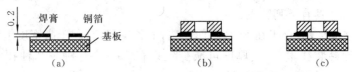

图 2.4.3　再流焊工艺流程
(a) 涂焊膏;　(b) 贴片;　(c) 焊接

3. 手工操作

尽管现代化生产中的自动化、智能化是必然的趋势,但在科研、试制、维修等领域,手工方式还是无法取代的,这不仅有经济效益的因素,而且是由于所有的自动化、智能化方式的基础仍然是手工操作。因此,有必要了解基本手工操作方法。

首先需要说明的是,这里讲到的方法仅供初学者学习之用,实际上,不管什么方法只要能焊得好就是好方法。

(1) 工具、材料的准备

首先要准备的是电烙铁,选择一把 20~30W 的普通电烙铁即可,当然最好使用恒温、防静电的电烙铁。如果使用普通电烙铁,则要做好接地工作。接地的方法在电烙铁的包装上一般会有说明。

使用恒温电烙铁时,其适宜温度一般是 250~300℃,温度过高会使焊锡快速氧化,不易形成光亮的焊点,而温度太低则会使预热困难,送锡时焊点不吃锡。焊接不同尺寸、不同焊盘大小的元器件时,需要的电烙铁温度也不一样,需要自行掌握。

一般使用圆尖锥形的烙铁头,但不是越尖越好,若太尖,则在焊接时与焊盘的接触面太小,不利于导热,使得预热、焊接困难。烙铁头形状可参照图 2.4.4 所示的进行选择。

焊锡丝的直径最好在 0.6mm 以下,并且是内含松香的。

松香是最适用于手工焊接贴片元器件的助焊剂,但最好先将松香溶于酒精,配制成溶液,这样焊接时可达到事半功倍的效果。松香与酒精的体积比约为 1:10,最好使用浓度在 99.7% 以上的无水乙醇,以免焊点旁留下难看的白色污渍。

镊子用于夹持元器件。不过,如果留有指甲,则在适当练习之后,手指可能比镊子更方便有效。

注意事项如下:

① 烙铁头必须吃锡良好。

② 每次焊接操作前,烙铁头必须光洁,不能残留焊锡。特别是在焊接类似 FQFP 这类焊盘密集的封装集成电路时,在烙铁头上残留的一点点焊锡都可能导致焊盘间焊锡粘连。

③ 松香应该在焊接时与焊点一齐加热。加热过的松香会失去其作为还原剂的活性,因此不要再使用。绝不要用烙铁头直接去烫松香,当然,在烙铁头上锡时除外。

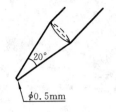

图 2.4.4　烙铁头形状

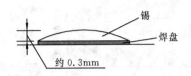

图 2.4.5　焊锡量示意图

（2）片状电阻、电容、二极管、三极管的焊接

这类元器件一般有两三个焊盘，其焊接步骤如下。

① 在一个焊盘上上锡。首先将烙铁头按在焊盘上，约 1 秒后焊盘已充分预热好，这时送锡——用锡丝轻轻"舔"一下焊盘，在焊盘上留下少许焊锡，注意送锡时不要让焊锡直接接触烙铁头，而应由预热好的焊盘将其熔化。上锡的锡量如图 2.4.5 所示。这只是一个示意图，具体的锡量应以焊上元器件后能得到锡量合适的焊点为原则。

② 摆放元器件。

③ 焊接已上锡焊盘一端的焊点。使用左手食指指甲轻轻用力按住元器件中部，最好将指肚贴在板子上形成支点，以便用力均匀；然后用烙铁头加热，如图 2.4.6 所示。瞬间，焊锡被熔化，由于手指用力，元器件下沉，形成焊点，如图 2.4.7 所示。

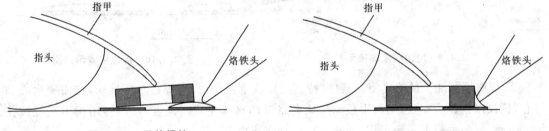

图 2.4.6　元件焊接　　　　　　　　　图 2.4.7　元件焊好

④ 焊接其他焊点，对于电阻、电容、二极管还剩下一个焊点，对于三极管还剩下两个焊点。用烙铁预热焊点后，送锡即可。注意：送锡时不要让焊锡直接接触烙铁头，以便控制锡量。

在每焊一个焊点前，可以适当蘸一点松香溶液，或用松香在焊盘上涂抹一下，这样有利于形成光亮圆润的焊点。

（3）贴片集成电路的焊接

FQFP 封装的集成电路的焊接，概括起来可以分为以下四个步骤。

① 焊盘上锡。由于集成电路的焊盘很多，而且排列整齐，因此可以一次对一整排焊盘上锡。按大约 1 秒 1～2 个来回的频率将烙铁在一排焊盘上来回摆动，摆动时，烙铁头方向与焊盘的排列方向大致垂直。同时，从另一方向缓缓送锡，送锡时，锡丝也应与烙铁头同步摆动，以便让每一个焊盘上都能留有适量的锡，如图 2.4.8 所示。

用这种操作方法对焊盘预热不够均匀，所以留在焊盘上的锡量也不太均匀，因此需要将焊盘上的焊锡用烙铁抹匀。首先，在焊盘上涂抹适量的松香溶液或用固体松香在焊盘上涂抹，留下均匀的粉末；然后用烙铁头由内向外（从集成电路中心向外）快速重复地"刮"匀焊盘上的焊锡，在"刮"动的同时从一排焊盘的一头按焊盘排列的方向向另一头移动，直到"刮"完整排焊盘为止。在这个过程中，烙铁头的方向应与焊盘排列的方向一致，烙铁头的"刮"动方向与烙铁头方向垂直，移动方向对于烙铁头自身来说是在后退。烙铁头与 PCB 板的夹角决定了焊盘上留

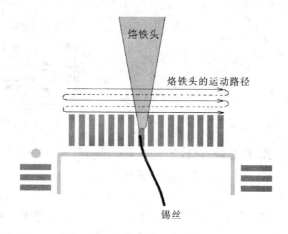

图 2.4.8　焊盘上锡示意图

锡的多少,夹角越小留锡越少。注意,并不是每一个焊盘都需要"刮"一次,如图 2.4.9 所示。

每个焊盘上应留下的锡量,如图 2.4.10 所示。

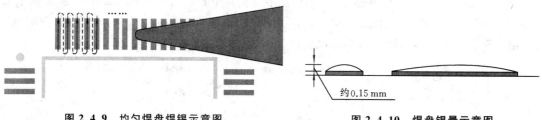

图 2.4.9　均匀焊盘焊锡示意图　　　　　图 2.4.10　焊盘锡量示意图

② 摆放元器件。目的是使元器件(特别是集成电路)引脚与焊盘对应准确,这需要耐心和细心,建议以指肚为支点,用指甲拨动集成电路以调整其位置。位置对准后,用指甲轻轻按住集成电路,以便进行下一步工作,注意不要碰动集成电路。

③ 固定四角。按住元器件后,用烙铁焊好四角共 8 个焊点,焊接时,按住元器件的手指要稍稍用力,以便让引脚充分接触焊盘。

④ 拖焊。固定好四角后,首先,在焊盘、引脚上涂抹适量的松香溶液或用固体松香在焊盘、引脚上涂抹,以便留下均匀的粉末(松香可使焊锡保持新鲜(即不被氧化),使熔化的锡保持较高的表面张力,防止拖焊时引脚间焊锡粘连);然后,用烙铁拖焊,先将烙铁头放置在一排焊点的一头,然后以大约每秒 3~5 个焊点的速度向后拖动烙铁,直至走完一排。拖焊时,烙铁头与 PCB 板及烙铁头与元器件边缘的夹角都应比较小(10°~15°),手指必须稍稍用力按住元器件,以便让引脚充分接触焊盘,并且要对烙铁头向焊盘和引脚方向稍稍用力,以便让烙铁头充分接触焊盘与引脚,避免虚焊,但不可用力过猛,以免拨歪引脚,甚至拨落焊盘。这一步如图 2.4.11 所示。

在这一步,容易出现最后几个焊点间焊锡粘连的情况,其原因是:最初的焊盘上锡过量。出现这一问题后可以先在这几个粘连的焊点处涂抹较大量的松香溶液或松香粉末,然后用烙铁头将多余的焊锡拖去,拖动时烙铁头与 PCB 板及烙铁头与元器件边缘的夹角应尽量小,同时加热几个被焊锡粘连的焊点后,向外(从元器件的中心向外)拖动,同时旋转烙铁头,如图 2.4.12所示。

对于 SOIC、PLCC、QFN 等封装的集成电路的焊接也可使用相同或类似的方法。SO、PLCC

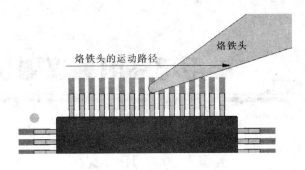

图 2.4.11　拖焊示意图

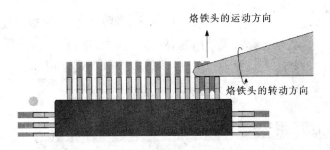

图 2.4.12　处理焊锡粘连示意图

这类封装由于引脚较稀疏,更容易焊接。QFN 封装没有突出的引脚,引脚也较密,焊接起来稍稍麻烦,需要更尖的烙铁头。因此,在固定四角后,不宜采用拖焊的手法,而应逐个引脚进行焊接。

BGA 封装的集成电路的焊接,需要用到的材料和工具主要有锡膏和热风枪,具体操作如下。

首先,在 BGA 焊盘上均匀涂上一层锡膏(0.1mm 左右,不要加多,否则,加热时会因起泡而顶偏下面的步骤里已对准的 BGA 芯片)。然后,对准 PCB 丝印层的 MARK 放上 BGA 芯片,用热风枪垂直均匀加热,在 BGA 自动校准(所谓自校准过程是指焊点处的焊锡熔化后,BGA 芯片会因为熔化的焊锡的表面张力作用而自行向更精确地位置移动,以减小焊锡表面积,同时由于焊锡熔化,BGA 芯片还会稍稍下沉)后,加热持续约 5 秒后完成,加热时热风枪温度在 280~300℃,加热时间视 BGA 大小而定,一般 10mm×10mm 的 BGA 芯片加热 20~30 秒为宜。

第 3 章
常用电子测量仪器仪表及应用

3.1 万 用 表

万用表也叫万能表,多用表或繁用表,是一种多量程的复用电气测量仪表。万用表按外形分除了有便携式、袖珍式外,还有台式万用表,其体积较大,适用于实验室。按显示区分,便携式的有模拟式(指针式)和数字式两种类型,台式的多为数字式万用表。万用表一般以测量电流(交直流)、电压(交直流)和电阻为主要目标。

3.1.1 模拟万用表

1. 基本结构

模拟万用表(见图 3.1.1)在结构上由三个部分组成:指示部分(表头)、测量电路、转换装置。万用表的精度等级不同,其在具体结构上和使用功能上也有所差异。

$$模拟量 \rightarrow \boxed{转换装置} \xrightarrow{模拟量} \boxed{测量电路} \xrightarrow{直流电流} \boxed{微安表头}$$

图 3.1.1　模拟万用表的原理框图

转换装置由转换开关(测量种类与量程选择开关)、接线柱、插孔等组成。

测量电路的作用是将被测量电量转换成适合表头指示用的电量。测量电路通常由分压电阻、分流电阻、电流或电压互感器、整流器等部分组成。

指示部分(表头)一般都采用灵敏度高,准确度好的磁电式直流微安表。表头的基本参数包括表头内阻、灵敏度和线性度。

此外,万用表在测量电阻时,需要一个直流电源,因此万用表一般均需内附干电池作为表用电源。

2. 工作原理

万用表是由电流表、电压表和欧姆表等各种测量电路通过转换装置组成的综合性仪表。

(1) 直流电流的测量电路

万用表对直流电流的测量是基于磁电式表头能直接测量直流电流,并通过分流措施来扩大量程的原理设计的,如图 3.1.2 所示。

这种电路的分流回路始终是闭合的。转换开关接到不同的位置,就可以改变直流电流的测量量程。

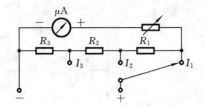

图 3.1.2　多量程直流电流表

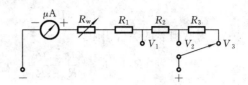

图 3.1.3　多量程直流电压表

(2) 直流电压的测量电路

用万用表测量直流电压的电路是一个多量程的直流电压表,如图 3.1.3 所示。它是由转换开关换接电路中与表头串联的不同的附加电阻,来实现不同电压量程转换的。

(3) 交流电压的测量电路

磁电式微安表不能直接用来测量交流电,必须配以整流电路,把交流变为直流,才能加以测量。测量交流电压的电路是一种整流系电压表。整流电路有半波整流电路和全波整流电路两种。

整流电流是脉动直流,流经表头形成的转矩大小是随时间变化而变化的。由于表头指针具有惯性,它来不及随电流及其产生的转矩的变化而变化,指针的偏转角将正比与转矩或整流电流的一个周期内的平均值。

流过表头的电流平均值 I_0 与被测正弦交流电流有效值 I 的关系如下:

半波整流时,$\qquad\qquad I=2.22I_0$

全波整流时,$\qquad\qquad I=1.11I_0$

由以上两式可知,表头指针偏转角与被测交流电流的有效值也是呈正比关系。整流系仪表的标尺是按正弦量有效值来刻度的,万用表测交流电压时,其读数是正弦交流电压的有效值,它只能用来测量正弦交流电,如测量非正弦交流电,就会产生大的误差。图 3.1.4 和图 3.1.5 所示电路为测量交流电压的电路。

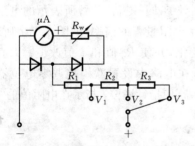

图 3.1.4　半波整流多量程交流电压表

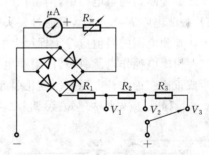

图 3.1.5　全波整流多量程交流电压表

(4) 直流电阻的测量电路

在电压不变的情况下,回路电阻增加一倍,则电流减至一半,根据这个原理,就可以制作一只欧姆表。万用表的直流电阻测量电路,就是一个多量程的欧姆表。其原理电路如图 3.1.6 所示。

把欧姆表"+"、"−"表笔短路,调节限流电阻 R_C 使表针指到满偏转位置,在对应电阻刻度线上,该点的读数为 0。此时电流为

$$I = \frac{E}{R_Z}$$

或

$$E = IR_Z$$

式中:R_Z 为欧姆表的综合内阻。

$$R_Z = R_C + \frac{R_A \cdot R_B}{R_A + R_B} + r_0$$

式中:R_A 为表头电阻;R_B 为分流电阻;r_0 为干电池内阻。

在"+"、"－"间接上被测电阻 R_X,则电流下降为 I'。此时,

$$I' = \frac{E}{R_Z + R_X} = \frac{IR_Z}{R_Z + R_X} = \frac{R_Z}{R_Z + R_X} I$$

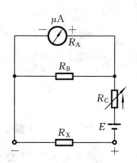

图 3.1.6　欧姆表测量电路

当　$R_X = 0$ 时,$I' = I$;

$R_X = R_Z$ 时,$I' = \frac{1}{2}I$;

$R_X = 2R_Z$ 时,$I' = \frac{1}{3}I$;

……

$R_X = \infty$ 时,$I' = 0$。

由上可知,I' 的大小即反映了 R_X 的大小,两者的关系是非线性的,欧姆标度为不等分的倒标度。当被测电阻等于欧姆表综合内阻(即 $R_X = R_Z$ 时),指针指在表盘中心位置。所以 R_Z 的数值又叫做中心阻值,称为欧姆中心值。由于欧姆表的分度是不均匀的,在靠近欧姆中心值的一段范围内,分度较细,读数较准确,当 R_X 的值与 R_Z 较接近时,被测电阻值的相对误差较小。对于不同阻值的 R_X 值,应选择不同量程,使 R_X 与 R_Z 值相接近。

欧姆测量电路量程的变换,实际上就是 R_Z 和电流 I 的变换。一般万用表中的欧姆量程有 $R \times 1$、$R \times 10$、$R \times 100$、$R \times 1k$、$R \times 10k$ 等,其中 $R \times 1$ 量程的 R_X 值,可以从欧姆标度上直接读得。

在多量程欧姆测量电路中,当量程改变时,保持电源电压 E 不变,改变测量电路的分流电阻,虽然被测电阻 R_X 变大了,但通过表头的电流仍保持不变,同一指针位置所表示的电阻值相应变大。被测电阻的阻值应等于标尺上的读数乘以所用电阻量程的倍率,如图 3.1.7 所示。

在使用干电池作电源时,其内阻和电压都会发生变化,并使 R_Z 值和 I 值改变。I 值与电源电压成正比。为弥补电源电压变化引起的测量误差,在电路中设置欧姆挡调零电位器。在使用欧姆量程时,应先将表笔短接,调节欧姆挡调零电位器,使指针满偏,指示在电阻值的零位。

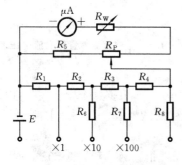

图 3.1.7　多量程欧姆表

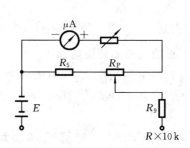

图 3.1.8　提高电源电压测量高阻

即进行"调零"后,再测量电阻值。

在 $R×10k$ 量程上,由于 R_z 很大,I 很小,当 I 小于微安表的本身额定值时,就无法进行测量。因此在 $R×10k$ 量程上,一般采用提高电源电压的方法来实现扩大其量程的目的,如图 3.1.8 所示。

3. 表面结构

以 MF368 万用表为例,其表面结构如图 3.1.9 所示。

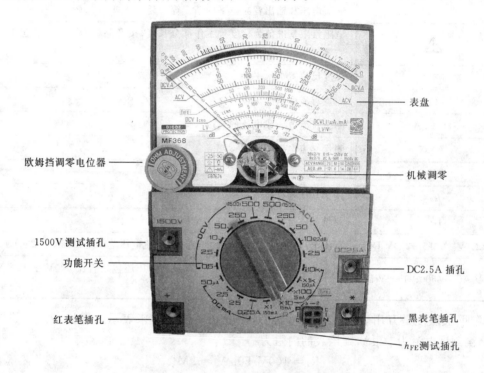

图 3.1.9　MF368 万用表的表面结构

万用表的面板上主要有表盘和选择开关两大部分,另外还有机械零位调整旋钮、欧姆零位调整旋钮和表笔插孔等。

(1) 万用表表盘

万用表是可以测量多种电量,具有多个量程的测量仪表,万用表表盘上都印有多条刻度线,并附有各种符号加以说明。万用表表盘上经常出现的图形符号和字母的含义列于表3.1.1中。

表盘上有六条刻度线:最上面一条专供测量电阻用;第二条供测量直流电流、直流电压用;第三条供测量交流电压用;第四条上、下刻度线分别供测量硅管和锗管的 h_{FE} 用;第五条 LI(上)和 LV(下)刻度线是万用表电阻挡的辅助刻度线,它们分别表示在用电阻挡测量元件的电阻时,流过被测电阻的电流和加在它两端的电压值;第六条用于测量音频电平(dB)。其中第五条 LI(上)左边 0～LEAK 红色段用于测量三极管的穿透电流 I_{CEO},如读数在红色 LEAK 区域内,则三极管性能良好;如达到满度(满度为 15mA),则说明三极管性能较差。

表 3.1.1　万用表表盘常用符号及其含义

符号与数字	含　义
⊳⊢	整流式磁电系仪表
☆	外壳与电路的绝缘实验电压为 5kV
−2.5	直流电流和直流电压的精度等级为 2.5 级(±2.5%)
~5.0	交流电压和输出音频电平的精度等级为 5.0 级(±5.0%)
⚠	电阻量限基准值为标度尺工作部分长度,按产品标准规定标度盘上不标志等级指数
⊏⊐	标度尺位置为水平的
Ω	测量直流电阻的刻度
DVC. A	测量直流电压或电流的刻度
AVC	测量交流电压的刻度
dB	测量输出电平的刻度
h_{FE}	测量晶体管 β 值的刻度
I_{CEO}	测量晶体管穿透电流 I_{CEO} 的刻度
20kΩ/V　0.15~250V DC	直流电压挡级的灵敏度为 20kΩ/V(直流电压范围为0.15V至 250V)
9kΩ/V AC &.(500~1500V DC)	交流电压挡的灵敏度为 9kΩ/V(被测电压还包括直流 500V 至 1500V 电压)

说明:灵敏度是万用表的重要指标之一,一般用每伏内阻来表示。例如,若电压量程为 100V,满刻度电流为 $50\mu A$,则该表的内阻为:

$$R_i = 100V/50\mu A = 2M\Omega$$

故　　　　　　灵敏度＝电表内阻/电压量程＝$2M\Omega/100V = 20000\Omega/V$

灵敏度越高,取用被测电路的电流越小,对被测电路的正常工作状态的影响就越小,因而测量的精确度有可能更高。

(2) 万用表选择开关

在万用表的测量项目和量程选择开关部分,R 代表电阻,共分五挡,即 $R\times1$、$R\times10$、$R\times100$、$R\times1k$、$R\times10k(\Omega)$挡。DCV(V)代表直流电压的伏数,分为 6 挡,即 0.5V、2.5V、10V、50V、250V、500V;用 1500V 挡测量时,量程开关放到 DC 500V 上,将红表笔插到"1500V"的测试插孔内,黑表笔插在"＊"测试插孔内。DCmA 代表直流电流的毫安数,共分 4 挡,即 $50\mu A$、2.5mA、25mA、0.25A;用 2.5A 挡测量时,应将红表笔插到"2.5A"的测试插孔内,黑表笔插在"＊"测试插孔内,量程开关放到电流挡的任意位置上。ACV(V)代表交流电压的伏数,共分 5 挡,即 2.5V、10V、50V、250V、500V;用 1500V 挡测量时,量程开关放到 AC 500V 上,将红表笔插到"1500V"的测试插孔内,黑表笔插在"＊"测试插孔内。还有 N(NPN)、P(PNP)四个插孔,供测量两种不同类型三极管的电流放大倍数之用,测量时选择开关应指向 h_{FE}(即 $R\times10$ (Ω)挡)并要欧姆调零。OHM ADJ 旋钮(零欧调整旋钮)是测量电阻时调整零点用的。

4. 万用表的正确连接方法

在用万用表的表笔进行测试时,黑表笔插在"＊"测试插孔内,红表笔除了测试 DC2.5A 和 1500V 外均插在"＋"测试插孔内。

使用万用表测量电压、电流及电阻时的正确连接方法如图 3.1.10 所示。

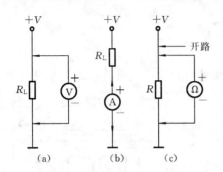

图 3.1.10　正确的电表连接
(a) 并联测量电压; (b) 串联测量电流;
(c) 测量电阻(断开电路)

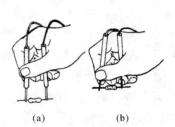

图 3.1.11　万用表表笔握法
(a) 正确; (b) 错误

5. 万用表的操作规范

① 放置平稳:万用表在使用前必须放置平稳,以免影响测量精度,并防止摔坏万用表。

② 检查电表:把红、黑两根接插线的短插头分别插入万用表面板上的"＋"、"－"插孔,并将选择开关转至 $R \times 1$ k(Ω)挡,再将两根接插线的另一端的两个长表笔短接,观察表头指针是否从机械"0"点摆向欧姆"0"点,若摆向欧姆"0"点附近,则表明万用表是好的。

③ 选择量程:选择测量项目和量程。用万用表检测前,要调整功能选择开关,使其与所要测量的项目相一致,特别是在测量电压、电流时,功能选择不当易烧坏万用表。

④ 表笔规范握法:测量时要像拿筷子那样用一只手夹持两根表笔,并避免手指触及表笔的金属部分。图 3.1.11(a)所示的为万用表表笔的正确握法。

⑤ 使用后收拾妥当:万用表使用后,拔出测试表笔连接插头;将功能选择旋钮置于"关"的位置。若万用表无此功能,则应将旋钮置于交流电压最高挡,以防误用而烧坏万用表。长期不用,要将电池取出。

6. 万用表测量电阻的方法

① 机械调零:测量前先检查表针是否停在左端的"0"位置,如果没有停在"0"位置,要用小螺丝刀轻轻地转动表盘下边中间的调零旋钮,使指针指到左端"0"位置。

② 选择量程:当不知道电阻的阻值范围时,先将选择开关拨到低阻挡,测量时,若万用表指针不动或微动,就要改用高一挡位再测,若指针指向刻度线中间区域,则说明该挡合适。

③ 欧姆调零:将两根表笔金属部位相接,指针应指向表盘右端欧姆"0"刻度,如果偏离右端的"0"刻度位置,则需要调节欧姆"0"位调整旋钮,使指针指向欧姆"0"刻度。调欧姆"0"位的动作要轻而慢。值得注意的是,每换一次欧姆挡,都应该重新调零。若欧姆调零时,指针偏转较小,而达不到欧姆"0"刻度,则通常是万用表内电池电压不足所致,应换新电池后再调。

④ 测量和正确读数：如果是测量电阻元件，则测量时将长表笔接待测电阻的两端，偏转稳定后即可读数，上面第一条是欧姆读数刻度线。读出的数乘以选择开关所指示的数（倍率），即得所测的电阻值。如果表针所指数为 10，选择开关为 $R \times 10(\Omega)$ 挡，则所测元件的电阻值为 100Ω；若选择开关为 $R \times 1k(\Omega)$ 挡，则所测元件的电阻值为 10kΩ。读数时，眼睛应在指针的正上方，这时在表盘上的镜面里看不到指针的像。

3.1.2　数字万用表

数字万用表是利用 A/D 转换器和液晶显示器，将被测量的数值直接以数字形式显示出来的一种电子测量仪表。图 3.1.12 所示的为 DT9101 三位半数字万用表的面板图。

数字万用表与指针式万用表相比，有以下特点：

① 数字显示，直观准确，并且有极性自动显示功能；

② 测量精度和分辨率高，功能全；

③ 输入阻抗高，对被测电路影响小；

④ 电路集成度高，产品的一致性好，可靠性强；

⑤ 保护功能齐全，有过压、过流、过载保护，超量程显示及低压指示功能；

⑥ 功耗低，抗干扰能力强。

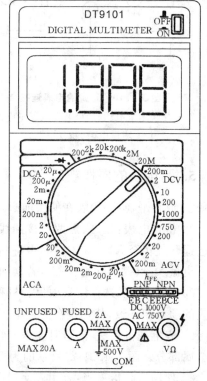

数字万用表的型号很多，图 3.12 所示的为 DT9101 三位半数字万用表的面板图。数字万用表的显示位数一般分为 $3\frac{1}{2}$ 位、$3\frac{2}{3}$ 位、$3\frac{3}{4}$ 位、$4\frac{1}{2}$ 位、$4\frac{3}{4}$ 位、$5\frac{1}{2}$ 位、$6\frac{1}{2}$ 位、$7\frac{1}{2}$ 位、$8\frac{1}{2}$ 位共 9 种。

判断数字万用表显示位数有两条原则：一是显示从 0～9 中所有数字的位是整数位；二是分数位的数值是以最大显示值中最高位数字为分子，用满量程时最高位数字做分母。例如，某数字万用表最大显示值为

图 3.1.12　DT9101 数字万用表面板图

±1999，满量程计数值为 2000，这说明该数字万用表有 3 个整数位，而分数位的分子是 1，分母是 2，所以称为 $3\frac{1}{2}$ 位，读作"三位半"。

1. 组成与工作原理

数字万用表主要由三部分组成。第一部分是基本测试及显示部分，由双积分 A/D 转换器和三位半 LCD 显示屏构成 200mV 直流数字电压表。第二部分是被测量的输入、变换及量程扩展电路，由分压器、电流/电压变换器、交流/直流变换器、电阻/电压变换器、电容/电压变换器、晶体管测量电路等组成。第三部分是由波段开关构成的测量选择电路。图 3.1.13 所示的是一种三位半数字电压表的原理框图。

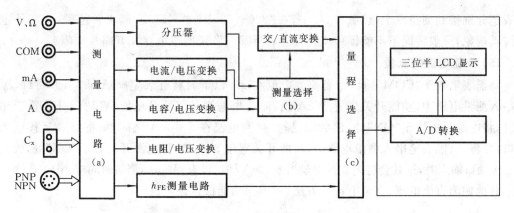

图 3.1.13　三位半位数字电压表原理框图

2. 具体使用与测量方法

(1) 二极管单向导电性的检测

将量程选择开关置于"二极管检测"挡,红表笔插入"VΩ"孔,黑表笔插入"COM"孔,然后将红、黑表笔分别接到管子两端。

当红表笔接二极管 P 区(正端),黑表笔接 N 区(负端)时,显示屏将显示被测二极管的正向压降。通常硅二极管正向压降为 500～800mV,锗二极管正向压降为 200～350mV,被测管的正向压降在这一范围,说明二极管是好的。若显示"000",说明二极管短路;若显示"1",说明二极管开路。

当黑表笔接二极管 P 区(正端),红表笔接 N 区(负端),即对二极管进行反向检测时,显示"1",说明二极管是好的;显示"000"或其他值,说明二极管损坏或漏电。

二极管的单向导电性的检测方法与指针式万用表的检测方法截然不同,数字万用表红表笔带正电,黑表笔插 COM 插口而带负电,这与指针式万用表用欧姆挡检测二极管时表笔的极性正好相反,谨记。

(2) 三极管放大倍数 h_{FE} 的检测

确定被测三极管类型是 PNP 还是 NPN 后,可将其极性引脚插入相应的"C、B、E"管座内,然后将量程选择开关旋至相应的 PNP 或 NPN 挡位,确认无误后,将"电源开关 POWER"置于"ON"处,这时屏幕上显示"40～1000"之间的数值(值),即为三极管的放大倍数。若显示"000"(短路)或"1"(开路),则表示被测三极管已损坏,不能使用。

(3) 电阻器的测量

将红表笔插在"VΩ"插口中,黑表笔插在"COM"插口中,估计电阻器的阻值后,将量程开关置于"Ω"的相应挡位上,接通电源,将表笔接到电阻两端的测量点,读数即现。

测量时,若发现显示屏左端出现"1"字,则证明测量结果为无限大(即为开路状态)。这时不能过早下结论,可采用高一个挡位的量程来测量。例如,应置于"kΩ"挡来测量而错置于"Ω"挡时,就会产生输入超过量限而显示出"1"。如果所测的电阻在任何挡位上都如此,则可以确定该电阻已断路。

(4) 交流电压的测量

根据被测电源电压的大小选择合适挡位,如测市电 220V,将量程开关旋至"ACV"挡内的750V 挡位;黑表笔置于"COM"插口,红表笔置于"VΩ"插口;将电源开关置于"ON"处,将红、黑表笔分别接到测量点上,读数即显。若在"200～225V"之间跳变,属正常范围,说明外电源有波动现象,一般情况下不能锁住或保持。若屏显"1",说明市电存在开路性故障。

(5) 交流电流的测量

将黑表笔置于"COM"插口。当被测电流在 2A 以下时将红表笔插 A 插口,并将红、黑表笔串入测量电路中,功能开关先置于 2A 挡,而后根据测量值断开电源,将功能开关置于相应挡位,将电源开关置于"ON"处,读数即显;如被测电流在 2～20A 之间,则将红表笔移至 20A 插口,并将红、黑表笔串入测量电路中,功能开关置于 20A 挡,将电源开关置于"ON"处,读数即显。A 插口输入时,过载会将内装保险丝熔断,20A 插口没有保险丝,测量时间应小于 15 秒。

其他如测直流电压、直流电流的方法,可参照功能操作说明进行。

3. 使用注意事项

(1) 测量电阻时不能用手接触表笔

用手握住电阻测量,会造成测量上的误差。由于人体与大地之间存在较大的分布电容,容易感应出较强的 50Hz 交流干扰信号,屏显会出现几伏乃至十几伏的电压,极易造成量程超限。同理,不能用数字万用表测量人体等效电阻,即双手不能分别握住红、黑表笔两端金属部分。

(2) 测量小于 200Ω 电阻时应将表笔短路检查初始值

数字万用表两表笔导线也存在一定的电阻值,对于阻值大的电阻可忽略不计,但对于几欧的电阻则应减去表笔导线的阻值。如使用 200Ω 挡测量小于 200Ω 电阻时,应先将两表笔短路,屏幕会显示出一定的阻值,一般在 0.2～0.5Ω 之间,将所测得的电阻值减去导线电阻值,才是实际被测电阻值。

(3) 测量电容器时不能反映充放电过程

在实际应用中,一般不采用数字万用表来检查电容器,尤其是电解电容器的充放电现象,而普遍采用指针式万用表来检测。其主要原因是数字万用表在测量的过程中是按"采样→A/D转换→计数显示"程序进行的,所以不能直接显示电量连续变化的过程,即使有变化也是很不直观的,难以判断电容器的好坏。

(4) 测量电流时应选择合适挡位与插孔

在使用和测量中,要特别注意选择开关的挡位和表笔的四个插孔位置。在四个插孔旁所标的警示号"⚠"和最大限量"MAX"就在于此意。尤其是测量大电流大电压时的挡位和插孔要与实际的相符合相对应,否则将导致万用表损坏。

3.2 示 波 器

示波器是用来显示、测量被观察信号的波形与参数,并记录、存储、处理变化过程中信息的多用途电子显示器。示波器采用全息测量技术,观测者可以在荧光屏或 LCD 等显示器屏幕上,对信号波形和参数进行观察、测量、存储、运算与后续处理,以及将信号取出再显示与研究分析。

示波器的种类繁多,分类方法也各不相同。如按照示波管的不同来分,示波器可分为单线示波器和多线示波器两类;若按照其功能的不同,示波器又可以分为通用示波器和专用示波器两大类;若按照对测量信号处理方式的不同,示波器可分为模拟式和数字式两种类型。下面以通用示波器为例,介绍模拟式示波器和数字式示波器的有关基本知识。

3.2.1　模拟示波器

1. 模拟示波器的基本结构

一般模拟示波器由示波管、电源、Y 通道、X 通道及附属电路等部分组成,现以双踪示波器的结构为例进行介绍,其方框图如图 3.2.1 所示。

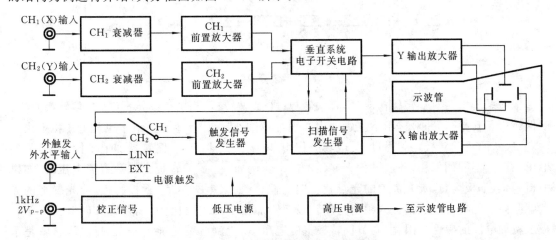

图 3.2.1　双踪示波器的基本结构框图

电源部分包括供给 X、Y 通道使用的低压电源及供示波管使用的高压电源。Y 通道用于传输被测信号,由于被测信号可能很大,也可能很小,因此为了使荧光屏上显示的波形幅度适中,Y 通道由 Y 轴衰减器和 Y 轴放大器组成,以便观察不同幅度的各种信号。X 通道中的扫描电路是一个能连续产生周期性线性电压的锯齿波发生器。为了能在荧光屏上看到一个稳定的待测信号波形,必须使锯齿波电压的周期是待测信号周期的整数倍。同步电路的作用就是使锯齿波电压的周期满足上述要求。其中,"内"同步是利用被测信号实现同步的;而"外"同步则是利用外部所加的电压实现同步的。

2. 示波管的示波原理

示波管又称阴极射线管(简称为 CRT),是示波器的主要部件之一,它是一种利用高速电子冲击荧光屏使之发光的显示器。示波管由电子枪、偏转系统和荧光屏三部分组成。其结构如图 3.2.2 所示。整个结构密封在一个喇叭状的玻璃壳中,玻璃壳内部高度真空。

(1) 示波管结构

电子枪由灯丝 T、阴极 K、控制栅极 G、第一阳极 A_1 和第二阳极 A_2 组成。阴极是一个端面涂有氧化物的镍杯,灯丝就装在镍杯内部,灯丝通电后能使阴极发热,并向外发射电子。调节控制栅极 G 的电位(即示波器面板上的亮度旋钮)可以控制达到荧光屏上的电子数目,而电子数目又与光点亮度有关,所以可以用改变栅极电位的办法,控制示波管光点的亮度。由于阴极的加速和聚焦作用,发射出来的电子形成一条高速且聚集成细束的射线,示波器上的聚焦旋钮就是用来改变阳极电压,调节光点的清晰度的。

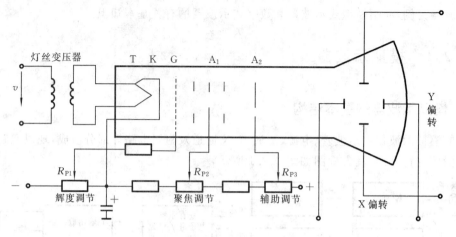

图 3.2.2　示波管的结构图

　　偏转系统由两对偏转板构成,垂直偏转板(即 Y 偏转板)和水平偏转板(即 X 偏转板)。每对偏转板相互平行,并对称于示波管的中心轴,两对偏转板相互垂直。电子束从电子枪射出之后,依次从两对偏转板之间通过,受电场力作用,电子束产生偏移,偏转板加上不同电压,可使电子束产生不同的偏移,并通过荧光屏显示出来。例如,在 Y 偏转板上加一直流电压时,如果上板为正,下板为负,荧光屏上的光点就会向上偏移;如果上板为负,下板为正,荧光屏上的光点就会向下偏移。光点偏移的距离与偏转板上所加的电压成正比,而偏转的方向取决于偏转板上所加电压的极性。因此,调节偏转板上的电压,就能调节荧光屏上光点的位置,这就是示波器上"X 位移"和"Y 位移"旋钮的调节作用。

　　荧光屏位于示波管喇叭口的端面,端面内壁涂上一层荧光质,当电子束轰击荧光质时,激发荧光质发出亮光。因此,荧光屏可以用来显示电子运动的轨迹。

(2) 波形显示原理

　　电子束的偏移量与加到偏转板上的电压成正比,将被测电压加到 Y 偏转板上,测量偏移量的大小,即可获得被测电压值。如果被测量的是按正弦规律变化的交流电压,则随着电压大小与方向不断变化,电子束就会上下移动,重合在一条直线上,从而无法观测到变化过程。因此,要观察一个电压的变化过程,就要在被测电压加到 Y 偏转板上的同时,将一个与时间呈线性关系的周期性锯齿波电压加到 X 偏转板上。电子束在垂直和水平两个偏转板的共同作用下,就可以在荧光屏上显示出变化的波形,如图 3.2.3 所示。

　　当被测信号的周期与扫描电压的周期相等时,在荧光屏上显示出一个正弦波形;当扫描电压的周期是被测电压周期的整数倍时,荧光屏上将出现多个正弦波形,示波器上的"扫描时间"旋钮就是用来调节扫描电压周期的。

　　如果扫描电压的周期与被测电压的周期不满足整数倍关系,则荧光屏上的波形将是不断向左或向右移动的不稳定的波形,这样将无法观测和测量。为使波形稳定而强制锯齿波周期与被测信号周期成整数倍关系的过程称为同步。示波器用被测信号的部分电压或电源的部分电压来调整锯齿波电压的周期,强迫扫描电压与被测信号同步。

3. 通用示波器的主要技术指标

(1) 频率响应(频带宽度或带宽)

垂直(Y)通道的频带宽度(BW),是指显示屏上显示的图像高度相对于基准频率下降 3dB

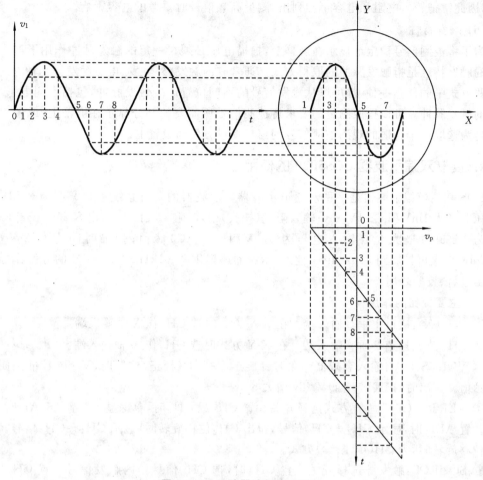

图 3.2.3　示波器波形显示原理

时,信号的上、下限频率之差。BW 由垂直通道电路和垂直偏转系统的频率响应决定,即由幅频特性决定。

(2) 瞬态响应

瞬态响应是用来表示垂直通道电路或水平扫描电路的特性,包括上升时间、下降时间、上冲、下冲、预冲、阻尼振荡和下垂等指标的参数。

(3) 扫描速度(时间因数)

扫描速度反映示波器在水平方向展开信号的能力。该指标表示电子束荧光光点在 X 轴方向移动单位长度所对应的时间,用(s/cm)或(s/div)作为单位,时间可用 ms 或 μs 表示。扫描速度的倒数称为时间因数,它相当于光点移动单位长度(cm 或 div)所需的时间。为便于计算被测信号的时间参数,示波器常用时间因数标度扫描速度。

(4) 偏转因数

偏转因数反映示波器观测微弱信号的能力。它是指在单位输入信号作用下,光点在屏幕移动 1cm 或 1div 所需的电压,单位为 mV/cm 或 mV/div。偏转因数的倒数称为示波器的灵敏度。

(5) 输入阻抗

输入阻抗是指在示波器输入端测得的直流电阻值与并联电容值。由于示波器是一种宽带仪器,因此常把输入电阻和电容单独列出,测量高频信号时要考虑电容影响。

（6）触发特性

为了将被测信号稳定地显示在屏幕上,扫描电压必须在一定的触发脉冲作用下产生。示波器的触发特性是指触发脉冲的取得方式。通常有内触发、外触发、电源触发等几种方式。采用这些方式中的任意一种,都可以从触发信号的不同位置产生触发脉冲,包括不同电平、不同极性的触发脉冲。可以按照测量的要求将被测信号所需要的部分显示在屏幕上,或者说触发功能是为选取一个合适的观测被测信号的窗口提供方便而设置的。

4. 模拟双踪示波器 COS5020 的使用

COS5020 模拟示波器是一种双通道示波器。示波器的垂直系统频带宽度为 20MHz,垂直电压分度为 1mV/div～1V/div;输入阻抗（探头）中,电阻 1MΩ±2%,电容 25pF±2pF;上升时间为 17.5ns;最大允许输入电压为 400V（DC＋AC）峰值;扫描时间为 $0.2\mu s/div$～$0.5s/div$,最大可扩展到 $50\mu s/div$。此外,示波器还提供 $f=1kHz$、$V_{pp}=2V$ 的方波作标准信号输出,以供校验之用。

（1）主要旋钮的作用

① $CH_1(X)$:通道 1 垂直输入端。在 X-Y 方式时选 CH_1 作 X 轴输入端。

② $CH_2(Y)$:通道 2 垂直输入端。在 X-Y 方式时选 CH_2 作 Y 轴输入端。

③ VOLTS/DIV:输入衰减器。顺时针旋至 CAL'D（校正）位置时,V/div 校准到面板上的指示值。拉出时（扩展×5 挡）V/div 增大 5 倍。

④ VERT MODE:垂直方式选择开关。置 CH_1 或 CH_2 时,单踪显示。置 DUAL 时,交替显示。置 ADD 时,显示 $CH_1＋CH_2$ 信号,拉出 CH_2 位移旋转时,显示 $CH_1～CH_2$ 信号。拉出 CH_1 位移旋转时,为 CHOP（断续）方式。

⑤ SOURCE:触发源选择开关。置 CH_1 时,选 CH_1 信号作内触发信号。置 CH_2 时,选 CH_2 信号作内触发信号。置 LINE 时,选市电作触发信号。置 EXT 时选 EXT TRIG 信号作外触发信号。

⑥ COUPLING:触发信号耦合方式开关。置 AC 时,交流耦合。置 DC 时,直流耦合。置 HF REJ 时,交流耦合并抑制 50kHz 以上的高频信号。置 TV 时,触发电路连接电视同步分离电路,由 T/DIV 的开关选择 TV 的行或场同步信号。

TV V:0.5s/div～0.1ms/div。TV:$0.5\mu s/div$～$0.2\mu s/div$。

⑦ TIME/DV:扫描时间选择开关。该旋钮旋至 CAL'D（校正）位置时,扫描时间为面板上的指示值;拉出时,将扫描时间扩大 10 倍。

⑧ SWEEP MODE:扫描方式选择开关。按下 AUTO 开关时,自动扫描,无触发信号时,电路处于自激状态,形成连续扫描。按下 NORM 开关时,触发扫描,当无触发信号时,扫描电路处于等待状态,无线扫描。按下 SINGLE 开关时为单次扫描。若上述三个开关均未被按下,也为单次扫描。再次按下 SINGLE 键即可复位,此时准备灯亮。

⑨ EXT TRIG 和 EXT HOR:外触发和外水平共用输入端。当 T/DIV 旋钮置扫描挡时,作外触发信号输入端;置 EXT HOR 时,作 X 外接信号输入端,此时触发源开关应置 EXT 挡。

⑩ LEVEL HOLD OFF:触发电平和抑制时间双重旋钮。在 LOCK（锁定）位置时,触发电平自动保持在最佳值。当波形复杂调"电平"旋钮不能稳定时,还要调节"抑制"旋钮。

⑪ X-Y:当时基开关置 EXT、垂直方式开关置 CH_2、触发源开关置 CH_1 时,为 X-Y 工作

方式。

(2) 操作步骤

① 开机前,将示波器面板上有关旋钮作如下预置:

"INTEN"(辉度)适当,垂直位移 和水平位移 钮居中,扫描方式置"AUTO"(自动),电平旋钮置"LOCK"(锁定),触发源选择置"CH₁"或"CH₂",输入耦合 AC—GND—DC 置"GND"(接地)。

② 开启电源,指示灯亮,待半分钟后,荧光屏上应出现一条水平扫描线,调节辉度旋钮使扫描线的亮度适中,调节聚焦旋钮使扫描线清晰可见。

③ 将 AC—GND—DC 置"AC"垂直方式开关置"DUAL",触发耦合开关置"AC",就可在 CH₁或 CH₂端输入信号进行观察和测量。

3.2.2　数字示波器

数字示波器和模拟示波器都是用来显示信号电压波形的仪器。模拟示波器采用传统的模拟电路技术,在阴极射线管(CRT)上显示波形。而数字示波器引入 μP(微处理器)/μC(微机)对仪器实现程序控制和光标测量与数字读出,或 μP/μC 参与波形显示,将信号经过采样、A/D 转换、存储、运算、D/A 转换等智能操作和数字化处理,进而对信号波形与参数实现显示、拷贝、测量与分析。可以是传统的 CRT 显示,也可以是液晶显示。

现代数字测量示波器有三大类:第一类为 μP/μC 参与波形显示、运算、存储(写入)、取出(读出)的数字存储示波器 DSO(Digital Storage Oscilloscope);第二类是 μP/μC 仅对待观测信号的测量过程、光标、字符等进行监控而不参与波形的显示,不对信号进行 A/D 转换,也不对波形的显示过程及信号的特性进行数据处理的实时显示数字读出示波器 RDO(Real-time Display and Digital Read-out Oscilloscope);第三类为实时与存储示波器 RSO(Real-time and Storage Oscilloscope)。以上三类微机化的智能电子测量示波器统称为数字示波器 DO(Digital Oscilloscope)。

1. 实时显示数字读出示波器的原理

实时显示数字读出示波器的待观测信号不经过 A/D 转换及数字化处理,而是实时显示波形;μC 单元接受来自面板设置或经 A/D 转换的控制信号,以达到选择通道、控制功能设定或显示信号、字符等功能。

这种示波器可将待测信号直接放大处理,然后在 CRT 重现出来。它对待测试信号做到了最大的不失真处理,尽量保留其原始特性;其读出系统实际上是一个独立的子系统,处理器 μC 在此起关键作用。测量时,处理器通过 D/A 转换器在 CRT 上产生光标,当光标被调整到需要的测量位置时,处理器就可以得出幅度大小,然后再通过查找 ASCII 字符库将读数数字的点阵代码送往屏幕显示,从屏幕上读出的就是输入信号的幅度、频率等值。字符显示的具体过程比较复杂,涉及坐标、点阵、扫描刷新等问题,感兴趣的读者可以参考电子示波器字符显示方面的书。

总之,实时显示数字读出示波器(RTDO)既不失模拟示波器逼真显示实时波形的能力和对时域信号的细节捕捉能力,又具有 μP/μC 等数字处理能力,可以直观地读出测量的波形幅值,频率特征等,具有智能化的测试能力。这使得当前一些高档的高频示波器也采用这种技术方式以提高细节重现能力和克服数字存储示波器对超高速 A/D 转换器的依赖。

2. SS-7802A 实时显示数字读出示波器的使用

实时显示数字读出示波器的类型虽然很多,但除了在性能指标上有或大或小的差异外,其使用方法大同小异。因此,本小节仅以 SS-7802A 双踪示波器为例,介绍通用实时显示数字读出示波器的使用。

SS-7802A 实时显示数字读出示波器是一种双通道示波器,垂直系统频带宽度为 20MHz;垂直电压分度为 2mV/div~5V/div;输入阻抗(探头)中,电阻 $10M\Omega\pm3\%$,电容 $22pF\pm3pF$;上升时间为 17.5ns;最大允许输入电压为 400V(DC+AC)峰值;扫描时间为 $0.2\mu s/div\sim$ $0.5s/div$,最大可扩展到 $50\mu s/div$。此外,示波器还提供 $f=1kHz\pm0.1\%$、$V_{pp}=0.6V\pm1\%$ 的方波作标准信号输出,以供校验之用。

SS-7802A 型双踪示波器的控制器与连接器位于仪器的前面板上,如图 3.2.4 所示。

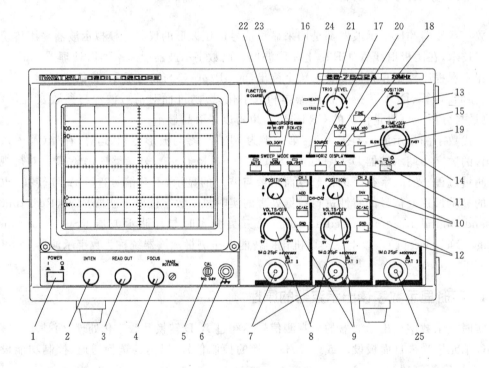

图 3.2.4 SS-7802A 示波器前面板

① POWER:电源开关。

② INTEN:扫描轨迹辉度调节。顺时针旋转,扫描轨迹亮度增加。

③ READ OUT:屏幕显示文字辉度调节。顺时针旋转,文字亮度增加。

④ FOCUS:轨迹聚焦调节。

⑤ CAL:校准信号输出端口。输出 $f=1kHz,V_{pp}=0.6V$ 方波校准电压信号。

⑥ ⊥:接地端子。

⑦ CH_1、CH_2:通道 1(CH_1)和通道 2(CH_2)的垂直输入端,当连接测试线后,红色夹子为信号输入端,黑色夹子为地端。观察单路信号时,可任取二通道之一。在 X-Y 方式时,CH_1 作 X 轴输入端,CH_2 作 Y 轴输入端。

⑧ VOLTS/DIV：垂直电压分度调节及微调旋钮。左右旋转此旋钮，可选择电压值，电压范围为 2mV/div 至 5V/div。若按压此旋钮，再左右旋转，可作垂直电压分度微调，此状态不能进行定量测量；再次按压此旋钮，进入定量测量状态。

⑨ POSITION：调节屏幕信号垂直方向位移。

⑩ 垂直偏转系统显示方式选择：按"CH₁"或"CH₂"选择显示 CH₁ 或 CH₂ 通道的信号，再按一次所选中的通道号，可取消显示信号。当所有通道都未选中，示波器自动显示 CH₁ 通道信号。

ADD 为求和方式。按下 ADD 键可显示两通道波形和（CH₁＋CH₂）。INV 为通道 2 反向方式。按下 INV 键，CH₂ 通道波形反相，若此时 ADD 也按下，可显示两通道波形差（CH₁－CH₂）。

⑪ 垂直偏转系统显示模式选择：当双踪或多踪显示时需要选择显示模式。

ALT（交替）：两个或多个信号交替显示，此模式适合观测高频信号。CHOP（断续）：两个或多个信号以约 555kHz 的频率切换。此模式适合观测低频信号。灯亮时为 CHOP 显示方式。

⑫ 输入耦合开关：选择被测信号馈至垂直放大器输入端的耦合方式。

DC（直流耦合）：输入信号所有成分直接加到垂直放大器的输入端。AC（交流耦合）：耦合交流分量，隔离输入信号的直流分量。GND：输入信号从垂直放大器的输入端断开且输入端接地，提供一条零电平基线，当进行直流测量时，该基线位置可用做基准。

⑬ POSITION：调节屏幕上信号水平方向位移。FINE 指示灯亮时，旋转 POSITION，若 POSITION 旋到头时，波形开始滚动，轻微回调 POSITION 可使波形停在屏幕中间。滚动中，按下 FINE，灯灭，波形停止滚动。

⑭ TIME/DIV：选择扫描速度：旋钮左右旋转，可调节扫描速度。按压此旋钮，再左右旋转，可作扫描微调，此状态，不能做定量测量；再一次按压此旋钮，进入定量测量状态。

⑮ MAG×10：扫描放大。按下 MAG×10 键，扫描速度提高 10 倍，波形将基于中心位置被放大。

⑯ SWEEP MODE：扫描方式选择。AUTO 为自动扫描方式。NORM 为正常扫描方式。SGL/RST 为单次扫描，每按一次此按键，选择一次单次触发。

⑰ SOURCE：触发源选择。

CH₁：用输入到 CH₁ 的信号作触发源。CH₂：用输入到 CH₂ 的信号作触发源。LINE：用示波器的交流供电电源作触发源。EXT：用外触发信号作触发源。VERT：用小序号通道的信号作触发源。对应不同的显示通道，触发源的选取如表 3.2.1 所示。

表 3.2.1 "VERT"时触发源的选取

	显示通道	触发源		显示通道	触发源
当 ADD 未用时	CH₁	CH₁	当 ADD 选用时	ADD	CH₁
	CH₂	CH₂		CH₁，ADD	CH₁
	CH₁，CH₂	CH₁		CH₂，ADD	CH₂
				CH₁，CH₂，ADD	CH₁

⑱ COUPL：选择触发耦合模式。

AC（交流）：滤去触发信号中的直流成分。DC（直流）：信号所有成分都可通过。HF REJ

（高频抑制）：衰减高频（10kHz 以上）成分。LF REJ（低频抑制）：衰减信号中的低频（10kHz 以下）成分。

⑲ TV：视频触发模式。可选择相对于 NTSC 和 PAL（SECAM）的 TV 信号触发系统。

按 TV 键，可选择 BOTH、ODD、EVEN 和 TV-H 触发模式。旋转 FUNCTION 旋钮可选择 PAL、NTSC 制式。

⑳ SLOPE：触发极性选择。按 SLOPE 键，可选择"＋，－"极性。

㉑ TRIG LEVEL：触发电平调节。触发信号产生时，TRIG′D 灯亮，所观察的信号频率被示波器自动测出。

㉒ HOLDOFF：释抑时间调节。此功能用于观测复杂的脉冲串信号的情况，当触发出现不稳定时，通过调节释抑时间来获得稳定波形。

按 HOLDOFF 键，选择 HOLDOFF 功能。释抑时间用 FUNCTION 旋钮进行调节，按压或连续按压该旋钮，粗调释抑时间，左右旋转可进行细调。通常情况下，释抑时间为 0%。

㉓ CURSORS：光标测量。用光标测量电压差（ΔV）和时间、频率差值（Δt、$1/\Delta t$）。其使用方法如下。

（a）按"$\Delta V\text{-}\Delta t\text{-}$ OFF"键，选择 ΔV 测量、Δt 测量或 OFF（关闭测量）。当选择 ΔV 时，屏幕显示两条水平测量光标，当选 Δt 时，屏幕显示两条竖直测量光标。

（b）按 FUNCTION 旋钮，粗调光标位置，左右旋转 FUNCTION 旋钮，进行细调。

（c）ΔV 测量：按"$\Delta V\text{-}\Delta t\text{-}$OFF"键，以选择 ΔV 测量方式，此时屏幕下方显示 $\Delta V_1=\cdots$，$\Delta V_2=\cdots$ 按 TCK/C₂ 键，可选光标序号，每按一次 TCK/C₂ 键，按如下顺序改变：C_1（光标 1）→C_2（光标 2）→TCK（光标跟踪）→C_1（光标 1）。

所选光标在左边出现"—"高亮标记时，用 FUNCTION 旋钮进行移动。将光标移到被测波形两个测量点，屏幕下方显示的 ΔV 数值即为被测电压。ΔV_1 为 CH_1 信号的测量值，ΔV_2 为 CH_2 信号的测量值。

Δt 的测量方法可参考 ΔV 测量方法。

㉔ HORIZ DISPLAY：水平显示选择。按 A 显示 CH_1 或 CH_2 波形。按 X-Y 键，选择 X-Y 模式。X-Y 模式是指 CH_1 作为 X 轴，CH_1、CH_2、ADD 中一个作为 Y 轴显示，此模式适用于观测磁滞曲线，李萨如图形等。

㉕ EXT TRIG：外触发输入端。

屏幕显示如图 3.2.5 所示。其中，1—扫描显示模式；2—扫描微调时出现的符号；3—扫描时间（TIME/DIV）；4—触发源名称；5—触发极性；6—触发耦合方式；7—触发电平；8—释抑时

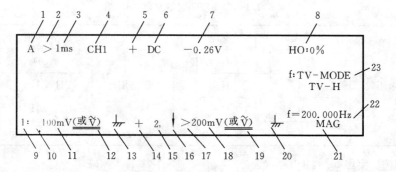

图 3.2.5　屏幕显示

间;9—CH₁工作;11、18—分别表示通道 1 和通道 2 的垂直电压分度(VOLTS/DIV);10、17—垂直电压分度微调时出现符号;12、19—输入信号为交流电压时显示符号;13—CH₁接地;14—ADD 按下时显示符号;15—CH₂工作;16—"INV"按下时显示符号;20—CH₂接地;21—按下"MAG×10"时显示;22—输入信号频率;23—功能模式。

3. 数字存储示波器的原理

数字存储示波器的原理框图如图 3.2.6 所示(以下简称数字示波器)。数字示波器的输入和模拟示波器的相似。模拟信号处理电路对输入模拟信号进行放大、滤波等处理,输出模拟信号经采样保持电路由 A/D 转换器进行量化,量化后的数字信号送往显示器进行显示或者保存到存储器中。控制器对这个系统进行控制,包括触发方式的选择、模拟通道的放大系数、A/D 采样控制、存储控制、显示与人机接口等。

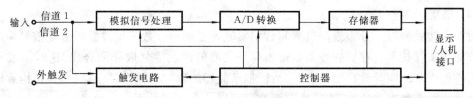

图 3.2.6　数字示波器原理框图

数字示波器中的时基电路的功能与模拟示波器的有很大不同。它不像模拟示波器的时基电路那样产生斜坡电压。这里的时基电路是一个振荡器。通过测量的触发信号与取样时钟之间的时间差,控制器便可以确定将波形取样放在显示器的什么地方。

4. 数字存储示波器的主要技术指标

(1) 最大取样速率

单位时间内完成的完整 A/D 转换的最高次数称为数字示波器的最大取样速率,用 f_{max} 表示。最大取样速率常以每秒的取样点 S/s(Sample/Second)来表示。在实际应用中,数字示波器取样速率根据被测信号所设定的扫描时间(t/div)来选择。

取样率的大小与捕获信号的能力有直接关系,一般情况下,至少需要 10 个点,才能精确地描绘正弦波的一个周期,但如果采用正弦插入(SinX/X)法再现波形,每个周期至少需要 3~4 个点,即最大取样速率与实时带宽及其所采用的显示方式有关。

根据采样原理,若要重现原来的信号,则采样速率必须远大于信号最高频率分量的两倍,即

$$Fs > 2BW$$

式中,Fs 为采样率;BW 为信号的带宽。

(2) 垂直分辨率

数字示波器的垂直分辨率取决于 A/D 转换器对量化值编码的位数。如果 A/D 转换器的位数为 n,那么最小量化单位为 $1/2^n$。对于 V 的电压范围,n 位转换器的电压分辨率为 $V_。=V/2^n$。分辨率也可用每格的级数来表示,如果采用 8 位编码,共有 $2^8 = 256$ 级。若垂直方向共有 8div,则分辨率为 32 级/div。

实际上信号的垂直分辨率是由仪器设定的测量幅度的范围决定的,而幅度却取决于示波器的输入灵敏度,垂直分辨率是 A/D 转换的位数与输入灵敏度的乘积。例如:把一个 10 位的数字存储示波器设定在 10V/div 上,则信号的分辨率为 10mV;而设定在 10mV/div,同样是 10

位的数字存储示波器却提供了 $10\mu V$ 的分辨率。

（3）水平分辨率

水平分辨率表示存储器有多少存储空间用于存储和捕获波形，它由存储器容量决定。如果采用容量为 1KB(1024 个字节)的存储器，由于屏幕水平刻度为 10div，则仪器的水平分辨率为 $1024/10\approx100$ 点/div，或用百分数表示为 $1/1024\approx0.1\%$。

存储器用来存储 A/D 转换器输出的数据，存储器的容量决定了可以存储的取样点数据的数目。一般认为，存储容量越大越好，但是，由于存储容量随着成本增加而增加的，因此需要在两者中权衡。

通常数字示波器技术指标是在最大扫描速率下给出的。在给定扫描速度时，随着存储容量的增加，采样率也增加，采样率越高，信号重建的精度也越高。当给定采样速率时，示波器记录时间的长度也将呈线性递增，时间长度越长，对波形的观察也就越完整和精细。

（4）带宽

数字示波器的带宽分为模拟带宽和数字实时带宽两种。数字示波器对重复信号采用顺序采样或随机采样技术。存储的波形是输入信号波形的多次重复取样的合成，这时示波器的带宽称为模拟带宽或叫等效存储带宽，它与模拟示波器的带宽的概念是一样的，是指构成示波器输入通道的电路的带宽特性，表示数字示波器可以不失真接受的最高频率。

数字示波器对单次信号或慢信号采用实时取样技术所能达到的最高带宽为示波器的数字实时带宽，数字实时带宽与最高取样速率和波形重建技术因子 K 相关（数字实时带宽＝最高取样速率/K）。

（5）实时采样

实时采样是在信号存在期间对其采样，如图 3.2.7 所示。采样率必须满足采样定理，对于周期性的正弦信号，一个周期内应该大于两个采样点，通常要考虑实际因素的影响，按照所采用的信号的恢复方式选取相应的采样点数。实时采样中，A/D 转换器必须高于最高采样率才能正确地工作，因此 A/D 转换器的转换速率决定最高采样率。

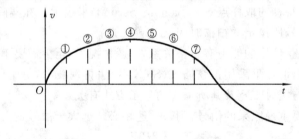

图 3.2.7 实时采样示意图

（6）等效时间取样

受 A/D 转换器转换速率的限制，实现高频信号的实时采样比较困难，如果采用采样速率高的 A/D 转换器件，则价格难以承受。对于周期信号可以采用等效时间采样方法。

等效时间采样分为两种：顺序采样和随机重复采样。

顺序采样是对每一个信号周期仅采样一个点，用步进延迟的方法在每一个周期信号中采样信号波形的不同点，从而获取整个波形的采样。所谓步进延迟是每一次采样比上一次采样点的位置延迟 Δt 时间，一般以触发信号作为基准，每触发一次，往后延迟一定的时间。只要精确控制从触发获得采样的时间延迟，就能够准确地恢复出原始信号，如图 3.2.8 所示。对于高

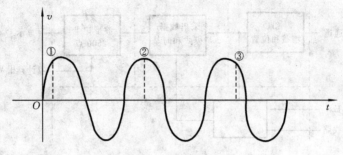

图 3.2.8　顺序采样示意图

频信号可以借助分频的方法,每隔几个甚至几百个信号周期对波形采样一次,用这样的方法可以恢复出原始信号。

　　由于顺序采样的所有采样都是在触发信号之后发生的,因此不能够提供触发前的信息,采用随机重复采样可以克服这一局限。随机重复采样可以在触发信号之前采样,也可以在触发信号之后采样。采样率与 A/D 转换器的转换速率无关,只与相对触发信号如何精确布置取样点有关。

5. 数字实时示波器 Textronix TDS210

(1) TDS210 数字示波器的主要特点

① 60MHz 带宽,带 20MHz 可选带宽限制。

● 每个波道都具有 1GS/s 采样率和 2500 点记录长度;

● 光标具有读出功能和五项自动测定功能;

● 高分辨度、高对比度的液晶显示;

● 波形和设置的储存/调出功能;

● 自动设置功能提供快速设置;

● 波形平均值和峰值检测功能;

● 数字实时采样;

● 双时基;

● 视频触发功能;

● 不同的持续显示时间;

● 具有 RS-232、GP1B 和 Centronix 通信端口。

② 配备十种语言的用户接口,供用户自选。

(2) 基本概念

图 3.2.9 所示的为表示数字示波器的各项功能及功能之间关系的框图。

1) 触发

触发决定示波器何时开始采集数据和显示波形。一旦触发被正确设定,就可以把不稳定的显示或黑屏转换成有意义的波形,如图 3.2.10、图 3.2.11 所示。

示波器在开始采集数据时,先收集足够的数据用来在触发点的左方画出波形。示波器在等待触发条件发生的同时连续地采集数据。当检测到触发后,示波器连续地采集足够的数据以在触发点的右方画出波形。

① 信源。触发可以从多种信源得到:输入通道、市电、外部触发。

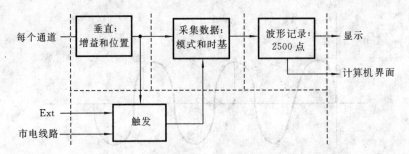

图 3.2.9　数字示波器的各项功能及功能之间关系的框图

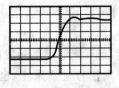

图 3.2.10　触发波形

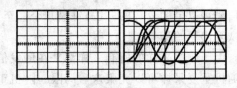

图 3.2.11　未触发波形

输入通道:最常用的触发信源是输入通道(可任选一个)。被选中作为触发信源的通道,无论其输入是否被显示,都能正常工作。

市电:这种触发信源可用来显示信号与动力电,如为照明设备和动力提供设备之间的频率关系。示波器将产生触发,无需人工输入触发信号。

外部触发(仅适用于 TDS210 和 TDS220):这种触发信源可用于在两个通道上采集数据的同时在第三个通道上输入触发。例如,可利用外部时钟或来自待测电路的信号作为触发信源。

EXT 与 EXT/5 触发源都使用连接至 EXT TRIG 接头的外部触发信号。EXT 可直接使用信号,信号触发电平范围在$+1.6V$ 至 $-1.6V$ 时使用 EXT。

EXT/5 触发源除以 5,可使触发范围扩展至$+8V$ 至 $-8V$,这将使示波器能在较大信号时触发。

② 触发类型。本示波器提供两种触发类型:边沿触发和视频触发。

边沿触发:可利用模拟和数字测试电路进行边沿触发。当触发输入沿给定的方向通过某一个给定电平的时候,边沿触发发生。

视频触发:标准视频信号可用来进行行场或视频触发。

③ 触发方式。触发方式将决定示波器在无触发事件情况下的行为方式。本示波器提供三种触发方式:自动、正常和单次触发。

自动触发:这种触发方式使得示波器即使在没有检测到触发条件的情况下也能获取得到波形。在一定的等待时间(该时间可由时基设定决定)内没有触发条件发生时,示波器将进行强制触发。

当强制进行无效触发时,示波器不能使波形同步,则显示的波形将卷在一起。当有效触发发生时,显示器的波形是稳定的。

可用自动方式来检测幅值电平等可能导致波形显示发生卷滚的因素,如动力供应输出等。

正常触发:示波器在正常触发方式下只有当其被触发时才能获取到波形。在没有触发时,示波器将显示原有波形而获取不到新波形。

单次触发:在单次触发方式下,用户按一次"运行"按钮,示波器将检测到一次触发而获取一个波形。

④ 释抑。在释抑时间（每次采集之后的一段时间）内，触发不能被识别。对某些信号为了产生稳定的显示波形需要调整释抑时间。

触发信号可以是带有许多可能触发点的复杂波形，如数字脉冲序列。即使波形是反复性的，一个简单的触发也有可能在显示器上导致一系列模式的输出而非每次都是同一模式。

在释抑期间不能识别触发。

释抑周期如图 3.2.12 所示，它可被用来阻止脉冲序列中第一个脉冲之外的其他脉冲的触发。这样，示波器将总是只显示第一个脉冲。

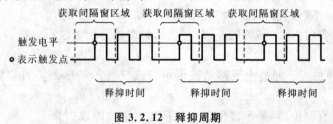

图 3.2.12 释抑周期

为获得释抑控制，按下"HORIZONTAL 菜单"按钮，选择"释抑"，并用"释抑"旋钮改变释抑周期。

⑤ 耦合。触发耦合决定信号的何种分量被传送到触发电路。触发类型包括直流，交流，噪声抑制，高频抑制和低频抑制。

直流：直流耦合允许所有分量通过。

交流：交流耦合阻止直流分量的通过。

噪声抑制：噪声抑制耦合降低触发灵敏度，并要求只有较高的信号幅值才能形成稳定触发，从而减少了因噪声而导致错误触发的可能性。

高频抑制：高频抑制耦合阻止信号的高频部分通过，只允许低频分量通过。

低频抑制：低频抑制耦合的作用效果与高频抑制耦合的相反。

⑥ 定位。水平位置控制钮建立触发与屏幕坐标中心间的时间偏差。

⑦ 斜率和电平。斜率和电平控制钮用来辅助定义触发。

斜率控制钮决定示波器的触发点在信号上升沿或在下降沿。欲获得触发斜率控制，按下"触发菜单"按钮，选择"边沿"并用"斜率"按钮选择上升或下降。

电平控制钮决定触发点在边沿上的确切位置。欲获得触发电平控制，按下"HORIZON-TAL 菜单"按钮，选择"电平"并旋转"电平"旋钮改变数值。

2）采集数据

采集模拟数据时，示波器将其转换成数字形式。采集数据有三种不同的方式。时基设置将影响采集数据的速度。

① 获取方式：采样，峰值检测，平均值。

采样：在该获取方式下，示波器按相等的时间间隔对信号采样以重建波形。这种方式在大多数情况下正确地表示了模拟信号。但是，这种方式不能获取模拟信号在两次采样时间间隔内发生的迅速变化，导致混淆并有可能丢失信号中的窄脉冲。为在上述情况下仍能获取正确数据，应使用峰值检测获取方式。

峰值检测：在这种获取方式下，示波器采集每一采样间隔中输入信号的最大值和最小值，并用采样数据显示波形。这样，示波器可以获取和显示在采样方式下可能丢失的窄脉冲，但噪声将比较明显。

平均值：在这种获取方式下，示波器获取若干波形，然后取平均，并显示平均后的波形，可用这种方式减少随机噪声。

② 时基。本示波器通过在不连续点处采集输入信号的值来数字化波形，使用时基可以控制这些数值被数字化的频度。使用"TIME/DIV"旋钮调整时基到某一水平刻度以适合用户需要。

3）标度和定位波形

通过调整波形的刻度和位置可改变其在屏幕上的显示。刻度被改变时，显示波形的尺寸将被放大或缩小。位置改变时，波形将上下左右移动。

通道参考指示器（位于方格图的左边）可指示每个被显示的波形。指示器表示波形记录的接地电平。

① 垂直刻度和位置。通过上下移动波形可以改变显示波形的垂直位置。为对比数据可将波形上下对齐。

改变波形的垂直刻度时，显示波形将相对接地电平收缩或扩张。

② 水平刻度和位置，预触发信息。触发前后可通过调整"水平位置"控制钮查看波形数据。改变波形的水平位置实际改变的是触发与显示区中心的时间偏差（导致波形看似在显示区内左移或右移）。若检查测试电路中导致毛刺的原因，则可以用毛刺触发并使预触发周期足够长以在毛刺出现前捕获数据，然后分析预触发数据，可能会查出毛刺产生的原因。

使用"TIME/DIV"旋钮可改变所有波形的水平刻度，如查看波形的一个周期以测量其上升沿的对冲。

示波器通过刻度读数显示每格的时间。由于所有激活的波形都使用相同的时基，故示波器对所有正使用中的通道仅显示一个数值，除非"视窗扩展"正被使用。

混淆：当示波器采样速度较低，不能够正确地重建波形时，波形会发生混淆。当混淆发生时，显示的波形频率将低于实际输入波形的频率或者波形在示波器已触发的情况下也不能稳定，如图 3.2.13 所示。

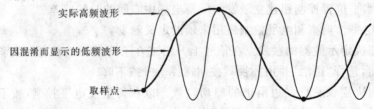

实际高频波形

因混淆而显示的低频波形

取样点

图 3.2.13　波形混淆示意图

检查是否发生混淆的一种途径是用"TIME/DIV"旋钮缓慢改变水平刻度，若波形形状发生巨大变化，则当前波形有可能发生了混淆。

要正确地表示信号和避免混淆，信号的采样频率必须不低于信号的最高频率的两倍。如一信号有频率为 5MHz 的分量，则对该信号必须每秒采集 10M 个样本或更多才不至于混淆。

有多种避免混淆的途径：调整水平刻度，按下"自动设置"按钮，或改变获取方式。

注意：当发生混淆时，可改为峰值检测获取方式。这种方式采集每个采样时间段内的信号最大值和最小值，因此示波器可检测到较高频率的信号。

4）测量

示波器所显示的电压-时间坐标图，可用来测量所显示的波形。进行测量有多种方法，可利用方格图、光标或自动测量。

　　① 方格图:这种方法可用来进行快速直观的估计,可通过方格图的分度及标尺系数进行简单的测量。如一波形的最大、最小峰值占据了垂直方格图 5 个大格,且标尺系数为100mV/div,则该信号最大峰值与最小峰值间的电压为:

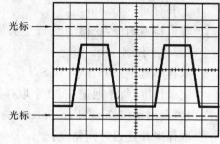

$$5div×100mV/div=500mV$$

　　② 光标。这种方法允许用户通过移动光标进行测量(见图 3.2.14)。光标总是成对出现,显示的读数即为测量的数值,共有两种类型的光标:电压和时间。

图 3.2.14　光标测量示意图

　　使用光标时,请将信号源设定成所要测量的波形。

　　电压光标:电压光标显示为水平线,用来测量垂直方向上的参数。

　　时间光标:时间光标显示为垂直线,用来测量水平方向上的参数。

　　③ 自动测量。在自动测量方式下,示波器自动进行所有的计算工作。由于这种测量利用波形记录点,所以相对方格图和光标自动测量具有更高的准确度。

　　自动测量用读数显示测量结果,并且读数随示波器采集的新数据而周期性地修改。

　　5) 设置示波器

　　操作示波器时需要经常使用其三种功能:自动设置、保存设置和调出设置。以下介绍预先设定的示波器设置。

　　① 自动设置:自动调整水平和垂直标定,触发的耦合、类型、位置、斜率、电平及方式等设置,从而可获得稳定的波形显示。

　　② 保存设置:在预定设置的情况下,示波器每次在关闭前将保存设置,当打开时示波器自动调出设置。

　　注意:更改设置后,请至少等待 5 秒再关闭示波器,以保证新设置正确地存储。

　　用户可在示波器的存储器里永久保存 5 种设置,并可在需要时重新写入设置。

　　③ 调出设置:调出已保存的任何一种设置或预定的厂家设置。

　　预设(厂家设置):示波器在出厂前已为各种正常操作进行了预先设定。任何时候用户都可根据需要调出厂家设置。

　　(3) 主要的技术规格

　　1) 获取

　　获取状态:取样、峰值检测和平均值。

　　获取率(典型值):每个通道每分钟 180 个波形。

　　2) 输入

　　输入耦合:直流、交流或接地。

　　输入阻抗:1MΩ±2%,与 20pF±3pF 平联。

　　3) 垂直控制

　　数字转换器:8 比特分辨率(灵敏度设定为 2mV/div 时除外),两个波道同时取样。

　　伏/格范围:在输入 BNC 上,2mV/div～5V/div。

　　模拟带宽:60MHz。

　　峰值检测带宽:50MHz。

模拟带宽限制：可在 20MHz 与满带宽之间选择。

低频限制，交流耦合：在 BNC 上，≤10Hz；使用 10× 无源探棒时，≤1Hz。

上升时间：<5.8ns。

峰值检测响应：获得 50% 或更大的脉冲波振幅，≥10ns 带宽。

4）水平控制

取样率范围：50S/s 至 1GS/s。

记录长度：每个通道 2500 个取样数。

秒/刻度范围：5ns/div～5s/div，顺序为 1、2.5、5 进制。

取样率和延迟时间精度：$\pm 100 \times 10^{-6}$（任何 ≥1ms 的时间间隔）。

时间测量精确度：$\pm$（1 取样间隔时间 $+100 \times 10^{-6} \times$ 读数 $+(0.4 \sim 0.6)$ns）。

5）触发（边沿触发类型）

灵敏度：直流耦合　通道 1、2：从直流到 10MHz 为一格，从 10MHz 到满带为 1.5 格
（EXT：从直流到 10MHz 为 100mV，从 10MHz 到满带为 150mV）。

　　　　噪声抑制　在大于 10mV/div～5V/div 时为直流耦合触发敏感度的两倍。

　　　　高频抑制　在 DC～7kHz 时与直流耦合时触发敏感度相同，衰减 80kHz 以上的信号。

　　　　低频抑制　与 300kHz 以上频率直流耦合时触发灵敏度相同，衰减 300kHz 以下的信号。

触发电平范围：内部　距屏幕中心 ±8 格；

　　　　　　　EXT　±1.6V；

　　　　　　　EXT/5　±8V。

触发电平精确度：内部　距屏幕中心 ±4 格范围内为 ±0.2 格 ×V/div；

　　　　　　　　EXT　±（设定值之 6%＋4mV）；

　　　　　　　　EXT/5　±（设定置之 6%＋200mV）。

设定电平至 50%（典型的）：输入信号 ≥50Hz 条件下操作。

释抑时间：500ns～10s。

（4）面板结构及说明

前面板按功能可分为显示区、垂直控制区、水平控制区、触发区、功能区五个部分。另有五个菜单按钮，三个输入连接端口。下面分别介绍各部分的控制扭以及屏幕上显示的信息。图 3.2.15 所示的为 TDS210 型（TDS220 型同）示波器的前面板。

1）显示区

如图 3.2.16 所示，显示区除了波形以外，还包括许多有关波形和仪器控制设定值的细节。

1—不同的图形表示不同的获取方式。

〰 取样方式。

〰 峰值检测方式。

⊓ 平均值方式。

2—触发状态表示下列信息。

▯ Armed　示波器正采集预触发数据，此时所有触发将被忽略。

▯ Ready　所有预触发数据均已被获取，示波器已准备就绪接受触发。

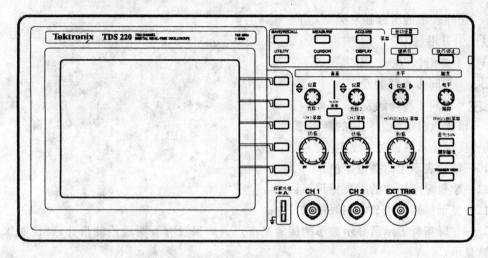

图 3.2.15 TDS210 型示波器前面板结构示意图

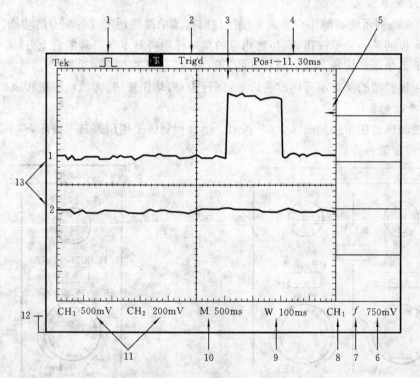

图 3.2.16 显示屏幕的显示图像

■ Tng'd 示波器已检测到一个触发,正在采集触发后信息。

® Auto 示波器处于自动方式并正采集无触发下的波形。

□ Scan 示波器以扫描方式连续地采集并显示波形数据。

● Stop 示波器已停止采集波形数据。

3—指针表示触发水平位置,水平位置控制钮可调整其位置。

4—读数显示触发水平位置与屏幕中心线的时间偏差,屏幕中心处等于零。

5—指针表示触发电平。

6—读数表示触发电平的数值。

7—图标表示的所选触发类型如下。

∫　上升沿触发。

⌐　下降沿触发。

∿　行同步视频触发。

⊞　场同步视频触发。

8—以读数显示触发使用的触发源。

9—读数表示视窗时基设定值。

10—读数表示主时基设定值。

11—读数显示通道的垂直标尺系数。

12—显示区短暂地显示在线信息。

13—在屏指针表示所显示波形的接地基准点。如果没有表明通道的指针,就说明该通道没有被显示。

2) 使用菜单系统

TDS200 系列示波器的用户界面可使用户通过菜单简便地实现各项专门功能。

按前面板的某一菜单按钮,则与之相应的菜单标题将显示在屏幕的右上方,菜单标题下可有多达五个菜单项。按每个菜单项右方的 BEZEL 按钮可改变菜单设置。

共有四种类型的菜单项可供改变设置:环行表单,动作按钮,无线电按钮和页面选择。

3) 垂直控制区

垂直控制区按钮布局如图 3.2.17 所示。垂直控制区按钮用来显示波形,调节垂直标尺和位置,以及设定输入参数。

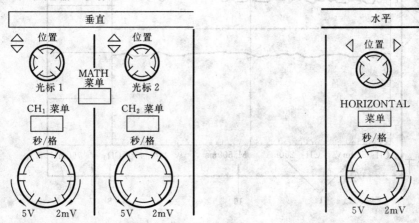

图 3.2.17　垂直控制区按钮布局　　　图 3.2.18　水平控制区按钮布局

CURSOR1(或 2)POSITION(光标位置):调节光标或信号波形在垂直方向的位置。

MATH MENU(数学值):按 MATH MENU 按钮,显示波形的数学操作功能表;再按此按钮则关闭数学值显示。注意:每个波形只容许一项数学值操作。

CH₁和 CH₂ MENU(波道 1 和波道 2 功能表):按 CH₁(和 CH₂)MENU 按钮,显示波道输入垂直控制的功能表。

VOLTS/DIV(垂直刻度的选择钮):调节范围自 2mV/div～5V/div。测量时,应根据被测信号的电压幅度,选择合适的位置,以利观察。

4）水平控制区

水平控制区按钮布局如图 3.2.18 所示，水平控制区按钮用来改变时基，以及水平位置和波形的水平放大。

POSITION（水平位置调整）：用于调整屏幕上所有光标信号波形在水平方向的位置。

HORIZONTAL MENU（水平功能表）：改变时基和水平位置并在水平放大波形，视窗区域由两个光标确定，调节水平控制旋钮，视窗用来放大一段波形，但视窗时基不能慢于主时基，当波形稳定后，可用"秒/格"旋钮来扩展或压缩波形，使波形显示清晰。

5）触发控制区

触发控制区按钮布局如图 3.2.19 所示。

LEVEL（位准）。

HOLDOFF（闭锁）：触发电平和释放时间双重控制旋钮，作触发电平控制时，它设定的信号必须指向振幅，波形才能稳定显示。释放功能用来稳定显示非周期波形。

TRIGGER MENU（触发功能表）：触发状态分自动、正常、单次三种。当"s/div"置"100ms/div"或更慢，并且触发方式为自动时，仪器进入扫描获取状态，这种波形自左向右显示最新平均值。在扫描状态下，没有波形水平位置和触发电平控制。

触发信号耦合方式分交流、直流、噪声抑制、高频抑制和低频抑制等五种。高频抑制时衰减 80kHz 以上的信号，低频抑制时阻挡直流并衰减 300kHz 以下的信号。

图 3.2.19　触发控制区按钮布局

视频触发是在视频行或场同步脉冲的负沿触发，若出现正相脉冲，则选择反向奇偶位。

SET LEVEL 50%（中点设定）：触发位准设定在信号位准的中点。

FORCE TRIGGER（强行触发）：不管是否有足够的触发信号，都会自动启动获取。

TRIGGER VIEW（触发视图）：显示触发波形，取代波道波形。

6）功能控制区

功能控制区按钮布局如图 3.2.20 所示。

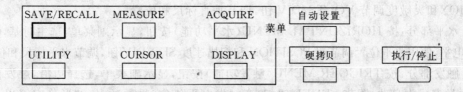

图 3.2.20　功能控制区按钮布局图

AUTOSET（自动设定）：自动设定功能用于自动调节仪器的各项控制值，以产生可使用的输入信号。

ACQUIRE（获取）：获取方式键，分取样、峰值检测、平均值检测等三种。"取样"为预设状态，以提供最快获取。"峰值检测"能捕捉快速变化的毛刺信号，并将其显示在屏幕上。"平均值检测"检测用来减少显示信号中的杂音，提高测量分辨率和准确度，平均值的次数可根据需要在 4、16、64 和 128 之间选择。

MEASURE（测量键）：具有五项自动检测功能。选"信源"以后再确定要测量的通道，选

"类型"可测量一个完整波形的周期均方根值、算术平均值、峰—峰值、周期和频率。但在 X-Y 状态或扫描状态时，不能进行自动测量。

DISPLAY（显示）：用来选择波形的显示方式和改变显示屏的对比度，YT 格式显示垂直电压与时间的关系，X-Y 格式在水平轴线上显示 CH_1，在垂直轴线上显示 CH_2。

CURSOR（光标）：用来显示光标和光标功能表，光标位置由垂直位移旋钮调节，增量为两光标间的距离。光标位置的电压以接地点为基准，时间以触发位置为基准。

SAVE/RECALL（存储/调出键）：用来存储或调出仪器当前控制按钮的设定值或波形，设置区有 1～5 个内存位置。存储两个基准波形分别用 RefA 和 RefB 表示。调出的波形不能调整。

UTILITY（辅助功能键）：用来显示辅助功能表。按下斜面按钮可选择各系统所处的状态，如水平、波形、触发等状态。可进行自校正和选择操作语言。

HARDCOPY（硬拷贝键）：启动打印操作（如果安装扩展模块，可以实现此项功能）。

RUN/STOP（启动/停止键）：启动和停止波形获取。当启动获取功能时，波形显示为活跃状态；停止获取，则冻结波形显示。波形显示都可用垂直控制和水平控制来计数或定位。

6. TDS210 数字示波器的使用练习

实验一　TDS210 数字示波器的基本操作

目的：了解 TDS210 数字示波器的面板及菜单结构，学习基本操作。TDS210 数字示波器的面板排列如图 3.2.15 所示。

实验内容及操作步骤如下。

(1) 仪器的初始化

① 合上电源开关。

② 按 UTILITY（功能）键，显示副菜单，选择中文菜单界面。

③ 连接探头到校准信号，并将校准信号连接到 CH_1 通道。

④ 按 AUTOSTE（自动设置）键，观察波形（校准输出为 5V，1kHz 的方波信号）。

(2) 了解仪器的基本操作

① 垂直部分：按 CH_1 MENU 按钮，显示副菜单，设定耦合方式、带宽、灵敏度调节，探棒衰减；按 MATH MENU（数学功能）按钮，显示副菜单，选择数学值运算；使用垂直位置调节钮 POSITION 和灵敏度调节 VOLTS/DIV 钮，调节垂直标尺和位置。

② 水平部分：按 HORIZONTAL MENU（水平功能）按钮，显示副菜单，选主时基，触发钮设定为电平，使用水平位置调节钮 POSITION 和扫描速度 SEC/DIV 钮，调节水平标尺和位置。

③ 触发部分：按 TRIGGER MENU（触发功能）按钮，显示副菜单，选择边沿，触发信源为 CH_1，触发方式为自动；调节 LEVEL 钮，改变触发电平值（有显示）。使波形稳定，（出现图标 Trig'd）。

(3) 了解副菜单

按获取、测定、光标、显示、存储/调出钮，了解副菜单显示的内容和操作

实验二　示波器基本功能及测试练习

TDS210 数字示波器基本功能及测试练习如表 3.2.2 所示。表中，

① 括号（）内填入所选择的参数，"/"表示可不作选择。

② 扫描速度：表示光点在荧光屏上水平方向移动的速度，用 cm/s 表示。

表 3.2.2 TDS210 数字示波器基本功能及测试练习

目 的	任 务	波形显示工作方式	VERTICAL(垂直控制,Y轴)						HORIZONTAL(水平控制,X轴)					显示结果
			通道选择	MENU(输入耦合)		探头选择	V/div		TRIGGER MENU(触发功能)				扫描速度 /(t/div)(ms/div)	
				CH$_1$	CH$_2$		CH$_1$	CH$_2$	触发斜率	触发信源	触发方式	耦合方式		
学习调出扫描线的方法	调出两条扫描线(时间基线)	YT	CH$_1$ CH$_2$	接地	接地	/	/	/	/	市电	—/	/	/	
了解垂直控制(Y轴)灵敏度(V/div)开关的作用	测量输入电压的峰峰值 V_{P-P}。已知信号源为正弦波,$f=200Hz$,调节信号源输出电压,当 Y 轴灵敏度为 1V/div 时,屏幕上显示波形正峰与负峰之间距离 (S_y) 为 8div	YT	CH$_1$	直流 或 交流		×1	1	/	上升	CH$_1$	正常	直流 (交流)	0.5	
	a. 调出稳定的波形。已知:信号源为正弦波 $V_{P-P}=6V$,$f=300Hz$	YT	CH$_1$	交流		×1	( )	/	上升	CH$_1$	正常	直流 (交流)	( )	
了解扫描速度(t/div)开关的作用	b. 测量输入信号的周期(频率)a。已知条件同 a,频率改为 500Hz	YT	CH$_1$	交流		×1	/	/	下降	CH$_1$	正常 或 自动	直流 (交流)	0.25	
	c. 研究扫描速度(t/div)与屏幕上显示波形周期数(n)的关系。已知条件同 b,要求屏幕上显示五个周期波形(n=5)	YT	CH$_2$	接地	直流 或 交流	×1		( )	上升	CH$_2$	正常	交流	( )	
了解垂直控制(Y轴)耦合方式开关(交流、直流)的作用	观察示波器上的方波电压 $V_{P-P}=$ 5V,Y 轴耦合方式置为交流和直流时的波形(用专用探头连接)	YT	CH$_1$	直流	接地	×1	( )	( )	上升	CH$_1$	正常	直流	( )	
		YT	CH$_1$	交流	接地	×1	( )		上升	CH$_1$	正常	交流	( )	

续表

目的	任务	波形显示工作方式	VERTICAL(垂直控制,Y轴) MENU(输入耦合)						HORIZONTAL(水平控制,X轴)					显示结果
			通道选择	MENU(输入耦合) CH₁	MENU(输入耦合) CH₂	探头选择	V/div CH₁	V/div CH₂	TRIGGER MENU(触发功能) 触发斜率	触发信源	触发方式	耦合方式	扫描速度 /(t/div) (ms/div)	
学习调出 X-Y 坐标平面上的图形	a. 调出 X-Y 坐标的原点（置屏幕上适当的位置）	XY	CH₁ CH₂	接地	接地	×1	/	/	/	/	/	/	/	
	b. 分析 X-Y 轴输入同一个信号电压时的图形，已知信号电源为正弦波电压 V_{PP}=6V 频率为 300～500Hz	XY	CH₁ CH₂	交流或直流	交流或直流	×1	( )	/	/	/	/	/	( )	
了解示波器显示低频信号的功能	输入 1Hz 正弦信号（幅度任意），调节相关旋钮观察波形	YT	CH₁	直流或交流		×1	1	/	/	CH₁	正常	/	1000	
振幅变化的方波信号的测试	输入信号为 10Hz 的方波信号，调节相关旋钮，使显示稳定；调节"水平功能"将视窗扩展，观察波形	YT	CH₁	直流或交流		×1	1	/	上升	CH₁	/	/	50	
带毛剌信号的测试	输入信号为 200Hz 的窄脉冲方波；调节触发电平使波形稳定，按 ACQUIRE，选择峰值检测，扩展时基将毛剌展开	YT	CH₁	交流或直流	接地	×1	0.5	/	下降	CH₁	自动	/	1	

③ 时基因素：扫描速度的倒数称为时基因素，它表示光点水平移动单位长度（格，div）所需的时间。示波器常用时基因素来标度，这便于计算被测信号的时间参数（在示波器面板上此开关称为扫描速度开关）。

④ 偏转灵敏度：每单位输入信号电压引起光点在荧光屏上偏移的距离用 V/div、mV/div 表示。

⑤ 触发电路的耦合方式：当扫描方式置触发时，常用"交流"耦合，因为此时触发作用由交流分量完成，这时，可以进行稳定的扫描，这是常用的一种耦合方式；当触发信号频率在 10 Hz 以下时，应用"直流"耦合方式。

实验三　单次信号的捕捉

目的：了解数字实时示波器捕获瞬态信号的能力，熟悉单次信号捕捉的操作。

实验内容及操作步骤如下。

① 将垂直标度设为 500 mV/div，时基设为 5 ns/div，触发电平设为 1.5 V 左右。

② 按"触发功能"按钮，在副菜单触发方式中选择单次触发，按冻结键，进行予触发准备。

③ 将探头连接到单次信号上，按一下按键以生成单脉冲信号。

3.3　信号发生器

信号发生器是一种能产生并输出多种信号的仪器。按输出信号波形的不同，可分为正弦信号发生器、脉冲信号发生器、函数发生器、噪声信号发生器等。正弦信号发生器按输出信号频率范围的不同，又分为超低频信号发生器、低频信号发生器、视频信号发生器、高频信号发生器、超高频信号发生器等。按函数信号产生的方式，又分为（直接）（数字）频率合成式和直接振荡产生式两类。其中频率合成方式具有极好的频率稳定度和精度，而直接振荡式的价格较低。

3.3.1　函数信号发生器

函数信号发生器能输出多种波形，其工作原理框图如图 3.3.1 所示。由图可看出，方波是由三角波通过比较器转换而成的；正弦波则是通过正弦波整形电路由三角波变换而成的，然后经过波形选取、放大、衰减输出。

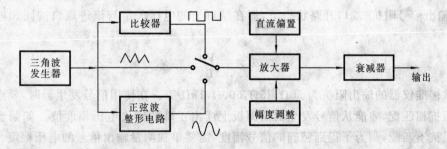

图 3.3.1　函数信号发生器的工作原理框图

直流偏置电路的作用是提供直流补偿，使函数发生器输出的交流信号可加进直流分量，而且直流分量的大小可以调节。如图 3.3.2 所示，输出的交流信号中有不同直流成分的波形。

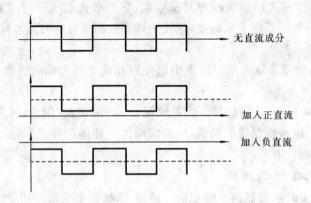

图 3.3.2   调节直流电平产生不同的方波

3.3.2   EE1611B/2B/3B 型函数信号发生器/计数器

1. 概述

(1) 用途

EE1611B/2B/3B 型函数信号发生器/计数器是一种精密的测试仪器,具有连续信号、扫描信号、函数信号、脉冲信号等多种输出信号和外部测频功能。

(2) 主要特点

① 采用大规模单片集成精密函数发生器电路,该机具有很高的可靠性及优良的性能/价格比。

② 采用单片机电路进行整周期频率和智能化管理,对于输出信号的频率幅度用户可以直观、准确地了解到(特别是低频时亦是如此)。因此,极大地方便了用户。

③ 该机采用了精密电流源电路,使输出信号在整个频带内均具有相当高的精度,同时多种电流源的变换使用,使仪器不仅能输出具有正弦波、三角波、方波等基本波形,而且有锯齿波、脉冲波等多种非对称波形输出,同时对各种波形均可以实现扫描功能。

(3) 技术名词

① 输出信号阻抗:端口开路状态下,加在端口上的电压矢量与流进端口的同频电流矢量的比值:

$$Z = \frac{V}{I}$$

通常标准仪器的输出阻抗为 $50\Omega, 75\Omega, 600\Omega, 1k\Omega$ 等。在使用信号发生器时,要注意尽量与负载阻抗相匹配,才能从信号发生器的面板上读出正确的输出电压幅度值。如果输出阻抗与负载阻抗不匹配,则为了得到精确的信号幅度,需要单独测量输出信号的电压幅度。

② 输出电平的稳定度和平坦度:输出电平的稳定度是指输出电平随时间的变化而变化的程度;输出电平的平坦度是指其输出电平随频率的改变而变化的程度,一般用分贝(dB)表示。

2. 技术参数

(1) 函数信号发生器技术参数

① 输出频率。

EE1641B：0.2Hz～2MHz 按十进制分类共分七挡。

EE1642B：0.2Hz～10MHz 按十进制分类共分八挡。

EE1643B：0.2Hz～20MHz 按十进制分类共分七挡。

每挡均以频率微调电位器实行频率调节。

② 输出信号阻抗。

函数输出阻抗：50Ω。

TTL 同步输出阻抗：600Ω。

③ 输出信号波形。

函数输出(对称或非对称输出)：正弦波、三角波、方波；

TTL 同步输出：脉冲波。

④ 输出信号幅度。

函数输出：$10V_{p-p}\pm10\%$(50Ω 负载) $20V_{p-p}\pm10\%$(1MΩ 负载)；

TTL 脉冲输出：标准 TTL 电平。

⑤ 函数输出信号直流电平：－5V～＋5V 可调(50Ω 负载)。

⑥ 函数输出信号衰减：0dB/20dB/40dB，三挡可调。

⑦ 输出信号类型：单频信号、扫描信号、调频信号(受外控)。

⑧ 函数输出非对称调节范围：25%～75%。

⑨ 扫描方式。

内扫描方式：线性/对数扫描方式。

外扫描方式：由 VCF 输入信号决定。

⑩ 内扫描特性。

扫描时间：10ms～5s。

扫描宽度：小于 1 频程。

⑪ 外扫描特性。

输入阻抗：约 100kΩ。

输入信号幅度：0V～2V。

输入信号周期：10ms～5s。

⑫ 输出信号特征。

正弦波失真度：小于 2%。

三角波线性度：大于 90%。

脉冲波上升、下降沿时间：EE1641B 不超过 100ns，EE1642B 不超过 30ns，EE1643B 不超过 15ns。

测试条件：10kHz 频率，输出幅度为 1V，直流电平为 0V，整机预热 10 分种，"扫描/计数"为外计数功能(无外信号)，输入"低通""衰减"打开(灯亮)。

⑬ 输出信号频率稳定度：＋0.1%/分钟(测试条件为 100kHz 正弦波频率输出；输出幅度为 $5V_{p-p}$ 信号，直流电平为 0V；环境温度为 15℃～25℃，整机预热 30 分钟)。

⑭ 温度显示。

显示位数：3 位(小数点自动定位)。

显示单位：V_{p-p} 或 mV_{p-p}。

显示误差：V_o±20%(负载电阻为 50Ω)。

分辨率：$0.1V_{p-p}$(衰减 0dB)，$10×10^{-3}V_{p-p}$(衰减 20dB)，$1×10^{-3}V_{p-p}$(衰减 40dB)。

⑮ 频率显示。

显示范围：0.2Hz～20000kHz。

在用作信号源输出频率指示时，闸门指示灯不闪亮，显示位数为 4 位(其中 500～999 为 3 位)。在外测频时，显示有效位数为 5 位时，可测频率为 10Hz～20000kHz，4 位时，可测频率为 1Hz～10Hz，3 位时，可测频率为 0.2Hz～1Hz。

(2) 频率计数器技术参数

① 频率测量范围：0.2Hz～20000kHz。

② 输入电压范围(衰减器为 0dB)：50mV～2V(10Hz～20000kHz)；100mV～2V(0.2Hz～10Hz)。

③ 输入阻抗：500kΩ/30pF。

④ 波形适应性：正弦波、方波。

⑤ 滤波器截止频率：大约 100kHz(带内衰减，满足最小输入电压要求)。

⑥ 测量时间：$0.1s(f_i≥10Hz)$，单个被测信号周期$(f_i<10Hz)$。

⑦ 测量误差：时基误差±触发误差(触发误差：单周期测量时被测信号的信噪比优于 40dB，则触发误差小于或等于 0.3%)。

⑧ 时基：

标称频率：10MHz；

频率稳定度：$±5×10^{-5}$。

(3) 电源适应性及整机功耗

① 电压：220V±10%。

② 频率：50Hz±5%。

③ 功耗：不超过 30V·A。

3. 工作原理

EE1641B 整机框图如图 3.3.3 所示，由图可见，系统主要由 CPU、键盘、显示、扫描电路、单片集成函数发生器单元、放大电路、电源及辅助测量控制电路等组成。

函数发生器完成一个设定波形输出的基本过程可简述为：根据输出波形的特性要求，调整函数发生器面板上的功能参数设置，微处理器依据相关参数的设置控制集成函数发生器输出的波形种类、频率值；控制放大电路得到合适的幅度、直流偏移量等，最后满足设定特性的波形被输出，同时微处理器将输出信号的主要信息显示在仪器的面板上。

此外，还可以根据单元电路的作用理解其工作原理。

(1) 波形发生电路

这是函数发生器的核心部分，该部分由专用的集成电路产生波形，本机采用 MAX038(见图 3.3.3)。该电路集成度大，线路简单精度高并易于与微机接口，使得整机指标得到可靠保证。

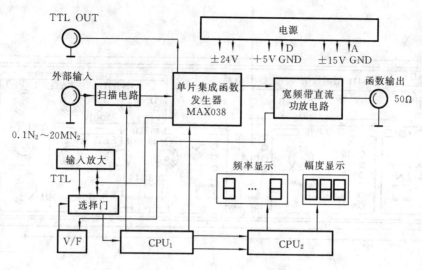

图 3.3.3　EE1641B 整机框图

（2）微处理器智能控制电路

整机电路由两片微处理器进行管理,本机微处理器采用单片机进行控制。主要完成以下工作:控制输出信号的波形种类,调节信号的频率,测量输出信号的频率或外部输入信号的频率并显示,测量并显示输出信号的幅度。

（3）扫描、放大与偏置电路

这部分电路由多片运算放大器组成,以满足扫描宽度、扫描速度的要求。宽带直流功率放大电路用于提高输出信号的带负载能力,并实现输出信号的直流电平偏移调节,放大器的增益和偏移量均受面板电位器控制。

（4）电源电路

整机电源采用线性电路以保证输出波形的纯净性,具有过压、过流、过热保护。输出电压分为 ±24V, ±15V, +5V 三组,±24V 电源供功率放大使用,±15V 供波形发生电路使用, +5V 主要供单片机智能控制电路使用。

4. 使用说明

本说明以 EE1641B 为例。EE1641B 前面板、后面板布局分别如图 3.3.4 和图 3.3.5 所示。

（1）前面板各部分的名称和作用

1—频率显示窗口:显示输出信号的频率或外测信号的频率。

2—幅度显示窗口:显示函数输出信号的幅度（50Ω 负载时的峰-峰值）。

3—扫描宽度调节旋钮和 4—扫描速率调节旋钮:调节这两个旋钮可以改变内扫描的时间长短。在外测频,将电位器逆时针旋到底（绿灯亮）,外输入测量信号衰减"20dB"后进入测量系统。

5—外部（函数）输入插座:当扫描/计数键功能选择在外扫描外计数状态时,外扫描控制信号或外测频信号由此输入。

6—TTL 信号输出端:标准输出 TTL 幅度的脉冲信号,输出阻抗为 600Ω。

7—函数信号输出端:输出多种波形受控的函数信号,输出幅度为 $20V_{P-P}$（1MΩ 负载）, $10V_{P-P}$（50Ω 负载）。

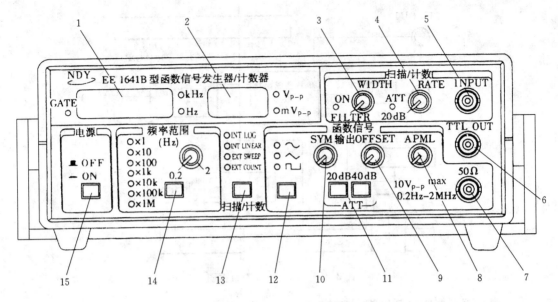

图 3.3.4　EE1641B 前面板

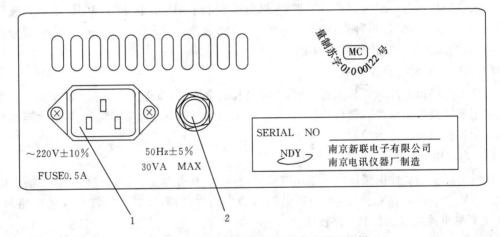

图 3.3.5　EE1641B 型函数信号发生器后面板

8—函数信号输出幅度调节按钮:调节范围为 20dB。

9—函数信号输出直流电平预置调节按钮:调节范围为 $-5V\sim+5V$(50Ω 负载),当电位器处关断位置(逆时针旋到底)时,则为 0 电平。

10—输出波形对称性调节按钮:调节此按钮可改变输出信号的对称性。当电位器处关断位置(逆时针旋到底)时,输出对称信号。

11—函数信号输出幅度衰减开关:20dB、40dB 键均不按下,输出信号不经衰减,直接输出到插座口。20dB、40dB 键分别按下,即可选择 20dB 或 40dB 衰减。

12—函数输出波形选择按钮:可选择正弦波、三角波、脉冲输出波。

13—扫描/计数按钮:可选择多种扫描方式和外测频方式。

14—频率范围选择按钮:调节此旋钮可改变输出频率的 1 个频程。

15—整机电源开关:按下此键时,机内电源接通,整机工作。此键释放为关掉整机电源。

(2) 后面板各部分的名称和作用

① 电源插座(AC220V):交流市电 220V 输入插座。

② 保险丝（FUSE0.5）：交流市电 220V 进线保险丝管座，保险容量为 0.5A，座内另有一只备用 0.5A 保险丝。

（3）测量、试验的准备工作

先检查市电电压，只有在确认市电电压在 220V±10％范围内后，方可将电源线插头插入本仪器后面板电源线插座内。

（4）自校检查

① 用本仪器进行测试工作之前，可对其进行自校检查，以确定仪器工作正常与否。

② 自校检查程序，程序框图如图 3.3.6 所示。

（5）函数信号输出

1）50Ω 主函数信号输出

以终端连接 50Ω 匹配器的测试电缆，由前面板插座输出函数信号。

由频率范围选择按钮选定输出函数信号的频段，由频率调节器调整输出信号频率，直到所需的工作频率值为止。

由函数输出波形选择按钮选定输出函数的波形分别获得正弦波、三角波、脉冲波。

由函数信号幅度输出调节按钮和函数信号输出幅度衰减开关选定和调节输出信号的幅度。

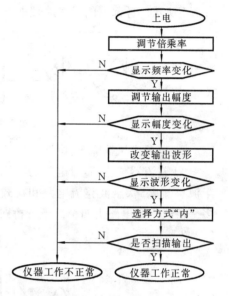

图 3.3.6　自校检查程序流程

由函数信号输出直流电平预置调节按钮选定输出信号所携带的直流电平。

输出波形对称调节器按钮改变输出脉冲信号空度比，与此类似，输出波形为三角波或正弦波时可使三角波调变为锯齿波，正弦波调变为正、负半周分别为不同角频率的正弦波形，且可移相 180°。

2）TTL 脉冲信号输出

除信号电平为标准 TTL 电平外，其重复频率、调控操作均与函数输出信号一致。用本机提供的测试电缆（终端不加 50Ω 匹配器），由 TTL 信号输出端输出 TTL 脉冲信号。

3）扫描信号输出

通过"扫描/计数"按钮选定为内扫描方式。分别调节扫描宽度调节旋钮和扫描速率调节旋钮获得所需的扫描信号输出。通过函数输入插座输入相应的控制信号，即可得到相应的受控扫描信号。

（6）外测频功能检查

用"扫描/计数"按钮选定为"外计数方式"。

用本机提供的测试电缆，将函数信号引入外部（函数）输入插座，观察显示频率应与"内"测量时相同。

3.4　直流稳压电源

稳压电源是一种在电网电压或负载变化时，其输出电压或电流基本保持不变的电源装置，通常有交流稳压电源和直流稳压电源两类。

3.4.1　工作原理

直流稳压电源一般由电源变压器、整流器、滤波器、稳压器四个部分组成，其原理框图如图 3.4.1 所示。各部分的工作原理如下。

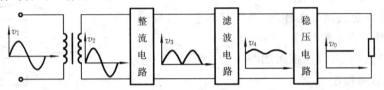

图 3.4.1　直流稳压电源原理框图

① 电源变压器降压：电源变压器将交流电压 v_1（220 V）降为 v_2，它仍为交流电。

② 整流器整流：整流电路的功能是将输入的交流电压转变成单极性电压。整流电路分为半波整流电路、全波整流电路和桥式整流电路等三类。桥式整流电路效率最高，目前采用最多。桥式整流电路由四个二极管桥式连接而成（可选用专用的整流桥）。其结构原理图如图 3.4.2 所示。

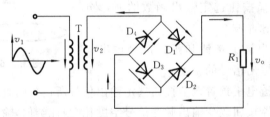

图 3.4.2　整流桥的结构原理

当电压 v_1 的正半周期流经整流电路时，D_1 和 D_3 导通，R_1 上有电流流过。同理，当 v_1 的负半周流径整流电路时 D_2 和 D_4 导通，此时 R_1 上有与正半周方向相同的电流流过（或者是符号一致的电压值），于是在 R_1 上将得到如图 3.4.3(b) 所示的输出电压波形。

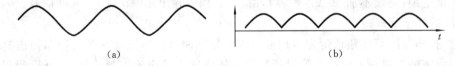

(a)　　　　　　　　　　　　　　(b)

图 3.4.3　输入、输出电压波形

(a) 输入电压波形；　(b) 输出电压波形

③ 滤波器滤波：整流电路输出的虽然是单方向流通的直流电，但是不稳定，为此在整流桥的输出端要并联一个大电容，构成电容滤波电路。当整流器输出的电压 v_3 增加时，电容器"充电"，将电能储存起来；当 v_3 下降时，它会"放电"将电能释放出来，这样可以使本来不平滑的波形变成比较平滑的波形。滤波电路的输入、输出电压波形如图 3.4.4 所示，其中虚线表示滤波电路输入电压波形，实线表示输出电压波形。

稳压器：如图 3.4.4 所示，经滤波电路后的输出电压还存在波动，因而需要稳压电路来稳定直流电压的电压值，一般采用可调式三端集成稳压器。常见的产品分为固定电压稳压块（比如 7805、7905、7809、7909 等）和可调电压稳压块（比如 317、337），317 系列稳压器输出连续可

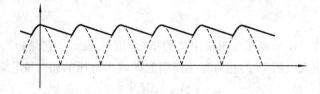

图 3.4.4　滤波电路的输入、输出电压波形

调的正电压,337 系列稳压器输出连续可调的负电压,可调范围为 1.2～37V,最大输出电流 I_{omax} 为 1.5A。稳压器内部含有过热、过流保护电路,具有安全可靠、使用方便、性能优良等特点。

3.4.2　主要技术指标及测试方法

1. 最大输出电流

最大输出电流是指稳压电源正常工作的情况下能输出的最大电流,用 I_{omax} 表示。一般情况下的工作电流 $I_o < I_{omax}$,稳压电路内部应有保护电路,以防止 $I_o > I_{omax}$ 或者输出端与地短路时损坏稳压器。

2. 直流输出电压

直流输出电压是指稳压电源的输出电压,也即是稳压器的输出电压,用 V_o 表示。

采用图 3.4.5 所示电路可同时测量 V_o 与 I_{omax}。测试过程是:先调节输出端的负载电阻,使 $R_L = \dfrac{V_o}{I_o}$,交流输入电压为 220V,此时数字电压表的测量值即为 V_o,再使 R_L 逐渐减小,直到 V_o 的值下降 5% 为止,此时负载 R_L 中的电流即为 I_{omax}(记下 I_{omax} 后迅速增大 R_L,以减小稳压器的功耗)。

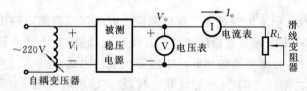

图 3.4.5　稳压电源性能指标测试电路

前两个指标是稳压电源的特性指标,它决定了电源的适用范围,同时也决定了稳压器的特性指标及如何选择变压器、整流二极管和滤波电容等。

3. 纹波电压

纹波电压是指叠加在输出电压 V_o 上的交流分量,用 ΔV_o 表示。可以采用示波器直接观测其峰-峰值,也可用交流毫伏表测量其有效值 ΔV_o。因为 ΔV_o 不是正弦波,所以用有效值衡量其纹波电压,存在一定误差。ΔV_o 的大小主要取决于滤波电容、负载电阻及稳压系数等。

4. 稳压系数

稳压系数是衡量稳压器稳压效果最主要的指标,用 S_v 表示。它是指当负载电流 I_o 和环境温度都保持不变时输入电压 V_i 的相对变化所引起的输出电压的相对变化,即

$$S_v = \frac{\Delta V_o}{V_o} \bigg/ \frac{\Delta V_i}{V_i} \bigg|_{\substack{I_o=常数 \\ T=常数}}$$

S_v 越小越好。S_v 的测量电路如图 3.4.5 所示。其过程为:先调节自耦变压器,例如,使 $V_i =$ 242V,测量此时对应的输出电压 V_{o1},再调节自耦变压器,使 $V_i = 198$V,测量此时对应的输出电压 V_{o2},然后再测出 $V_i = 220$V 时对应的输出电压 V_o,则稳压系数 S_v 为

$$S_v = \frac{\Delta V_o}{V_o} \bigg/ \frac{\Delta V_i}{V_i} = \frac{V_{o1} - V_{o2}}{V_o} \times \frac{220}{242 - 198}$$

5. 输出动态电阻

输出动态电阻是指在环境温度 T、输入电压 V_i 等保持不变的条件下,由负载电流 I_o 变化引起的 V_o 变化所相应的电阻,用 R_o 表示。

$$R_o = \frac{\Delta V_o}{\Delta I_o} \bigg|_{\substack{\Delta V_i=0 \\ \Delta T=0}} = \left| \frac{V_{o1} - V_{o2}}{I_{o1} - I_{o2}} \right|$$

可见,R_o 越小,V_o 的稳定性越好,它主要是由稳压器的内阻所决定的。

仍用图 3.4.5 所示电路测试,但须注意 R_L 不能取得太小,一定要满足 $I_o = \dfrac{V_o}{R_1} < I_{o\,max}$,否则会因输出电流过大而损坏稳压器。

这三个指标为稳压电源的质量指标(含温度系数)。

3.4.3　DF1731S 直流稳压、稳流电源

1. 概述

DF1731S 直流稳压、稳流电源是由二路可调输出电源和一路固定输出电源组成的高精度电源。其中二路可调输出电源具有稳压和稳流自动转化功能,其电路由调整管功率损耗控制电路、运算放大器和带有温度补偿的基准稳压器等组成。因此,电路稳定可靠,电源输出电压能从 0 至标称电压值之间任意调整,在稳流状态时,稳流输出电流能从 0 至标称电流值之间连续可调。二路可调电源间又可以任意进行串联和并联,在串联和并联的同时又可由一路主电源进行电压或电流(并联时)跟踪。串联时最高输出电压可达两路电压额定值之和,并联时最大输出电流可达两路电流额定值之和。另一路固定输出 5V 电源,控制部分是由单片集成稳压器组成。三组电源均具有可靠的过载保护功能,输出过载或短路都不会损坏电源。

2. 技术参数

(1) 双路可调整电源

① 额定输出电压:$2 \times 0 \sim 30$V。

② 额定输出电流:$2 \times 0 \sim 10$A。

③ 电源调整率:电压不大于 $1 \times 10^{-4} + 0.5$mV;电流不大于 $1 \times 10^{-3} + 6$mA。

④ 负载调整率:电压不大于 $1×10^{-4}+2\mathrm{mV}$(额定电流不大于 3A);电流不大于 $2×10^{-3}+10\mathrm{mA}$。

⑤ 纹波与噪声:电压不大于 1mV(rms);电流不大于 3mA(rms)。

⑥ 保护:电流限制保护。

⑦ 指示表头精度(3 位半数字电压表和电流表精度)为

电压表精度　$±1\%+2$ 个字;

电流表精度　$±21\%+2$ 个字。

(2)固定输出电源

① 额定输出电压:$5\mathrm{V}±3\%$。

② 额定输出电流:3A。

③ 电源调整率:不大于 $1×10^{-4}+1\mathrm{mV}$。

④ 负载调整率:不大于 $1×10^{-3}$。

⑤ 稳波与噪声:不大于 0.5mV(rms);不大于 $0.5\mathrm{mV_{p\text{-}p}}$。

⑥ 保护:电流限制及短路保护。

3. 工作原理

可调电源由整流滤波电路,辅助电源电路,基准电压电路,稳压、稳流比较放大电路,调整电路及稳压、稳流取样电路等组成,如图 3.4.6 所示。

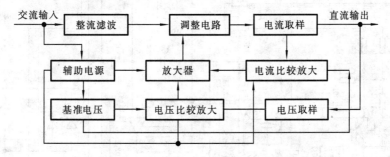

图 3.4.6　DF1731S 稳压、稳流电源原理框图

当输出电压由于电源电压或负载电流变化引起变动时,变动的信号经稳压取样电路与基准电压相比较,其所得误差信号经比较放大器放大后,经放大电路控制调整管使输出电压调整为给定值。比较放大器由集成运算放大器组成,增益很高,因此输出端有微小的电压变动,也能得到调整,以达到高稳定输出的目的。

稳流调节与稳压调节基本原理一样,因此同样具有高稳定性。

DF1731S 稳压、稳流电源电路如图 3.4.7 所示。电路内各主要元器件的作用如下。

输入的 220V/50Hz 交流市电,经变压器降压后分别供给主回路整流器和辅助电源整流器。主回路整流器通过变压器绕组选择电路(即调整管功率损耗控制回路)接到与输出电压相应的变压器绕组上。整流滤波电路由 $D_7\sim D_{10}$ 和 C_6 所构成,采用桥式整流、大容量电容滤波,因此输出的直流电压交流分量较少。

由 N_3,$D_1\sim D_4$,D_6,$C_1\sim C_3$ 及有关电阻构成辅助电源电路,主要作为集成运算放大器正负电源和 D_5 集成基准稳压器使用。

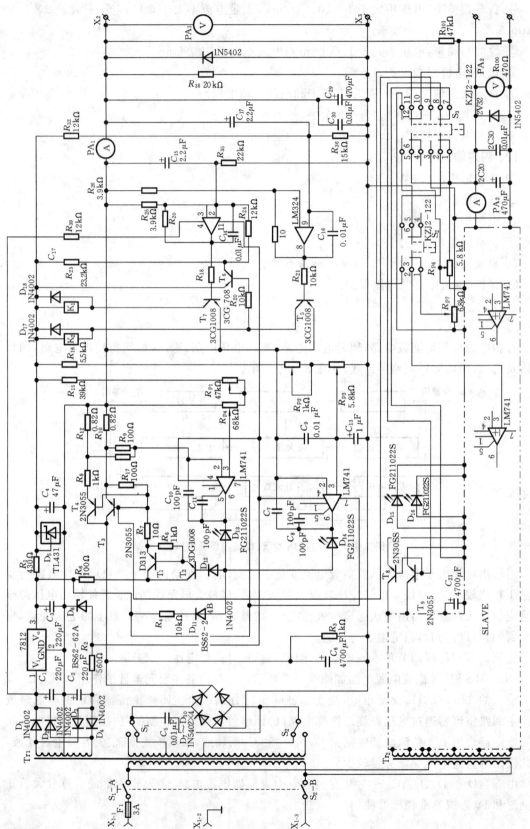

图3.4.7 DF1731S稳压、稳流电源电路原理图

变压器绕组选择电路是由 N_4(LM324 四运算放大器)、$D_{11}\sim D_{18}$、$T_5\sim T_7$ 及 $R_{20}\sim R_{34}$、$K_1\sim K_2$ 等组成,稳压电源的输出电压经电阻分压,分别加到两个基准电压,当输出电压在 $0\sim7.5V$、$7.5\sim15V$、$15\sim22.5V$、$22.5\sim30V$ 范围变化时两个运算放大器的输出有四种不同的组合即 K_1、K_2 继电器有四种不同的通断组合,也就是使加在主整流滤波回路上的电流电压有四个不同的值,它们与稳定电源的输出电压相对应,当输出电压高时交流电压高,当输出电压低时交流电压也相应的低。从而保证大功率调整管的功耗不会过高。

基准电压电路是由 D_5 和 R_1、C_4 组成,由辅助电源产生的 $+12V$ 电压经过限流电阻 R_1 在带有温度补偿的集成稳压器上产生,因此基准电压非常稳定。

输出电压取样、电压比较放大电路是由 N_1 电压比较器和有关电阻电容等组成。取样电压直接取自输出接线端子 X_2,接到 N_1 电压比较放大器的反相端。基准电压经由电阻 R_{16},电位器 RP_2,RP_5 分压后接到 N_1 电压比较器的同相端。由于是二级稳压且带有温度补偿,因此该基准电压具有很好的稳定性。RP_5 电位器是装在面板上,调节 RP_5 电位器的阻值就可以改变比较放大器同相输入端的基准值,从而起到调节输出电压值的作用。

稳流取样及比较放大电路是由 N_2 和电阻 $R_9\sim R_{12}$ 及电位器 RP_1,RP_4 等组成。输入运算放大器 N_2 反相端的电压是输出电流流过 R_{10}、R_{12} 后产生的电压降,所以 N_2 运算放大器反相输入端电压高低反映了输出电流的大小。同相端的输入电压是由基准电压分压后产生的。当同相端电压高于反相端电压时,运算放大器输出高电平,稳流电路不起作用,电压处于稳压状态。当同相端电压低于反相端电压时,运算放大器输出低电平,稳流电路起作用,电路进入稳流状态。例如:负载电阻减小时,输出电流就要增加,同时 R_{10}、R_{12} 电阻两端的电压降也将增大,即运算放大器 N_2 反相端输入电压上升,由于同相端基准电压未变,所以运算放大器输出端电压将下降,使输出电压降低,从而保证了输出电流恒定。因此,改变 RP_4 的阻值即改变了基准电压,就可以改变恒定输出电流值。

T_{17}、T_{18} 是两只并联的调整管,为维持一定的输出电流且保证足够的功率,可选择具有相同参数的大功率三极管并联,并且在发射极串入了均衡电阻(R_{10}、R_{12})以免因电流分配不均而损坏调整管。

本电源采用三位半数字电压、电流表各二个输出电压电流进行实时显示。因此可以适时对各路输出的电压、电流值进行观察。

4. 使用说明

DF1731S 稳压、稳流电源面板布局如图 3.4.8 所示。

(1) 面板各元件的作用

1—数字表:指示主路输出电压、电流值。

2—主路输出指示选择开关:选择主路的输出电压或电流值。

3—从路输出指示选择开关:选择从路的输出电压或电流值。

4—显示窗口:显示从路输出电压、电流值。

5—从路稳压输出电压调节旋钮:调节从路输出电压值。

6—从路稳流输出电流调节旋钮:调节从路输出电流值(即限流保护点调节)。

7—电源开关:当此电源开关被置于"ON"(即开关被按下)时,仪器处于"开"状态,此时稳压指示灯亮或稳流指示灯亮。反之,仪器处于"关"状态(即开关弹起时)。

8—从路稳流状态或二路电路电源并联状态指示灯:当从路电源处于稳流工作状态或二路

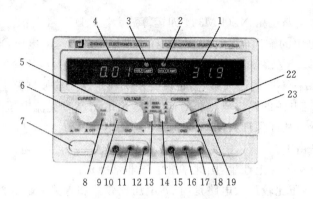

图 3.4.8　DF17301S 稳压、稳流电源面板布局图

电源处于并联工作状态时,此指示灯亮。

9—从路稳压状态指示灯:当从路电源处于稳压工作状态时,此指示灯亮。

10—从路直流输出负接线柱:输出电压负极,接负载负端。

11—机壳接地端:机壳接大地。

12—从路直流输出正接线柱:输出电压正极,接负载正端。

13—二路电源独立、串联、并联控制开关。

14—二路电源独立、串联、并联控制开关。

15—主路直流输出负接线柱:输出电压的负极,接负载负端。

16—机壳接地端:机壳接大地。

17—主路直流输出正接线柱:输出电压的正极,接负载正端。

18—主路稳流状态指示灯:当主路电源处于稳流工作状态时,此指示灯亮。

19—主路稳压状态指示灯:当主路电源处于稳压工作状态时,此指示灯亮。

20—固定 5V 直流电源输出负接线柱:输出电压负极,接负载负端(DF1731SL 型有此端口)。

21—固定 5V 直流电源输出正接线柱:输出电压正极,接负载正端(DF1731SL 型有此端口)。

22—主路稳流输出电流调节旋钮:调节主路输出电流值(即限流保护点调节)。

23—主路稳压输出电压调节旋钮:调节主路输出电压值。

(2) 使用方法

1) 双路可调电源独立使用

① 将两个二路电源独立、串联、并联开关(13、14)分别置于弹起位置(即 ■ 位置)。

② 可调电源作为稳压源使用时,首先应将从路稳流输出电流(6)调节旋钮和主路稳流输出电流调节旋钮(22)顺时针调节到最大,然后打开电源开关,并调节电压调节旋钮主、从路稳压输出电压调节旋钮(5、23),使从路和主路的输出直流电压至需要的电压,此时主、从路稳压状态指示灯(9 和 19)发光。

③ 可调电源作为稳流源使用时,在打开电源开关(7)后,先将两个稳压输出电压调节旋钮(5、23)顺时针调节到最大,同时将稳流调节旋钮(6、22)逆时针调节到最小,然后接上所需负载,再顺时针调节主、从路稳流调节旋钮(6、22),使输出电流至所需要的稳定电流值。此时稳压状态指示灯(9、19)熄灭,稳流状态指示灯(8、18)发光。

④ 在作为稳压源使用时稳流电流调节旋钮(6、22)一般应该调节到最大,但是本电源也可

以任意设置限流保护点。设定办法为,打开电源,逆时针旋转稳流调节旋钮(6、22)调到最小,然后短接输出正、负端子,并顺时针调节稳流旋钮(6、22),使输出电流等于所要求的限流保护点的电流值,此时限流保护点就被设定好了。

⑤ 若电源只带一路负载时,为延长机器的使用寿命、减少功率管的发热量,请使用主路电源。

2) 双路可调电源串联使用

① 将二路电源独立、串联、并联控制开关(13)按下(即 ▆ 位置),开关(14)置于弹起(即 ▜ 位置)。此时,调节主路稳压输出电压调节旋钮(23),从路的输出电压严格跟踪主路输出电压,使输出电压最高可达两路电压的额定值之和(即从路直流输出负接线端(10)和主路直流输出正接线端(17)之间的电压)。

② 在两路电源串联以前应先检查主路和从路电源的负端是否有联结片与接地端相联,如有则应将其断开,不然在两路电源串联时将造成从路电源的短路。

③ 在两路电源处于串联状态时,两路的输出电压由主路控制但是两路的电流调节仍然是独立的。因此在两路串联时应注意从路稳流输出电流调节旋钮(6)的位置,如果旋钮(6)在逆时针旋到底的位置或从路输出电流超过限流保护点,则从路的输出电压将不再跟踪主路的输出电压。所以一般两路串联时应将旋钮(6)顺时针旋到最大。

④ 在两路电源串联时,如有功率输出则应用与输出功率相对应的导线将主路的负端和从路的正端可靠短接。因为仪器内部是通过一个开关短接的,所以当有功率输出时短接开关将通过输出电流。长此下去将无助于提高整机的可靠性。

3) 双路可调电源并联使用

① 将控制开关(13)按下(即 ▆ 位置),(14)按下(即 ▆ 位置)。此时,两路电源并联,调节主路稳压输出电压调节旋钮(23),两路输出电压也一样。同时从路稳压状态指示灯(8)发光。

② 在两路电源处于并联状态时,从路稳流输出电流调节旋钮(6)不起作用。当电源作稳流源使用时,只需调节主路稳流输出电流调节旋钮(22),此时主、从路的输出电流均受其控制并相同。其输出电流最大可达二路输出电流之和。

③ 在两路电源并联时,如有功率输出则应用与功率输出对应的导线分别将主、从路电源的正端和正端、负端和负端可靠短接,以使负载可靠地接在两路输出的端子上。不然,如将负载只接在一路的电源的输出端子上,将有可能造成两路电源输出电流的不平衡,同时也有可能造成串并联开关的损坏。

(3) 有关说明

本电源的输出指示为三位半,如果要想得到更精确值需要在外电路用更精密的测量仪器校准。

(4) 注意事项

① 本电源设有完善的保护功能,5V 电源具有可靠的限流和短路保护功能。两路可调电源具有限流保护功能,由于电路中设置了调整管的功率损耗控制电路,因此当输出发生短路现象时,大功率调整管上的功率损耗并不是很大,完全不会对本电源造成任何损坏。但是短路时本电源仍有功率损耗,为了减少不必要的仪器老化和能源消耗,应尽早发现并关掉电源,将故障排除。

② 输出空载时限流电位器逆时针旋足(调为 0 时)电源即进入非工作状态,其输出端可能有 1V 左右的电压显示,此属正常现象,非电源之故障。

③ 使用完毕后,请放在干燥通风的地方,并保持清洁,若长期不使用应将电源插头拔下后再存放。

④ 对稳定电源进行维修时,必须将输入电源断开。

⑤ 因电源使用不当或使用环境异常及机内元器件失效等均可能引起电源故障,故当电源发生故障时,输出电压有可能超过额定输出最高电压,使用时务请注意! 谨防造成不必要的负载损坏。

⑥ 三芯电源线的保护接地端,必须可靠接地,以确保使用安全!

第4章

常用电子元器件

4.1 电　阻

4.1.1 电阻的特性

电子在物体内作定向运动时会遇到阻力,这种阻力作用称为电阻。

实验证明,在一定的温度条件下,物体的电阻与其长度 L 成正比,与其截面积 S 成反比,此外还与材料的性质有关,即

$$R = \rho L/S$$

式中,ρ 表示物体的电阻系数或电阻率,取决于材料的性质,单位为 $\Omega \cdot mm^2/m$;L 表示物体的长度,单位为 m;S 表示物体的截面积,单位为 mm^2。

金属银、铜、铝等导体的电阻率较小:$\rho_{银} = 0.0165\Omega \cdot mm^2/m$,$\rho_{铜} = 0.0175\Omega \cdot mm^2/m$,$\rho_{铝} = 0.028\Omega \cdot mm^2/m$,所以,铜、铝被广泛地用来制作导线,而银由于价格高,常用来制作镀银线。

康铜、镍铬合金等因其电阻率较大,常用来制作电阻丝及电热器。一般来说,金属材料的电阻随温度的升高而增大,而石墨、碳等非金属材料的电阻则随温度的升高而减小。

4.1.2 电阻器和电位器

电阻器简称为电阻,由于制造材料和结构的不同,电阻器可分为许多种类型。常见的有碳膜电阻器、碳质电阻器、金属膜电阻器、有机实心电阻器、线绕电阻器、固定抽头电阻器、可变电阻器、滑线式变阻器、片状电阻器等。从结构形式来分,有固定电阻器、可变电阻器(微调电阻与电位器)及特种电阻(如热敏电阻、光敏电阻、压敏电阻)等。电阻的基本单位是 Ω(欧),$k\Omega$(千欧)和 $M\Omega$(兆欧),它们的关系是:

$$1M\Omega = 1000k\Omega = 1000000\Omega$$

电阻器在电路图中的符号如图 4.1.1 所示。常用电阻器、电位器的外形如图 4.1.2 所示。

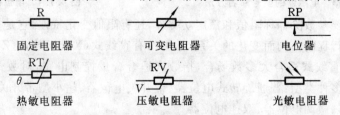

固定电阻器　　　　可变电阻器　　　　电位器

热敏电阻器　　　　压敏电阻器　　　　光敏电阻器

图 4.1.1　电阻器的符号

国内电阻器、电位器的型号一般由四部分组成,各部分含义分别如表 4.1.1 和图 4.1.3 所示。

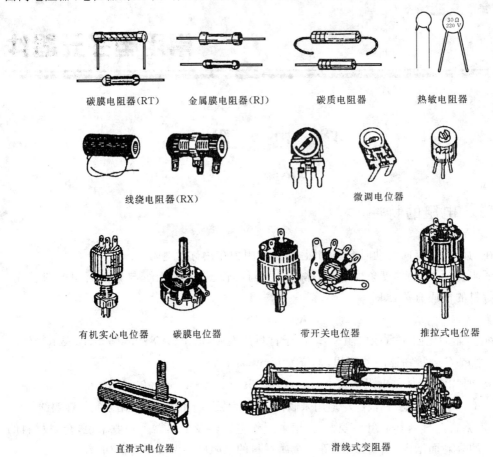

图 4.1.2　常用电阻器、电位器的外形

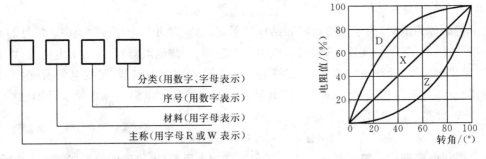

图 4.1.3　电阻器的型号命名方法

图 4.1.4　电位器的特性

　　电位器的主要参数除标称阻值和额定功率外,还有阻值变化特性,它是指其阻值随动臂的旋转角度或滑动行程的不同而变化的关系,常用的有直线式(X)、指数式(Z)和对数式(D),如图 4.1.4 所示。直线式适合大多数场合,指数式适合音量控制电路,对数式适合音调控制电路。电位器也有多种类型:普通旋转式电位器、带开关电位器、超小型带开关电位器、直滑式电位器、多圈电位器、微调电位器、双连电位器等。

表 4.1.1 电阻器和电位器的型号命名

主 称		材 料		分 类		序号
符号	含义	符 号	含 义	符 号	含 义	
R	电阻器	T	碳膜	1	普通	
RDW	电位器	P	硼碳膜	2	普通	
		U	硅碳膜	3	超高频	
		H	合成膜	4	高阻	
		I	玻璃釉膜	5	高温	
		J	金属膜(箔)	7	精密	
		Y	氧化膜	8	变压电位器;特殊电位器	
		S	有机实心	9	特殊	
		N	无机实心	G	高功率	
		X	线绕	T	可调	
		C	沉积膜	X	小型	
		G	光敏	L	测量用	
				W	微调	
				D	多圈	

4.1.3 电阻的标称阻值及误差标示

电阻的标称阻值及其误差一般都标在电阻体上。其标示法有四种:直标法、文字符号法、色标法和数码标示法。

① 直标法。用阿拉伯数字和单位符号在电阻器表面直接标示,其允许偏差用百分数表示,未标偏差值的,即为±20%的允许误差,如图 4.1.5(a)所示。

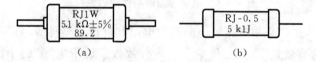

图 4.1.5 电阻的直标法与文字符号法

② 文字符号法。图 4.1.5(b)所示的是用阿拉伯数字和文字符号的有规律组合来表示标称阻值的电阻,其允许误差也用文字符号表示,如表 4.1.2 所示。符号前面的数字表示整数值,后面的数字依次表示第一位小数阻值及第二位小数阻值。图 4.1.5(b)所示的是额定功率为 0.5 W,阻值为 5.1 kΩ,误差为±5%的金属膜电阻。

表 4.1.2 文字符号法中的允许误差符号

文字符号	允许误差	文字符号	允许误差
B	±0.1%	J	±5%
C	±0.25%	K	±10%
D	±0.5%	M	±20%
F	±1%	N	±30%
G	±2%		

③ 色标法。用不同颜色的环或点在电阻器表面标示阻值和允许误差,如图 4.1.6 所示。普通的电阻用四色环表示(见图 4.1.6(a)),精密电阻用五色环表示(见图 4.1.6(b))。靠近电阻一端的色环为第一环。如四色环电阻的颜色排列为红、紫、棕、金,则这只电阻阻值为 270Ω,误差为 $\pm5\%$。又如五色环电阻的颜色排列为黄、红、黑、黑、棕,则其阻值为 $420\times1\Omega=420\Omega$,误差为 $\pm10\%$。

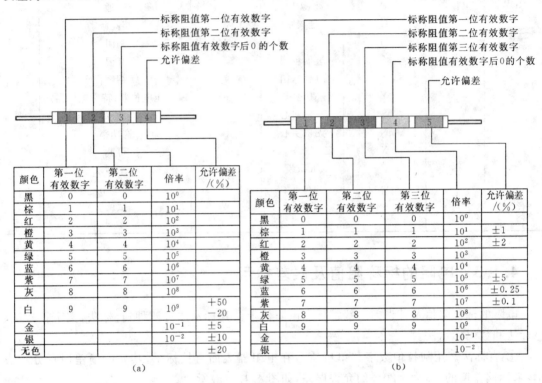

图 4.1.6　电阻器阻值与误差的色标法

④ 数码表示法。在产品和电路图上的贴片电阻和进口元器件等,常使用此方法。在三位数字中,第一、二位为有效数字,第三位数字表示有效数字后所加"0"的个数,单位为 Ω。如果阻值中间有小数点,则用"R"表示,占一位有效数字。如"4R7"表示阻值为 4.7Ω,标示值"103"表示的阻值为 $10\times10^3\Omega=10k\Omega$。阻值为 0Ω 的贴片可作下线或保险器使用。一般,固定电阻器的标称阻值应符合表 4.1.3 所列数值,或表内所列数值乘以 10 的 n 次方,其中 n 为正整数或负整数。设计时应按标称的系列值进行电阻阻值选择。

表 4.1.3　电阻的标称系列

允许误差	系列代号	标称系列值
$\pm20\%$	E6	10　15　22　33　47　68
$\pm10\%$	E12	10　12　15　18　22　27　33　39　47　56　68　82
$\pm5\%$	E24	10　11　12　13　15　16　18　20　22　24　27　30　33 36　39　43　47　51　56　62　68　75　82　91

另外,当电流通过电阻时,电阻会发热,能长期连续工作并能满足规定性能要求时所允许耗散的最大功率,称为电阻器的额定功率。电阻器的额定功率也采用标准化系列值。其中,线

绕电阻的功率系列为:3W、4W、8W、10W、16W、25W、40W、50W、75W、100W、150W、250W、500W。非线绕电阻器的额定系列为:0.05W、0.125W、0.25W、0.5W、1W、2W、5W。设计时,应该使用额定功率足够的电阻。

4.1.4　特殊电阻

① 热敏电阻:一种对温度反应灵敏,阻值随温度变化作非线性变化的电阻器,它包括正温度系数(PTC 温度升高阻值增大)和负温度系数(NTC 温度升高阻值减小)两种类型。

② 压敏电阻:简称 VCR,是一种对电压敏感的非线性半导体元件。当压敏电阻两端电压低于标称额定电压时,电阻值接近无穷大;当两端电压略高于标称电压时,压敏电阻迅速击穿导通,变为低阻状态。所以,它常用于家用电器中,起过电压保护、防雷、抑制浪涌电流、限幅、高压灭弧等作用。

③ 磁敏电阻:一种对磁场敏感的半导体元件,可将磁感应信号变为电信号。它常用于磁场强度、漏磁的检测,还可以用于接近开关、磁卡文字识别、磁电编码器、电动机测速等磁敏传感器用。

④ 水泥电阻:一种陶瓷绝缘的功率型电阻,有分立式和卧式两类。有 2W、3W、5W、7W、10W、15W、20W、30W、40W 等多种,阻值范围一般为从 0.1Ω 到几千欧之间。其电阻丝被严密封装于陶瓷体内部,有优良的阻燃、防爆特性。

⑤ 熔烧电阻:具有熔断丝(保险丝)及电阻器的双重功能。按其工作方式分为不可修复型和可修复型两类。熔烧电阻多为灰色,用色环或数字表示阻值。其符号与普通电阻类似。

电阻的种类还有很多,诸如光敏电阻、气敏电阻、湿敏电阻、力敏电阻等,它们在生活中都有广泛的应用,这里不一一介绍。

4.1.5　电流的热效应

电流通过电阻时,电阻会发热,对同一电阻,电流越大,则电阻发热越厉害,另外,电流通过电阻(或电器)时,所产生的热量与电流强度的平方、电阻以及通过电流的时间成正比,即

$$Q = I^2 Rt$$

式中:Q 表示热量,单位为 J;I 表示电流,单位为 A;R 表示电阻,单位为 Ω;t 表示时间,单位为 s。

4.2　电　　容

4.2.1　电容的特性

电容是一种能储存电能的元件。当两块金属板相互覆盖,但不相互接触时,就构成了一个最简单的平板电容器。两板之间的物质称为电介质,可以是塑料,云母片以及其他绝缘体。实验表明,电容器充电所储存的电荷量与外加电压成正比,但对于同一个电容器,其电量与电压的比值是一个常量。这个比值即为这个电容器的电容量,简称电容,用 C 来表示,它表示电容

器储存电荷的能力,即

$$C = Q/U$$

式中,电容的单位为 F,1 F＝1 C/V。

4.2.2　电容器的分类

电容器按电容量是否可调,分为固定电容器和可变电容器两大类。固定电容器按介质材料不同,可分为金属化纸介电容器、聚苯乙烯电容器、涤纶电容器、玻璃釉电容器、云母电容器、瓷片电容器、独石电容器、铝电解电容器、钽电解电容器等。无极性电容器如图 4.2.1(a)所示。有极性电容器如图 4.2.1(b)所示,其两条引线分别引出电容器的正极和负极,在电路中不能接错,而且在电路图中也应有明确的标志。

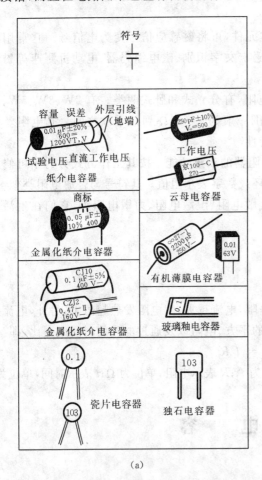

(a)

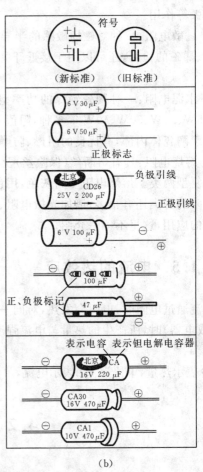

(b)

图 4.2.1　固定电容器的外形

可变电容器大都以空气或其他介质(一般为有机薄膜)作绝缘介质,有单连和双连之分(有些场合还使用三连或四连电容器)。转动可变电容器的转轴,改变动片与定片的相对位置,就可调整电容量。单连电容器只有一组动片和一组定片。双连电容器则有两组动片和两组定片。单连可变电容器符号及外形如图 4.2.2(a)所示。双连可变电容器的符号及外形如图 4.2.2(b)所示。半可变电容器的容量较小,它有瓷介质、有机薄膜介质及拉线等类型。常以分数形式表示其最小、最大的容量变化范围，如 5/20 pF、7/30 pF 等。

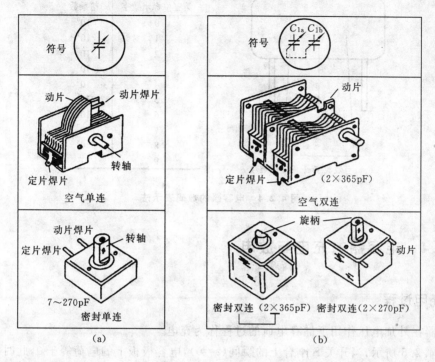

图 4.2.2　可变电容器

4.2.3　电容器的主要参数

电容器的主要参数有电容量、耐压两项。表示电容器储存电荷能力的电容量，简称电容，基本单位是 F（法［拉］）。在实际应用中常用 μF（微法）、nF（纳法）和 pF（皮法）作单位。

$$1\ F = 10^6\ \mu F = 10^9\ nF = 10^{12}\ pF$$

电容器上容量的标示方法常见的有两种。一种是直标法，如 100pF 的电容器上印有"100"字样，0.01μF 的电容器上印有"0.01"的字样，2.2μF 的电容器上印有"2.2μ"或"2μ2"字样，47μF 的电容器上印有"47μ"字样，如图 4.2.3 所示。

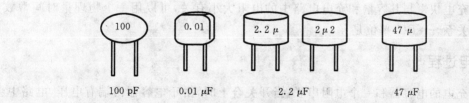

图 4.2.3　电容器的直标法

另一种是数码表示法，一般用三位数字表示容量大小，其单位是 pF。三位数字中前两个是有效数字，第三位是倍乘数，即表示有效数字后有多少个"0"。第三位为 0～8 时分别表示 10^0～10^8，而 9 表示 10^{-1}。例如，103 表示 $10 \times 10^3\ pF = 10000pF = 0.01\mu F$；229 表示 $22 \times 10^{-1}pF = 2.2pF$，如图 4.2.4 所示。

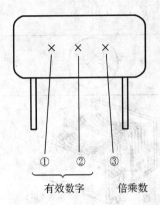

第三位标示数字	倍乘数
0	10^0
1	10^1
2	10^2
3	10^3
4	10^4
5	10^5
6	10^6
7	10^7
8	10^8
9	10^{-1}

图 4.2.4　电容器的数码表示法

4.2.4　电容器的充电与放电

1. 充电过程

电容器在外加电压作用下储存电荷的过程称为充电。

如图 4.2.5 所示,当开关 S 刚合上的瞬间($t=0$),电容极板上的电荷等于 0,此时电容器两端的电压 v_C 也等于 0。随着充电过程的进行,极板上的电荷逐渐增多,电容器两端的电压随着上升,当 $v_C=V$ 时,电路中的电流等于 0,充电结束。充电时,电流 i_C 及电压 v_C 随时间变化而变化的曲线如图 4.2.6 所示。

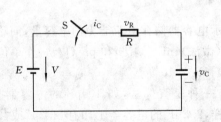

图 4.2.5　充电电路

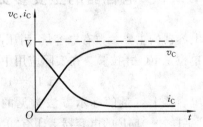

图 4.2.6　电容充电时电流电压波形

电容器充电快慢与其容量和充电电路中的电阻大小有关,可以用一个物理量时间常数 τ 来表示这个关系,$\tau=RC$,单位是 s。

2. 放电过程

把已经充电的电容器和一个电阻串联,当开关合上时,由于电容器两端有电压,电路中会有放电电流流过,使电容器极板上的电荷逐渐减少,电压逐渐降低,最后电荷释放完毕,电路中的电流为 0。电容器放电时,其电压与电流的变化具有相似的形状。其放电电压波形如图 4.2.7 所示。电容器放电的快慢也与时间常数有关,与充电的时间常数相同,也是 $\tau=RC$。时间常数 τ 越小,充、放电时间越短;τ 越大,充、放电时间越长。

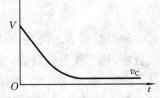

图 4.2.7　电容器的放电电压波形

电容器在电路中的应用很广泛,有通交流电、隔直流电的耦合作用;有滤波作用;可与电感一起构成振荡器的振荡回路;在微分电路、积分电路中都是关键元件;在放大电路之间,还常用它构成极间退耦滤波电路;在多谐振荡器中,电容还是决定振荡频率的关键元件;在倍压整流升压电路中,电容器的储能作用可使倍压电路的输出电压比输入电压高 $1 \sim n$ 倍。

电容在电路中,对电流的阻力作用称为容抗,电容量越大,容抗越小。电容的容抗与其电容量成反比,也与工作频率成反比。即 $X_C = 1/(\omega C)$。用万用表电阻挡可判断电容器的好坏。任何电容器,如测出它的阻值为 0Ω 或很小,则说明该电容短路或损坏了。对于无极性的电容器,测其小容量电容时,指针会保持在起始位置不动。对于容量大一些的电容器,指针则会稍微摆动一下又回到起始位置,这说明电容没有短路。对于电解电容等有极性的电容器,检测时,应注意电表的接法,黑表笔接电容器的"+"极,红表笔接电容器的"-"极,若电表指针有较大的偏移再缓慢回到起始端某个位置,且阻值在几百千欧以上,则说明电容器是好的。电容量越大,摆动越厉害。若电表指针偏移很小且不能回到测试起始位置,则说明电容器有一定的漏电,电解电容通常会有少量的漏电现象,电容量越大,漏电现象越严重。测试时,若其电阻小于几百千欧,则说明电容器漏电量太大,不能使用。若阻值虽然大于几百千欧,但电表指针并无摆动,则说明电容器已经失效,也不能再用了。

4.3 电 感

4.3.1 电感线圈

电感线圈是应用电磁感应原理制成的电子元件。用漆包线(外表层涂有绝缘漆的导线)在绝缘骨架上绕一定的圈数(单层或多层),就构成了电感线圈,简称电感,也叫线圈。电感在电路中常用 L 表示,其单位是 H(亨[利])、mH(毫亨)、μH(微亨)。

$$1H = 1000mH = 1000000\mu H$$

电感可分为固定电感、微调电感、色码电感等。其外形及图形符号如图 4.3.1 所示。

固定电感有高频阻流圈与低频阻流圈之分。高频阻流圈的电感量约在 $2.5 \sim 10mH$ 之

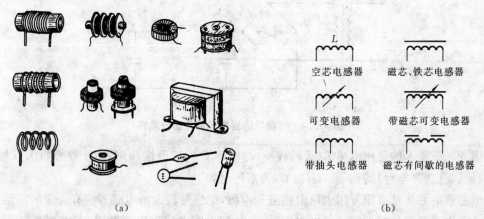

(a)

L

空芯电感器　　　　磁芯、铁芯电感器

可变电感器　　　　带磁芯可变电感器

带抽头电感器　　　磁芯有间歇的电感器

(b)

图 4.3.1 电感线圈的外形及符号

间。低频阻流圈的电感一般为数亨。

微调电感一般都插有磁芯,通过改变磁芯在线圈的位置来调节电感量。如电视机中的行振荡线圈,带有螺纹磁芯的高频阻流圈等。

色码电感是将线圈绕制在软磁铁氧体的基体上,再用环氧树脂或塑料封装而成的。在其外壳上直接用数字标示电感量,或者用色标法标注,即用色环表示电感量,单位为 μH。第一、二环表示两位有效数字,第三环表示倍乘数,第四环表示误差。色环的含义与电阻相同。这种电感的工作频率为 $10\sim200kHz$,电感量一般为 $0.1\sim33000\mu H$。高频阻流圈采用镍锌铁氧体,低频阻流圈多用锰锌铁氧体制作。

电感器是利用自感应原理工作的,电感线圈通过电流时,会产生自感电动势,自感电动势的大小与通过线圈的电流的变化率成正比,并且总是阻碍原电流的变化,如图 4.3.2 所示,因此电感线圈有通直流电、阻交流电的功能。电感对交流电所呈现的阻力称为感抗,用 X_L 表示,单位为 Ω(欧[姆])。感抗与交流电的频率 f 和电感器电感量 L 成正比,即 $X_L = 2\pi fL$。

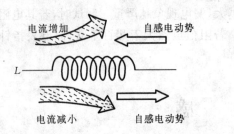

图 4.3.2　线圈中的自感电势

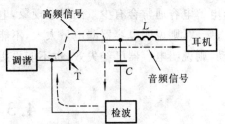

图 4.3.3　收音机中的高频阻流圈

电感线圈对高频电流的阻碍大,对低频电流的阻碍小,利用这种特性,可以制成高频阻流圈、低频阻流圈。图 4.3.3 所示的是来复式收音机中高频阻流圈的应用实例,由于高频阻流圈 L 对高频电流的感抗很大而对音频电流的感抗很小,晶体管集电极输出的高频信号只能通过电容 C 进入检波电路。检波后的音频信号再经三极管 T 放大后通过 L 到达耳机。

图 4.3.4 所示的是低频阻流圈用于整流电路滤波的例子。电感 L 与电容 C_1、C_2 组成π形 LC 滤波器,整流输出的脉动直流电 V_i 中的直流成分可以通过 L,而交流成分绝大部分不能通过 L,被 C_1、C_2 旁路到地,输出便是纯净的直流电了。用 L 作低频阻流圈使用时,电感量都很大,不经济,所以在小型整流滤波电路中,一般用电阻 R 代替电感 L 作滤波器之用。

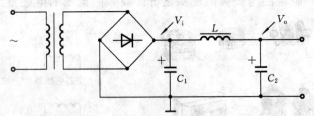

图 4.3.4　低频阻流圈用于整流滤波电路

图 4.3.5 所示的是用电感 L(天线线圈)与电容 C 构成谐振回路,用于收音机天线输入回路进行选频(选择电台)的例子。C_1 与 C_2 为双连电容。

电感器的好坏可以用万用表电阻挡进行检测,电感量较大的电感器应有一定的阻值,电感量较小的电感器阻值接近零。若电表指针不动,则说明电感器内部断路;若电表指针不稳定,则说明内部接触不良。

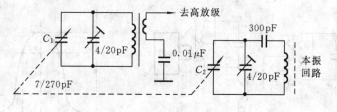

图 4.3.5　线圈用于输入选频回路

使用电感器时,应注意不要超过其额定电流值。否则,会因电流过大而使其发热厉害,甚至烧毁电感器。

4.3.2　变压器

变压器是将两组和两组以上的线圈绕在同一骨架上或同一铁芯(或磁芯)上制成的,其外形与图形符号如图 4.3.6 所示。常分为高频变压器、中频变压器与低频变压器等。

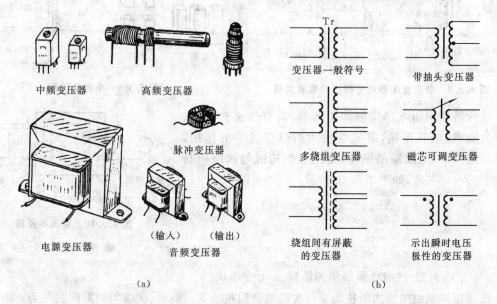

(a)　　　　　　　　　　　　　　　(b)

图 4.3.6　变压器的外形与图形符号

在收音机中,天线线圈、振荡线圈都属于高频变压器。中频变压器(又称中周)不仅具有普通变压器所具有的变换电压、电流及阻抗的特性,还具有谐振于某一固定频率的特性。其谐振频率在调幅式超外差收音机中为 465kHz,在调频半导体收音机中,中频变压器的中心频率为 10.7MHz,图 4.3.7(a)所示的为超外差收音机的中频部分,一中放、二中放均工作于 465kHz。图 4.3.7(b)所示的为中频变压器的幅频特性曲线。在中心频率两边幅度等于最大值的 0.7 倍时所对应的频率范围 Δf 为通频带。

低频变压器分为音频变压器与电源变压器两类。

图 4.3.8 所示的是音频变压器用于推挽功率放大器的例子,图中,输入、输出变压器均为音频变压器。电源变压器是最常用的一类变压器,主要参数是功率和次级电压,其功率与铁芯截面积的平方成正比,如图 4.3.9 所示。

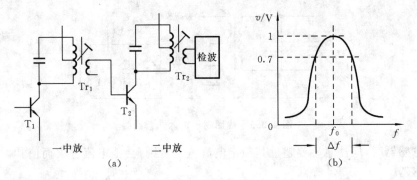

图 4.3.7 中频变压器

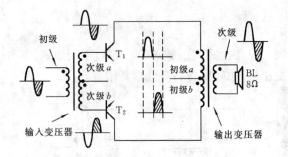

图 4.3.8 音频变压器用于推挽功率放大器

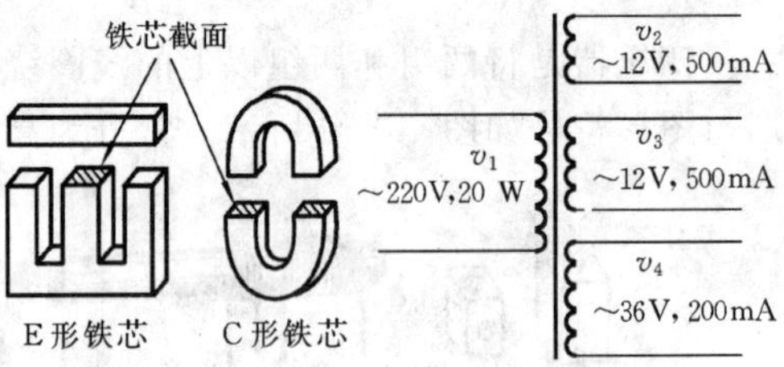

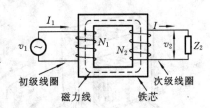

图 4.3.9 电源变压器

变压器是利用互感应原理工作的,具有传递交流电、阻隔直流电,电压变换,阻抗变换和相位变换等的作用。如果忽略掉铁芯、线圈的损耗,变压器的初级与次级间具有如下的一些关系,如图 4.3.10 所示。

图 4.3.10 变压器原理

$$\frac{v_1}{v_2} = \frac{N_1}{N_2} = n$$

$$\frac{v_1}{v_2} = \frac{I_2}{I_1}$$

式中,N_1、N_2 为初、次级线圈绕组的匝数;n 为变压比。

设变压器初级的输入阻抗为 Z_1,次级负载阻抗为 Z_2,则初、次级间的阻抗关系为:

$$\frac{Z_1}{Z_2} = \left(\frac{v_1}{v_2}\right)^2 = \left(\frac{N_1}{N_2}\right)^2 = n^2$$

变压器也可以用万用表判断其好坏。一是检测绕组线圈的通断,若为断路,则说明变压器已损坏。二是检测绕组之间的绝缘电阻,其阻值越大越好。三是检测绕组线圈与铁芯之间的绝缘电阻,其阻值也是越大越好。

几种常见的变压器如下。

① 电源变压器:主要作用是升压或降压,有 E 型、C 型和环型之分。

② 中频变压器:超外差式收音机中频放大级必不可少的耦合、选频元件,通常也叫中周。它在很大程度上决定了收音机的灵敏度、选择性和通频带等指标的高低。

③ 隔离变压器:分为两类。一类用于电子线路,作为一种抑制噪声干扰的元件,扮演"干扰隔离"的角色。它使两个互有联系的电路相互独立,不形成回路,从而切断干扰信号从一个电路进入另一个电路的噪声通路。另一类的主要功能是隔离电源,下面简单介绍它进行安全

隔离的原理。电源的零线是接地的,当人站在地上接触电源相线时,就有电流通过人体流入大地,而造成触电事故。

如图 4.3.11 所示,接一个隔离变压器,就使得变压器次级两端都不接地而呈"悬浮"供电状态。此时,即使人体偶尔触及变压器次级的任意一端,也不形成回路,不会触电。

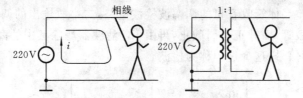

图 4.3.11 电源隔离变压器的"隔离"原理

4.4 晶 体 管

4.4.1 晶体二极管

1. 晶体二极管的分类和主要特性

晶体二极管简称二极管,是一个具有 PN 结的半导体器件,由于用途不同,晶体二极管可分很多种类,如稳流二极管、检波二极管、开关二极管、稳压二极管、发光二极管、红外发光二极管、高压硅管等。图 4.4.1(a)所示的是部分晶体二极管的外形。二极管的文字符号为 D。各种二极管的图形符号如图 4.4.1(b)所示。

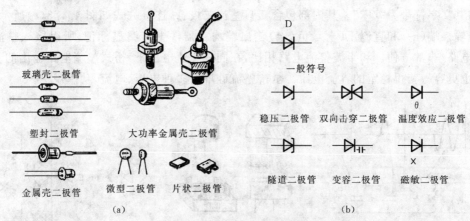

图 4.4.1 部分晶体二极管的外形及图形符号

晶体二极管具有单向导电性,只允许电流从正极流向负极,不允许电流从负极流向正极(实际上,当加上反向电压时,仍有少许的漏电流)。利用这一特性,可以用万用表来区分二极管的正、负极。

锗二极管和硅二极管在正向导通时具有不同的正向管压降,锗二极管的正向管压降约 0.3V,硅二极管的正向管压降约 0.7V。

2. 二极管的主要用途举例

(1) 检波

在收音机电路中作检波使用的二极管,因为工作频率比较高,要选用检波二极管。图 4.4.2所示的为超外差晶体管收音机的调幅波检波电路,二中放输出的调幅波加到二极管的负极,其负半周经过二极管,而其正半周截止,再由RC滤波器滤除其中的高频成分,输出的就是调制在载波上的音频信号,这个过程称为检波。

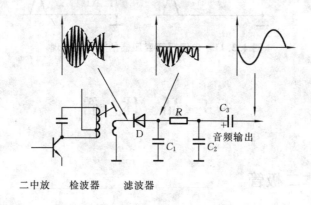

图 4.4.2 超外差晶体管收音机调幅波电路

(2) 整流

图 4.4.3(a)所示的为由二极管构成的半波整流电路。由于二极管的单向导电特性,在交流电压正半周,二极管 D 导通,有输出;在交流电压负半周,二极管 D 截止,无输出。经过二极管 D 整流出来的脉动电压,再经 RC 滤波后即为直流电压。将交流电压变换为直流电压的电路叫整流电路。图 4.4.3(b)所示的为全桥整流堆外形及图形符号,是一种整流二极管的组合器件。其文字符号为"UR"。其内部包含 4 只整流二极管,连接方式如图 4.4.3(c)所示,其两个交流输入端(~)和直流正(+)、负(-)输出端均在器件上有明显标记,所以接入整流电路(桥式电路)非常方便。和半波整流电路相比,在同一交流电压下,桥式整流电路输出的整流电压高,也更容易获得稳定的直流电压。全桥整流硅堆有多种电压、电流、功率规格。

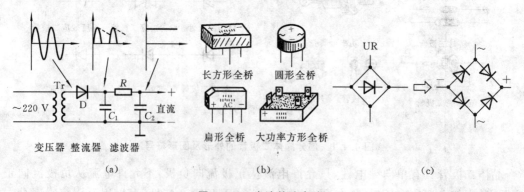

图 4.4.3 半波整流电路

(3) 稳压

图 4.4.4(a)所示的为二极管并联稳压电路,图中,二极管两端电压即为输出的稳压电压。

R 为限流电阻,它在决定稳压二极管的工作电流的同时,还配合稳压二极管的稳压电流的变化,在 R 上形成相应的电压降,以抵偿输入电压的变化,达到稳定输出电压的目的。

图 4.4.4(b)所示的为稳压二极管的伏安特性曲线,由其伏安特性可知,稳压二极管是反向接入稳压电路的。

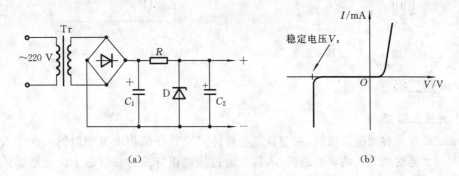

(a)　　　　　　　　　　　　　　(b)

图 4.4.4　二极管稳压电路

3. 发光二极管

发光二极管是具有一个 PN 结的半导体发光器件,它与普通二极管一样,具有单向导电的特性。有足够的正向电流通过 PN 结时,便会发光。常见的发光二极管(LED)有塑封 LED、金属壳 LED、圆形 LED、方形 LED、变色 LED 及数码 LED 等。它们广泛应用在显示、指示、遥控和通信领域。发光二极管的外形与图形符号如图 4.4.5 所示。

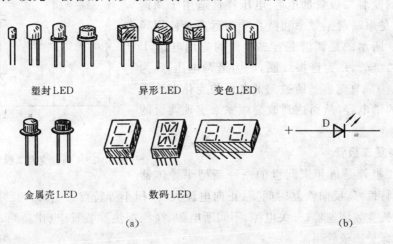

塑封LED　　　　　异形LED　　　　变色LED

金属壳LED　　　　　数码LED

(a)　　　　　　　　　　　　　　　(b)

图 4.4.5　发光二极管

双色发光二极管是将两种发光颜色(常见为红色、绿色)的管芯反向并联后封装在一起的,因此,由发光的颜色可以判断电流的方向,如图 4.4.6 所示。

三脚变色管也能发两种颜色光(常见为红色、绿色),两种颜色的发光管芯的负极接在一起,如图4.4.7所示。

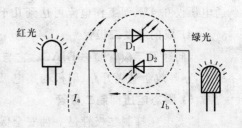

图 4.4.6　双色发光二极管

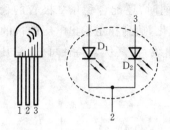

图 4.4.7 三脚变色管

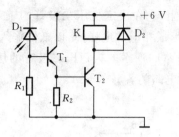

图 4.4.8 光控开关电路

4. 其他二极管

(1) 光敏二极管

光敏二极管又称光电二极管,它与普通半导体二极管在结构上是相似的。在光敏二极管管壳上有一个能射入光线的玻璃透镜,入射光通过透镜正好照射在管芯上。光敏二极管管芯是一个具有光敏特性的 PN 结,它被封装在管壳内。光敏二极管与普通光敏二极管一样,它的 PN 结具有单向导电性。

图 4.4.8 所示的为光控开关电路,无光照时,发光二极管截止,有光照时,D_1 导通,T_1、T_2 导通,继电器 K 吸合,接通被控电路。D_2 是为防止关断瞬间的高反电势击穿 T_2 而设的,D_2 起续流作用。

(2) 硅调谐变容二极管

变容二极管的端电容按一定方式随反向偏压的变化而变化。调谐变容二极管的电容-电压特性适用于调谐电路,其特点是串联谐振频率和截止频率远高于使用频率。图 4.4.9 所示的是调谐变容二极管的应用电路,D 为调谐变容二极管,L 为谐振线圈,V 为谐调电压,C 为调整电容,C_1 为隔直电容。通过调谐电压的变化来改变变容二极管的结电容,从而达到改变频率来实现调谐的目的。

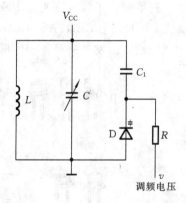

图 4.4.9 调谐变容二极管的应用电路

(3) 快恢复二极管

快恢复二极管是近年来问世的一种新型半导体器件,具有开关特性好,反向恢复时间短、正向电流大、体积小等特点。它可广泛用于脉宽调制器、交流电动机变频调速器、开关电源、不间断电源、高频加热等装置中,作高频、高压、大电流整流、续流及保护二极管用。

肖特基二极管是一种常见的快恢复二极管,其反向恢复时间极短,可小到几纳秒,正向导通电压仅 0.4 V,而工作电流可达到几千伏。

(4) 双向触发二极管

双向触发二极管简称 DIAC。它与双向晶闸管同时问世,常用来触发双向晶闸管。在结构上,它等效于基极开路、射极与集电极对称的 NPN 三极管。应用电路参见图 4.4.24。

(5) 瞬态电压抑制二极管

瞬态电压抑制二极管是一种安全保护器件,分双极型和单极型两类。这种器件用于电路系统,对电路中出现的浪涌电压脉冲起到分流、钳位作用,可有效降低由于雷电、电路中开关通断时感性元件产生的高压脉冲,避免因高压而损坏仪器。双极型管的应用电路如图 4.4.10 所示。D_1 对电源变压器的输入端起保护作用,当有高压浪涌脉冲引入时,不论脉冲方向如何,它都能快速击穿而导通,对输入电压进行钳位。D_2 提供了对变压器输出端之后的浪涌电压并将被它钳位。

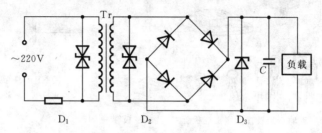

图 4.4.10　双极型管的应用电路

(6) 精密二极管

精密二极管具有线性好、工作范围宽、稳定性好等优点,广泛用于恒压源和恒流源电路。精密二极管的特性严格遵循下列公式:

$$I_f = C(273.15 + t)^r \cdot e^{\frac{(V_f - V_o)}{(273.15 + t)}}$$

式中,C、r、V_o 为特性常数,t 为摄氏温度,I_f 和 V_f 分别为正向电流和正向电压。由公式可知,在一定的 t 下,I_f 与 V_f 呈指数关系;反之,V_f 与 I_f 呈对数关系。当 I_f 一定时,V_f 与 t 呈近似线性关系,当 I_f 正比于 $(273.15 + t)^r$ 时,V_f 与 t 呈完全线性关系。

(7) 隧道二极管

隧道二极管是采用重掺杂工艺制成的 PN 结二极管。隧道二极管可用作电子开关,作为开关时,速度很快,可以在几纳秒内改变其状态。当用于振荡电路中时,工作频率很高,可工作在 200MHz 以上的微波频段。但它的一些主要参数随温度变化而变化较大,使工作电路稳定性差。

(8) 高压硅堆

高压硅堆也称高压整流堆,是高压整流器件,常用于电视机的行扫描输出级中。它是由多个整流二极管串联起来封装在一起组成的。这样就提高了整流二极管能承受的反向电压,最高可达到几千伏。高压硅堆的外形如图 4.4.11(a)所示,内部结构如图 4.4.11(b)所示。

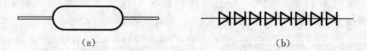

(a)　　　　　　　　　　　　　　　(b)

图 4.4.11　高压硅堆的外形及内部结构

4.4.2　三极管

1. 三极管的放大作用

三极管是一种具有两个 PN 结的半导体器件,是电子电路的核心器件之一,在各种电子电路中应用十分广泛。

三极管的外形及图形符号,如图 4.4.12 所示。它具有三个管脚,分别是基极 B、发射极 E 和集电极 C。使用时应区分清楚,这可查相关手册,也可以使用万用表来判别。

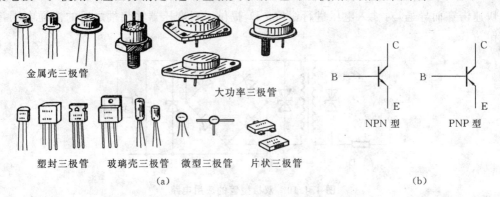

金属壳三极管　　　　　　　　　　大功率三极管

塑封三极管　玻璃壳三极管　微型三极管　片状三极管

(a)　　　　　　　　　　　　　(b)

图 4.4.12　三极管外形及其图形符号

三极管的放大能力用电流放大系数 β 表示,指的是集电极电流 i_C 的变化量与基极电流 i_B 的变化量之比,即

$$\beta = \frac{\Delta i_C}{\Delta i_B}$$

如图 4.4.13 所示,10V 时若 i_B 从 $40\mu A$ 上升到 $60\mu A$ 时,相应的 i_C 从 6 mA 上升到 9 mA,则

$$\beta = \frac{(9-6) \times 10^3}{60-40} = 150$$

换句话说,此晶体管电路的电流放大系数为 150,如果输入信号引起基极电流变化 $20\mu A$,就能使三极管集电极电流产生高达 150 倍之多(即达到 3mA)的变化,这种变化,通过适当的集电极输出电路,转化成比基极输入信号大得多的电压输出,这就是三极管放大器的放大作用。当然,这种放大作用是利用了三极管基极对集电极的控制作用来实现的,放大作用实质上是放大器件的控制作用,即以一个能量较小的信号,去控制和转化一个较大的能量,使其达到较大的变化量。

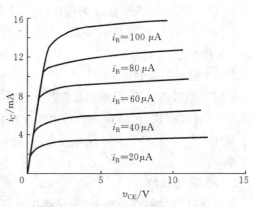

图 4.4.13　三极管的输出特性曲线

特征频率 f_T 是晶体三极管的一个重要参数。当工作频率超过一定值时,三极管的 β 值开始下降,β 值下降到 1 时所对应的频率即为特征频率。所以高频电路应选用特征频率高的管子。此外,选用三极管时还需要考虑其耐压、最大工作电流及集电极耗散功率等。

2. 三极管放大电路的三种基本组态

三极管的最基本作用是放大作用,图 4.4.14 所示的为共发射极电路(共射电路)。

输入信号经电容 C_1 加到三极管基极,使其集电极电流产生相应变化,并在集电极电阻 R_C 上产生压降。其输出电压 v_o 等于电源电压 V_{CC} 与电阻 R_C 上压降的差值,即

$$v_o = V_{CC} - i_C R_C$$

输出电压 v_o 与输入电压 v_i 相位相反。R_1、R_2 为三极管基极的偏置电阻。共射电路的电压、电流、功率增益都比较大,故应用广泛。

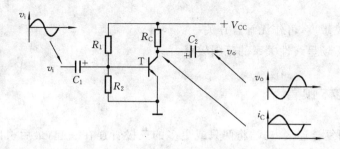

图 4.4.14　共发射极电路

　　图 4.4.15 所示的为共集电极电路,因为从三极管发射极输出信号,而集电极是输入、输出电路的共同端点,所以称为共集电极电路;也因为是从发射极输出信号,所以又称为射极输出器。该电路的最显著特点是其电压增益略小于 1,而且其输出电压和输入电压是同相位的。因此,射极输出器亦称电压跟随器。射极输出器具有输入阻抗较高、输出阻抗较低的优点,常用来作阻抗匹配电路。多用于输入级、输出级或缓冲级。

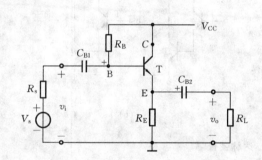

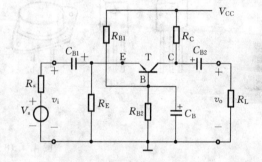

图 4.4.15　共集电极电路　　　　　　　　　图 4.4.16　共基极电路

　　如图 4.4.16 所示,R_{B1} 与 R_{B2} 为基极偏置电阻,C_B 容量较大,使基极等效于交流接地,是输入、输出电路的共同端点,因此称为共基极电路。共基极电路的电流放大系数为:

$$\alpha = i_C/i_E$$

式中,α 的值小于 1 但接近于 1。从这个角度看,共基极电路又可称为电流跟随器。常用在宽频带和高频情况下要求稳定性较好的场合。

3. 光敏/磁敏三极管

　　光敏三极管具有对光信号放大的作用,当光信号从基极(大多光窗口即为基极)输入时,激发了基区半导体,产生电子和空穴的运动,相当于在发射极施加正向偏压,使光敏三极管有放大作用。通过光敏三极管就得到了随入射的光变化而放大的电信号。它适用于激光接受等方面。

　　光敏三极管的外形及电路符号如图 4.4.17 所示。

　　磁敏三极管是一种对磁场敏感的磁-电转换器件,它可以将磁信号转换成电信号。磁敏三极管与其他磁敏器件相比,有以下特点:

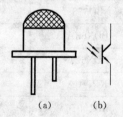

(a)　　　　(b)

图 4.4.17　光敏三极管的外形及
图形符号

　　① 灵敏度更高,比霍尔器件高几百甚至上千倍,而且线路简单、成本低廉、更适合测量弱

磁场；

② 具有正反灵敏度,可作无触点开关；

③ 灵敏度与磁场呈线性关系的范围较窄。

4.4.3　达林顿管

达林顿管采用复合连接方式,将两只或更多的三极管连在一起,最后引出 e、b、c 三个极,其外形如图 4.4.18(a)所示。图 4.4.18(b)给出了由两只三极管构成的达林顿管的基本电路。图左边由两支 NPN 三极管复合,等效一支 NPN 三极管,图右边为两支 PNP 三极管复合,等效一支 PNP 型管。由其连接方式可知,达林顿管的总电流放大系数等于各管电流放大系数的乘积,因此,达林顿管有很高的放大系数。

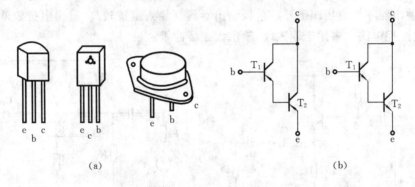

图 4.4.18　达林顿管

表 4.4.1 给出了几种达林顿管的技术参数。

达林顿管主要用于大功率开关电路、电动机调速、逆变电路,用于驱动继电器以及大功率显示屏等。

表 4.4.1　几种达林顿管的技术参数

型　　号	参数及其值			
	V_{CEO}/V	I_c/A	h_{FE}	P_o/W
FN020	60	0.8	5000	1.8
BD677	60	4	750	40
BD678	−60	−4	750	40
BDX63A	80	8	500	90
BDX62A	−80	−8	500	90
KP110A	80	10	500	150
MJ10016	500	50	25	250
MJ11032	120	50	400	300
MJ11033	120	50	400	300

4.4.4　场效应管

场效应管是一种利用电场效应来控制其电流大小的半导体器件。根据结构不同,场效应管分为两大类:结型场效应管(JFET)和金属氧化物-半导体场效应管(MOSFET)。其图形符号如图 4.4.19 所示,它们都有三个电极,即源极(S)、栅极(G)和漏极(D)。

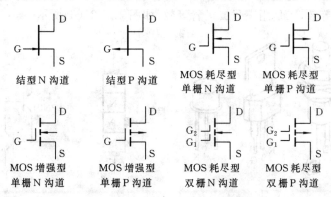

图 4.4.19　场效应管分类及图形符号

场效应管具有输入阻抗高、噪声低、热稳定性好、抗辐射能力强和制造工艺简单、便于集成等优点。其输入阻抗极高,使用时应注意防止静电击穿。

图 4.4.20 所示的是几种结型场效应管的应用例子。图 4.4.20(a)所示的为场效应管源极输出器,用于阻抗变换,这是因为其输入阻抗极高而输出阻抗低,所以适合多级放大器中作输入级使用。图 4.4.20(b)所示的是将场效应管等效为一个可变电阻,用于录音机自动电平控制的电路。当输入信号 v_i 增大导致输出 v_o 增大时,由 v_o 经过 D 负向整流后形成的栅极偏压——v_G 的绝对值也增大,从而场效应管 T_V 的有效电阻增大,R_1 与其的分压比减小,进入放大器的信号电压减小,最终保持 v_o 基本不变。图 4.4.20(c)所示的是利用场效应管做恒流源的电路。如果漏极电流 i_D 因某种原因增大,则源极电阻 R_s 上形成的负栅压也随之增大,迫使 i_D 回落,反之亦然,如此便使 i_D 保持恒定。恒定电流

$$i_D = |v_p|/R_s$$

式中,v_p 表示场效应管的夹断电压。

恒流源在很多需要保持电流恒定的场合提供工作电流,也是很有用的基本应用电路之一。

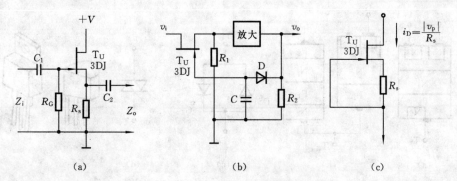

图 4.4.20　场效应管应用电路实例

4.4.5 晶闸管

晶闸管又称为可控硅,有单向晶闸管、双向晶闸管、逆导晶闸管、可关断晶闸管、快速晶闸管、光控晶闸管等。单向晶闸管的图形符号如图 4.4.21(a)所示,外形如图 4.4.21(b)所示。其内部结构如图 4.4.21(c)所示,这是一种 PNPN 四层半导体器件。其等效电路有两种画法,一是用两只晶体管等效,二是用三只二极管等效,如图 4.4.21(d)所示。

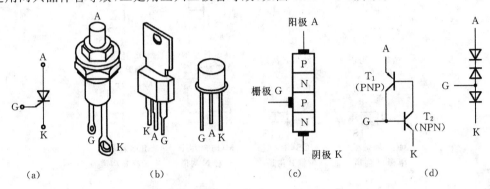

图 4.4.21　晶闸管

单向晶闸管的结构与二极管有些相似,但在 A、K 间加以正向电压,而控制极不加电压时并不导通,处于阻断状态,只有很小的漏电流,如果在 G 极上加上控制电压,则 A、K 间导通,且 A、K 间压降很小,电压大部分都加在负载上。当控制信号降为零时,A、K 间将仍维持导通状态,这时只有将阳极电流减小到晶闸管维持电流以下,才能使 A、K 间恢复阻断状态。当单向晶闸管用作整流器件,交流电流进入负半周时,可自动关断,如果到正半周则需要重新导通,必须重新施加控制电压。

双向晶闸管则具有双向导通功能,相当于两个晶闸管反向并联而成,有三个电极,分别称为第一电极 T_1、第二电极 T_2、控制电极 G。T_1、T_2 又称为主电极。双向晶闸管符号如图 4.4.22(d)所示,图 4.4.22(e)所示的为小功率管晶闸管的外形。为了说明问题,不妨把图 4.4.22(a)所示的晶闸管看成是由左、右两部分合成的,如图 4.4.22(b)所示。这样一来,原来的双向晶闸管被分解成两个 PNPN 型结构的普通的单向晶闸管了。它们之间正好是一正一反地并联在一起,其等效电路如图 4.4.22(c)所示。这也是双向晶闸管有双向控制导通的原

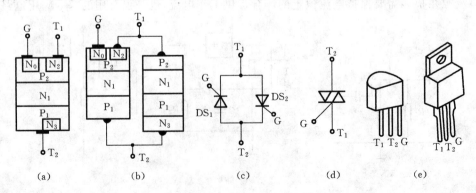

图 4.4.22　双向晶闸管

因。双向晶闸管的主电极 T_1 与 T_2 之间,无论所加电压极性如何,只要门极 G 和主电极 T_1(或 T_2)加有极性不同的触发电压,晶闸管即可触发导通呈低阻状态。一旦导通,即使失去了触发电压,也能维持导通状态。由于双向晶闸管只有一个控制极,所以它的触发电路比起两只反向并联的单向晶闸管的触发电路要简单得多。这无疑给设计、应用带来很大方便。

在控制系统中,晶闸管具有以小功率控制大功率、开关无触点等优点。图 4.4.23 所示的是利用双向晶闸管控制加热器温度的电路原理图。从 S 端输入由温度传感器采集来的电压信号,与比较器同向输入端(＋)的电压进行比较翻转来控制双向晶闸管导通,以达到控制的目的。与晶闸管并联的 RC 电路是为吸收瞬变中的浪涌电压,以保证晶闸管不被击穿而增加的。R 及 C 的数值要根据使用情形进行调整。可与双向晶闸管配合使用的是双向触发二极管。图 4.4.24 所示的是由双向触发二极管和双向晶闸管组成的过压保护电路,使负载免受过压损害。图 4.4.24 所示电路中,DIAC 即为双向触发二极管。当瞬态电压超过 DIAC 的转折电压 V_{BO} 时,DIAC 迅速导通并触发双向晶闸管也导通,使后面的与其并联的负载免受过压损害。

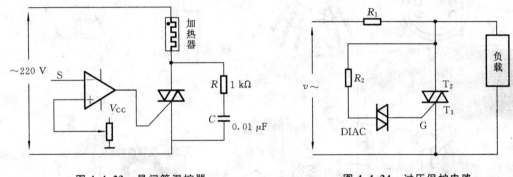

图 4.4.23　晶闸管温控器　　　　　　　图 4.4.24　过压保护电路

可关断晶闸管,亦称门控晶闸管,主要特点是,当门极加负向触发信号时能自动关断。它保留了普通晶闸管耐压高、电流大等特点,又具有自关断能力。它广泛用于交流电动机调速系统、逆变器、斩波器、电子开关等领域。

4.5　集　成　电　路

电子技术发展的早期,人们常用多个晶体管、电阻器、电容器等元器件组装电子电路,这就是通常称为分立元件的电路形式。随着半导体制造工艺的不断发展,人们于 20 世纪 60 年代研制出一种新型的半导体器件——集成电路。所谓集成电路是将一个单元电路或一些功能电路的电子元器件(如晶体管、电阻器、电容器)和电路连线集中制作在一片半导体晶片上,构成的具有特定功能的电子电路。此电子电路封装在特制的外壳中,从壳内向壳外接出引线,用于与外部电子元器件或其他集成电路连接。集成电路缩小了电子设备的体积和重量,降低了成本,大大提高了电路工作的可靠性、稳定性,而且,功耗小,组装和调试更为容易。

集成电路也常称为芯片,或俗称集成块,书面常写作 IC。集成电路按功能划分,可分为模拟集成电路与数字集成电路两类;按集成度划分,可分为小规模集成电路、中规模集成电路、大规模集成电路、甚大规模集成电路等,集成度是指在一块集成电路上所包含的电子元件数量。下面简要介绍一下集成电路的结构特点、外形及管脚的识别。

4.5.1 集成电路的基本知识

1. 集成电路的结构特点

集成电路除了体积小、功耗小、可靠性高及稳定性好等特点外,还具有以下结构特点。

① 电路结构与元器件参数具有对称性。电路中各元器件是在同一硅片上,由同一工艺制造出来的,因此,同一片内元器件参数的绝对值有同向的偏差,温度均一性好,容易制造出两个特性相同的管子或电阻。

② 有源元器件代替无源元器件。在集成电路中,电阻多用三极管或场效应管等有源元器

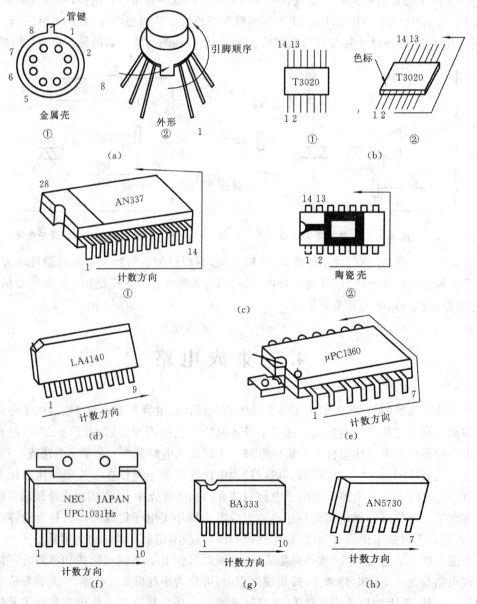

图 4.5.1 常用集成电路管脚排列

件构成,阻值可以达到很高,精度高,误差小。

③ 采用复合结构的电路。在集成电路中,多采用复合管、共射-共基、共集-共基等组合电路。

④ 极间采用直接耦合方式。PN 结构成的电容容量小、误差大,故在集成电路中多采取级间直接耦合的方式。

2. 集成电路的外形及管脚排列

集成电路的管脚排列是安装时必须注意的重要问题,一旦装错就得返工,甚至烧坏芯片。常用的集成电路外形和管脚排列方法如图 4.5.1 所示。其中,图(a)所示的为圆形结构,管脚数法是,将管脚朝上(见图(a)①),从管键开始,顺时针计数。图(a)②为它的外形。图(b)所示的为扁平型平插式结构,标记朝上时色标在左下角,逆时针方向计数。图(c)所示的为双列平插型结构,图(c)①所示的为塑料壳芯片,从弧形凹槽开始逆时针方向计数,图(c)②为陶瓷壳芯片,从金属封片标记开始逆时针方向计数。图(d)所示的为单列直插型结构,从斜切角标记开始向右计数。图(e)所示的为双列直插型结构,使用了两种识别标记,既使用了弧形凹口标记,又使用了小圆凹坑标记,按逆时针方向计数。图(f)所示的为单列直插型结构,面对型号字符从左边色条标记开始向右计数。图(g)所示的为单列直插结构,在集成块上方有一凹槽,面对型号向右计数。图(h)所示的没有明显识别标记,面对印有型号的一面,管脚朝下,向右计数。

4.5.2　模拟集成电路

模拟集成电路主要有运算放大器、功率放大器、集成稳压器及高频微波集成电路等。在模拟电路中,应用最多的是集成稳压器(如 78×× 系列稳压器,将在后续实验章节介绍其应用)、运算放大器。本节主要简单介绍运算放大器的基本知识及其电路分析。

1. 运算放大器简介

运算放大器(简称运放)是电子电路中广泛应用的一种多端口集成电路器件,早期主要应用于加法、减法、微分和积分等数学运算,故称为运算放大器。现在运放的应用已远远超出了数学运算功能的范围,例如,已在有源滤波、程序控制、脉冲整形器、波形发生器等方面广泛应用。运放电路的图形符号如图 4.5.2 所示。

就运放的实质而言,它是一种直接耦合的、具有高放大倍数的多级放大器。运放的一个特点是,在线性放大区,其输出电压 v_o 与两个输入电压 v_2 和 v_1 的差值成正比,即

$$v_o = A(v_2 - v_1) \tag{4-5-1}$$

式中,A 为运放的开环放大系数;$v_2 - v_1 = v_d$ 表示差动电压。

图 4.5.3 所示的为运放的近似输入-输出特性。由图 4.5.3 可知运放有如下特性。

① 当 $v_d < -e$ 或 $v_d > e$ 时,输出电压保持定值 $-E_s$ 或 E_s,这一现象称为饱和,是由运算放大器内部晶体管的非线性特性造成的。饱和电压的值略低于外加直流电源的电压。

② $-e \leqslant v_d \leqslant e$ 时,特性曲线为经过原点的直线段,表示输出电压随输入电压的增加而线性增长,这一范围称为运放的线性放大区,直线段的斜率 A 为运放的开环放大系数。运放的 A 值很大,典型值在 2×10^5 以上。

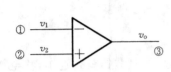

图 4.5.2　运放电路符号

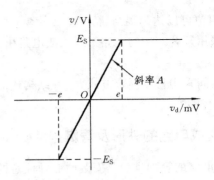

图 4.5.3　运放输入-输出特性

　　若 $v_1=0$，即将端钮①接地，则 $v_o=Av_2$，可见输出电压与输入电压之间只有大小的不同，而无正负符号的改变，所以把端钮②称为同相输入端，在运放的电路符号中用"＋"表示。若 $v_2=0$，即将端钮②接地，则 $v_o=-Av_1$，可见输出电压与输入电压之间除大小的不同外，正负符号也改变，所以把端钮①称为反相输入端，在运放的电路符号中用"－"表示。

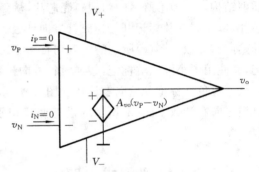

图 4.5.4　运放输入-输出特性电路模型

　　运放的另外两个特点是，由两个输入端观察或由输入端与公共端观察的入端电阻（输入电阻）比较大，典型值在 $2\times10^6\,\Omega$ 以上；由输出端与公共端观察的电阻（输出电阻）比较小，典型值在 $50\sim100\,\Omega$ 之间。运算放大器的这些特点可用图 4.5.4 所示的电路模型来表示。

2. 理想运算放大器特性

　　将上述实际运放进行理想化，即认为输入电阻无穷大，输出电阻无穷小，以及开环放大系数无穷大，即可得到理想运放的下列重要特性。

　　① $v_2-v_1=0$，即理想运放的两个输入端之间的电压等于 0，两个输入端之间趋于短路，这一特性称为"虚短路"。因为开环放大系数无穷大，即 $A=\infty$，由 $v_o=A(v_2-v_1)$ 知，$v_2-v_1=0$。

　　② $i_1=i_2=0$，即理想运放两个输入端的电流为 0，这一特性常称为"虚断路"，因为输入电阻无穷大。

　　③ 由运放的输出端与公共端观察，其间相当于一受控电源，因为假定了输出电阻为 0（无穷小）。

　　理想运算放大器的这些特性，尤其是"虚短路"与"虚断路"特性，对于分析含运放的电路极为重要。以下运用这些特性分析含运放的电路。

　　例如，图 4.5.5 所示的为由运放组成的加法电路，输入信号为 v_{s1} 和 v_{s2}，输出信号为 v_o，各电阻参数如图 4.5.5 所示，现分析其输入、输出之间的关系。

　　由"虚短路"知，$v_-=v_+=0$，又由"虚断路"知，$i_1=0$，$i=i_{s1}+i_{s2}$。于是有

$$i=i_{s1}+i_{s2}=\frac{v_{s1}}{R_1}+\frac{v_{s2}}{R_2} \tag{4-5-2}$$

则输出电压为

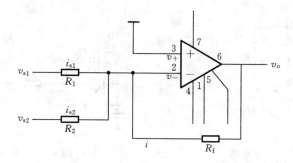

图 4.5.5　运放电路

$$v_o = -iR_f = -\left(\frac{v_{s1}}{R_1} + \frac{v_{s2}}{R_2}\right)R_f \tag{4-5-3}$$

若设 $R_1 = R_2 = R_f$，可得

$$v_o = -(v_{s1} + v_{s2}) \tag{4-5-4}$$

即为一反相加法电路。

3. 理想运算放大器的典型应用

（1）减法器

实际应用中，有时要对两个输入信号之间进行放大，即进行代数相减运算，图 4.5.6 所示的是其中一种电路。

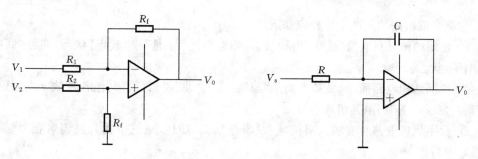

图 4.5.6　减法电路　　　　　　　图 4.5.7　积分电路

（2）积分器

如图 4.5.7 所示，输出电压 V_0 是输出电压 V_s 在时间上的积分。微分电路只需把 R 和 C 位置交换就可以了。

（3）电压比较器

电压比较器用来判别两个输入信号电位之间的相对大小，当同向端电压和反向端电压的差值相等时，比较器输出高电平，反之则输出低电平。它的一个重要应用就是进行电平检测。当同向输入端输入的信号大于反向输入端的参考电压时，比较器输出高电平，反之输出低电平。

（4）电流-电压变换电路（I/V 变换电路）

I/V 变换电路将电流转换成电压，在 D/A 转换器或微电流放大器中被广泛采用，如把电池的输出电流转换成电压就采用 I/V 变换电路，如图 4.5.8 所示。

（5）电容-电压变换电路（C/V 变换电路）

电容式话筒就是一种典型的电容-电压变换器，它将电容变化变成电压变化，电路如图4.5.9

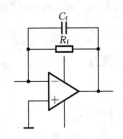

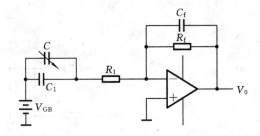

图 4.5.8　I/V 变换电路　　　　　　　图 4.5.9　C/V 变换电路

所示。图中,如果电容改变 C_1,那么它引起的电荷变化为 Δq,可以得到:

$$\Delta V_0 \cdot C_f = \Delta q = V_{GB} \cdot \Delta C_1$$

即　　　　　　　　　　　　　　$$\Delta V_0 = V_{GB} \cdot \Delta C_1 / C_f$$

4.5.3　数字集成电路

数字集成电路是指传输和处理数字信号的集成电路。在电子电路数字化的今天,数字集成电路广泛应用于计算机、自动控制、数字通信、数字雷达、卫星电视、仪器仪表、宇航等许多领域。本节主要介绍数字集成电路的特点、识别,以及一些常见的数字集成电路。

1. 数字集成电路的特点

数字集成电路的一些主要特点如下。

① 使用的信号只有"1"或"0"两种状态,即电路的"导通"或"截止"状态,亦称"高电平"或"低电平"状态。

② 内部结构电路简单,最基本的是"与"、"或"、"非"逻辑门。其他各种数字电路一般都可由"与"、"或"、"非"门电路组成。

③ 数字集成电路具有输入阻抗高、逻辑摆幅大、功耗小、抗干扰和抗辐射能力强、温度稳定性好等特性。

④ 现代数字集成电路向着更高密度、更小功耗发展,从而抗干扰和抗辐射能力进一步得到加强。

2. 门电路

数字集成电路的文字符号为"D",图形符号如图 4.5.10 所示。

常见的数字集成电路有:门电路、触发器、计数器、译码器、寄存器、数据选择器等。下面介绍数字集成电路中最基本的电路——门电路。

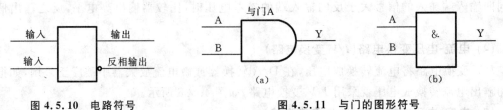

图 4.5.10　电路符号　　　　　　图 4.5.11　与门的图形符号
　　　　　　　　　　　　　　　　（a）国外流行符号；　（b）国标符号

(1) 与门

与门的图形符号如图 4.5.11 所示。其逻辑式为 $Y=A \cdot B=AB$,只有在输入 A 与 B 均为 "1"时,输出 Y 才为"1",否则 Y 输出为"0"。

(2) 或门

或门的图形符号如图 4.5.12 所示。其逻辑式为 $Y=A+B$,只要在输入 A 或 B 中有一个 为"1",输出 Y 就为"1",在 A、B 全为"0"时输出 Y 为"0"。

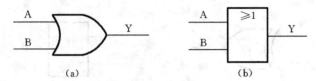

图 4.5.12　或门的图形符号

(a) 国外流行符号；　(b) 国标符号

(3) 非门

非门又叫反相器,其图形符号如图 4.5.13 所示。其逻辑表达式为 $Y=\overline{A}$。当输入 A 为 "1"时,输出 Y 为"0";输入 A 为"0"时,输出为"1"。

图 4.5.13　非门的图形符号

(a) 国外流行符号；　(b) 国标符号

(4) 与非门

与非门由一与门再加一非门构成,其图形符号如图 4.5.14 所示。其逻辑表达式为 $Y=\overline{AB}$。由与门与非门的输入/输出关系即可得到与非门的输入、输出关系:只有在输入 A 与 B 均为"1"时,输出 Y 才为"0",否则 Y 输出为"1"。

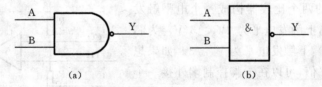

图 4.5.14　与非门的图形符号

(a) 国外流行符号；　(b) 国标符号

(5) 或非门

或非门由一或门再加一非门构成,其图形符号如图 4.5.15 所示。其逻辑表达式为 $Y=\overline{A+B}$。由或门与非门的输入、输出关系即可得到或非门的输入、输出关系:只要在输入 A 或 B 中有一个为"1",输出 Y 就为"0",在 A、B 全为"0"时输出 Y 为"1"。

(6) 异或门

异或门的图形符号如图 4.5.16 所示。其输入、输出逻辑关系为:$Y=A \odot B=A\overline{B}+\overline{A}B$。 在输入 A 与 B 相同(同为"1"或"0")时,输出 Y 为"0",否则输出"1"。

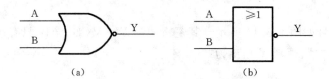

图 4.5.15　或非门的图形符号

（a）国外流行符号；　（b）国标符号

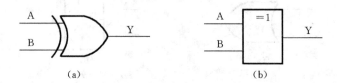

图 4.5.16　异或门的图形符号

（a）国外流行符号；　（b）国标符号

4.5.4　555 时基集成电路

555 时基集成电路是一种将模拟功能与逻辑功能巧妙结合在同一硅片上的组合集成电路。它设计新颖、构思奇巧、用途广泛，备受电子专业设计人员和电子爱好者的青睐，人们将其戏称为伟大的小 IC。1972 年，美国西格尼蒂克斯公司（Signetics）研制出 NE555 双极型时基集成电路，设计原意是用来取代体积大、定时精度差的热延迟继电器等机械式延迟器。但该芯片投放市场后，人们发现这种电路的应用远远超出原设计的使用范围，用途之广几乎遍及电子应用的各个领域。而且由于采用 CMOS 型工艺和高度集成，因此该电路的应用已从民用扩展到火箭、导弹、卫星、航天等高科技领域。

NE555 集成芯片可用作报警电路，定时或延迟电路，无稳态多谐振荡器，DC/DC 转换电路等多种应用场合。其内部结构如图 4.5.17 所示，它内含两个比较器 A_1 和 A_2、一个触发器、一个驱动器和一个放电晶体管。三个 $5k\Omega$ 电阻组成的分压器，内部的两个比较器构成一个电平触发器。当⑤脚悬空时，上触发电平为 $2V_{CC}/3$（V_{CC} 为芯片供电电源的电压），下触发电平为 $V_{CC}/3$。如果想改变上、下触发电平值，可以在⑤脚控制端外接一个参考电源 V_C。比较器 A_1 的输出同与非门 1 的输入端相接，比较器 A_2 的输出端接到与非门 2 的输入端。由于由两个与非门组成的 RS 触发器必须用负极极性信号触发，因此，只有加到比较器 A_1 反相端⑥脚的触发信号，高于同相端⑤脚的电位时，RS 触发器才翻转；而加到比较器 A_2 同相端②脚的触发信号，低于 A_2 反相端的电位时，RS 触发器才翻转。其功能表如表 4.5.1 所示。

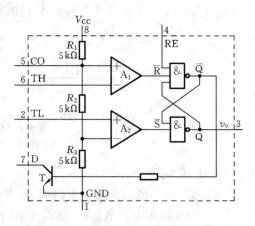

图 4.5.17　NE555 内部结构图

表 4.5.1　NE555 引出端功能表

输　入			输　出	
阈值输入($P_{in}6$)	触发输入($P_{in}2$)	复位($P_{in}4$)	输出($P_{in}3$)	放电管($P_{in}7$)
×	×	0	0	导通
$<2V_{cc}/3$	$<V_{cc}/3$	1	1	截止
$>2V_{cc}/3$	$>V_{cc}/3$	1	0	导通
$<2V_{cc}/3$	$>V_{cc}/3$	1	不变	不变

表 4.5.1 中,×符号是代表任意状态,1 和 0 的含义是逻辑 1 和逻辑 0。在数字电路中,当芯片管脚的电压为高电平时,称该管脚的状态为逻辑 1;而当芯片管脚的电压为低电平时,称该管脚的状态为逻辑 0(具体多少伏为高电平,多少伏为低电平,不同的电平格式有着不同的规范)。

NE555 为非线性模拟集成电路,其工作电源范围宽,能在 4.5～18V 电源范围内工作,驱动能力强,具有 200mA 的吸入或输出电流,可直接推动扬声器、电感等低阻抗负载,芯片内部含有双比较器,输入端可接收来自运放、比较器或其他电路的输出数字或模拟电平信号,阈值触发电流小,仅为 $0.1\sim0.25\mu A$,输出电平可与 TTL、CMOS、HTL 逻辑兼容。NE555 的外形端子排列如图 4.5.18 所示。

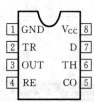

图 4.5.18　NE555 外形图

国产的 CB7555 时基集成电路和进口的 NE555 时基集成电路相比较,同为双极性集成电路,性能可互换,输出驱动能力强。CB7555 为 CMOS 型时基集成电路,静态功耗小,输出驱动能力较弱,工作电源范围宽,为 3～18V,最大负载电流在 4mA 以下。

4.5.5　集成稳压器

所谓集成稳压器就是利用半导体集成技术将稳压电路中的无源元器件与有源元器件都制作在一个半导体芯片或绝缘基片上,这就是稳压电路的集成化。常见的集成稳压器有固定式三端稳压器与可调式三端稳压器两类。

1.　固定式三端稳压器

常见产品有 CW78××、CW79××(国产),LM78××、LM79××(美国),78×× 系列稳压器输出固定的正电压,如 7805 的输出为＋5V,79×× 系列稳压器输出为负电压,如 7905 输出为－5V,有三个管脚(输入、输出、公共端),不需要外接元器件,使用起来十分方便。它们的引脚功能及构成的典型电路如图 4.5.19 所示。其中输入端接电容C_i可以进一步滤除纹波,输出端接电容 C_o能消除自激振荡,确保电路稳定工作。C_i、C_o最好采用漏电流小的钽电容,如果采用电解电容,电容量要比图中数值增加 10 倍。

2.　可调式三端稳压器

可调式三端稳压器输出连续可调的直流电压,常见产品有 CW317、CW337(国产),LM317、LM337(美国)。317 系列稳压器输出连续可调的正电压,337 系列稳压器输出连续可

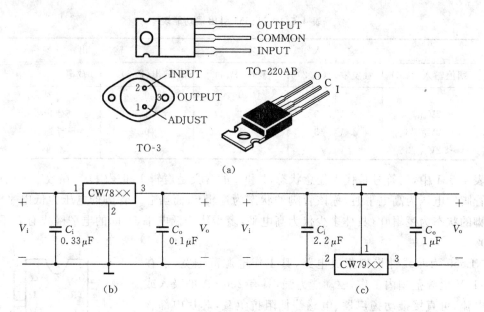

图 4.5.19　固定式三端稳压器引脚功能及构成的典型电路

(a) 引脚图;　(b) 78×× 系列的典型应用电路;　(c) 79×× 系列的典型应用电路

调的负电压,可调范围为 1.2~37V,最大输出电流 i_{omax} 为 1.5A。稳压器内部含有过热、过流保护电路,具有安全可靠、使用方便、性能优良等特点。CW317 与 CW337 系列引脚功能相同,如图 4.5.20 所示。其中,R_1 与 RP_1 组成电压输出调节电路,输出电压 V_o 的表达式为:

$$V_o = (R_1 + RP_1) \times \frac{1.2}{R_1} \tag{4-5-5}$$

式中:$R_1 = 120~240\Omega$,流经 R_1 的泄放电流为 5~10mA,RP_1 为精密可调电位器。

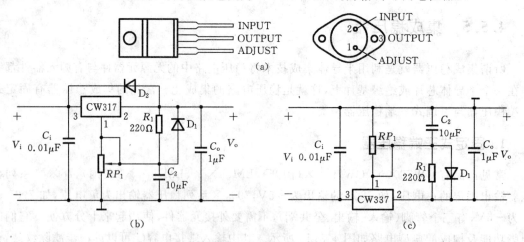

图 4.5.20　可调式三端稳压器引脚功能及其构成的典型电路

(a) 引脚图;　(b) CW317 的典型应用电路;　(c) CW337 的典型应用电路

电容 C_2 与 RP_1 并联组成滤波电路,减小输出的纹波电压,二极管 D_1 的作用是防止输出端对地短路时,C_2 上的电压损坏稳压器,二极管 D_2 的作用与 D_1 相同,当 RP_1 上电压低于 7V 时可省略 D_2,CW317 是依靠外接电阻给定输出电压的,所以 R_1 应紧接在稳压输出端和调整端之间,否则输出端电流大时,将产生附加压降,影响输出精度。

CW200 是一种五端可调正压单片集成稳压器。输出电压范围为 $2.85\sim36\mathrm{V}$,并连续可调。它的使用很方便,仅用两个外接取样电阻,就可以调到所需电压值,其特点是稳压器芯片内部设有过流、过热保护和调整管安全工作区保护电路,使用安全可靠。图 4.5.21 所示的是一种应用电路。

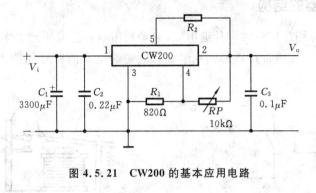

图 4.5.21 CW200 的基本应用电路

4.6 继 电 器

继电器是一种常用的控制器件,它可以用小电流来控制较大电流,用低压控制高压,用直流电控制交流电等,并可以实现控制电路与被控电路之间的隔离,广泛应用在自动控制电路中,起着自动操作,自动调节,安全保护等作用。

常用的继电器有电磁继电器和固态继电器两种,如图 4.6.1 所示。

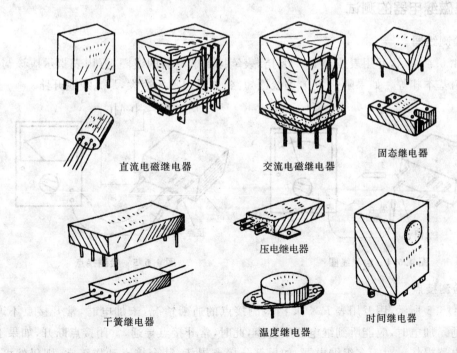

直流电磁继电器　　　　交流电磁继电器　　　　固态继电器

干簧继电器　　　温度继电器　　　时间继电器

压电继电器

图 4.6.1 继电器

4.6.1　电磁继电器

1. 电磁继电器的结构

电磁继电器是应用最广泛的一种继电器,它是利用电磁感应原理工作的器件,通常由一个带铁芯的线圈,一组或几组带接点的簧片组成。电磁继电器的符号如图 4.6.2 所示。线圈用带有 K 的方框表示。

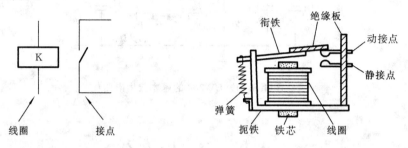

图 4.6.2　继电器电气符号　　　　　图 4.6.3　继电器内部结构图

继电器内部由铁芯、线圈、衔铁、动接点、静接点等部分组成,结构如图 4.6.3 所示。平时,衔铁在弹簧的作用下向上翘起。当工作电流通过线圈,铁芯被磁化,使衔铁向下运动,推动动接点与静接点接通,实现对被控电路的控制。根据线圈工作电压的不同,电磁继电器分为直流继电器,交流继电器和脉冲继电器等类型。

2. 电磁继电器的测试

(1) 检测线圈

如图 4.6.4 所示,万用表拨至 $R \times 1k$ 挡,表笔接到继电器的线圈,万用表指示应该与继电器线圈阻值基本相等。如果阻值为 0,则线圈短路;如果阻值无穷大,那么线圈开路。

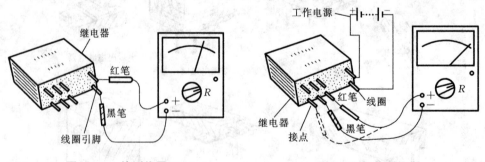

图 4.6.4　检测线圈　　　　　　　图 4.6.5　检测接点

(2) 检测接点

如图 4.6.5 所示,用万用表 $R \times 1k$ 挡检测接点的通断情况,未加电时,常开接点不通,常闭接点导通。加电时,应能听到继电器吸合声,此时,常开接点导通,常闭接点断开,如果不是,则说明继电器损坏。对于多组继电器,如果部分接点损坏,其余接点动作正常,则仍然可以使用。

3. 继电器的附加电路

（1）串联 RC 电路

在继电器线圈电路中串入 R、C，当电路闭合瞬间，电流可以从电容 C 通过，使继电器的线圈流过此稳态时更高的电流。电路稳定后电容不起作用。

（2）并联 RC 电路

在继电器线圈两端并上 R、C，当断开电源时，线圈中由于自感而产生的电流经 R、C 放电，使电流衰减缓慢，从而延长了衔铁释放的时间。

（3）并联二极管电路

当线圈中电流突然减小时，在线圈两端会感应出瞬间的高压，该电压可能导致驱动线圈的晶体管击穿而损坏，在线圈两端并接二极管可以吸收该电动势，起到保护作用，如图 4.6.6 所示。

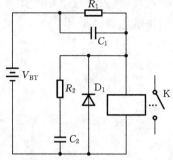

图 4.6.6 继电器附加电路

4.6.2 固态继电器

固态继电器（Solid State Relay，简称 SSR）是采用固体元件组装而成的一种新颖的无触点开关器件。该器件具有许多独特的优点。

1. 固态继电器的结构

固态继电器是采用电子电路实现继电器的功能，依靠光电耦合实现控制电路与被控电路的隔离的。固态继电器分为直流式和交流式两大类，分别如图 4.6.7 和图 4.6.8 所示。

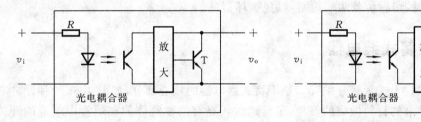

图 4.6.7 直流式继电器　　　　　　**图 4.6.8 交流式继电器**

2. 固态继电器的特点

固态继电器的输入端要求小的控制电流（可小到几 mA），与 TTL、HTL、CMOS 等集成电路具有良好兼容性，而输出端则采用大功率晶体管或双向晶闸管来接通或断开负载电源。由于 SSR 的接通和断开没有机械接触部件，因此该器件具有工作可靠、开关速度快、工作频率高、寿命长、噪声低等特点。目前在许多自动控制装置中已代替了常规的机电式继电器（简称 MER），而且还用于 MER 无法应用的领域，例如，计算机接口电路，数据处理系统的终端装置，数字程控装置，测量仪表中的微电机控制，各种调温、控温装置，自动售货机，货币兑换机，工作频繁的交通信号开关，以及一些耐潮、耐腐蚀的特殊装置和防爆场合之中。

3. 固态继电器的测试

固态继电器的输入端可以用万用表检测。方法是:万用表置于 $R\times 10k$ 挡,黑表笔接 SSR 输入端的正极,红表笔接 SSR 输入端的负极,表针应偏转过半,如图 4.6.9 所示。将两表笔对调后再测,表针应不动。如果无论正向接入还是反向接入,表针都偏转到头或者都不动,则表明该继电器已损坏。

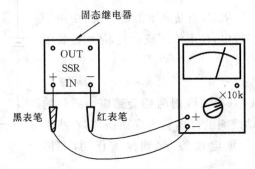

图 4.6.9　固态继电器的测试

4. 使用固态继电器注意事项

① SSR 的负载能力要随温度升高而下降。因此,当使用温度较高时,选用时必须留有一定余量。

② 当 SSR 断开和接通电感性负载时,在 SSR 的输出端必须加接 R_M 压敏电阻,其额定电压的选择可以取电源电压有效值的 1.9 倍。

③ 因为组成 SSR 的内部电子元件均具有一定漏电流,其值通常为 $5\sim 10mA$,故在使用时,尤其是在开断小功率电机和变压器时,容易产生误动作。

④ SSR 使用时,切忌负载两端短路,以免损坏器件。

4.6.3　干簧式继电器

干簧管,全称叫"干式舌簧开关管",是干簧式继电器的核心部分,如图 4.6.10 所示。它是由两片既导磁又导电的材料做成的簧片,平行地封入充有惰性气体的玻璃管中组成的开关元件。两簧片端部重叠并留有一定的空隙以构成接点。干簧管接点形式有常开接点和转换接点两种。常开接点干簧管结构如图(a)所示,转换接点干簧管结构如图(b)所示,簧片 1 用导电不导磁的材料作成,簧片 2、3 用导电又导磁的材料制成,平时,靠弹性簧片 1 和 3 闭合,当永久磁铁靠近它时,簧片 2 和 3 被磁化而吸引闭合,这样就构成一个转换开关。

当永久磁铁靠近干簧管或由绕在干簧管上面的线圈通电后形成磁场使簧片磁化时,簧片

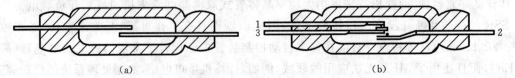

(a)　　　　　　　　　　　　　　(b)

图 4.6.10　干簧式继电器的外形

的接点部分就感应出极性相反的磁极而相互吸引,当吸引的磁力超过簧片的弹力时,接点就吸合;当磁力减小到一定值时,接点又打开。把干簧管置于线圈内,就制成了干簧式继电器。

4.7 LED 数码管

4.7.1 LED 数码管的结构及驱动方法

1. LED 数码管的结构

数字系统中,常用数码显示器来显示系统的运行状态及工作数据,LED 数码管是最常用的一种数码显示器。

LED 数码管是由发光二极管显示字段组成的显示器,分为共阴极和共阳极两种,分别如图 4.7.1 的(a)和(b)所示。数码管显示原理如图 4.7.2 所示,共阴极 LED 数码管的发光二极管的阴极连接在一起,通常此公共阴极接地,当某个发光二极管的阳极为高电平的时候,发光二极管点亮,相应的段被显示。同样,共阳极 LED 数码管的发光二极管的阳极连接到一起,通常此公共阳极接正电压,当某个发光二极管的阴极接低电平时,发光二极管被点亮,相应的段被显示。图中,两个数码管都有 h 显示段,用于显示小数点。

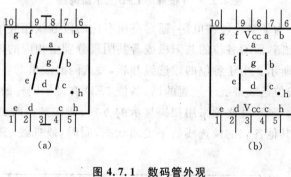

图 4.7.1 数码管外观
(a) 共阴极; (b) 共阳极

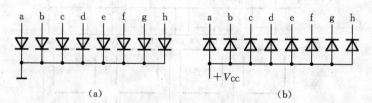

图 4.7.2 LED 数码管内部结构
(a) 共阴极; (b) 共阳极

通过各个段的不同组合可以显示相应的数字或者字母信息。比如,对于共阳极数码管,如果要显示数字 0,那么引脚 a、b、c、d、e、f 为低电平,g、h 为高电平,如果按照 h、g、f、e、d、c、b、a 的排列格式,则数字 0 的共阳极显示码为 C0H。如果是共阴极数码管,那么显示码为 3FH。同理可以得到其他数字和字母的显示码。

使用时注意：LED 的工作电流一般为 10mA 左右，这样既保持亮度适中又不会损坏器件。

2. 数码显示器的分类

数码显示器按尺寸可分为小型和大型两类；按位数可划分为一位，双位，多位（比如，4位）。一位 LED 显示器就是通常所说的 LED 数码管，两位以上的才说显示器。多位 LED 显示器是将多只数码管封装在一起的，其特点是结构紧凑，成本低（与比它位数少的显示器比较）。多位的 LED 显示器可以采用静态显示方式，也可以采用动态扫描显示方式。

静态显示方式如图 4.7.3 所示。各位的共阴极（共阳极）连接到一起并接地（接正电源），每位的段选线分别与各位的显示电路相接，每段的显示互相独立不受影响。

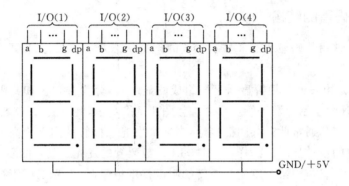

图 4.7.3　4 位静态 LED 显示器电路

多位 LED 显示时，为了简化硬件电路，通常将所有位的段选线相应地接到一起并联起来，由一个显示驱动电路控制，而将各位的共阳极或者共阴极分别由相应的口线控制，实现各位的分时选通，如图 4.7.4 所示。由于各位的段选线并联，段选码的输出对各位来说是相同的。因此，同一时刻，如果各位位选线都处于选通的话，各位 LED 将显示同样的字符。如果要各位显示出与本位相应的显示字符，就必须采用扫描显示的方式，即在某一时刻，只让某一位的位选线处于选通的状态，而其他各位的位选线处于关闭状态，同时，段选线上输出相应位要显示字

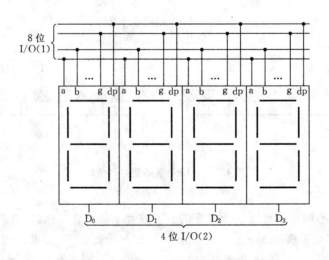

图 4.7.4　4 位 LED 动态显示电路

符的字码,这样同一时刻,4 位 LED 中只有选通的那一位显示出字符,而其他 3 位则是熄灭的。这样以一定的速度轮流显示各位,可以造成多位同时亮的假象,达到显示的目的。

3. LED 数码管的性能特点

① 能在低电压、小电流驱动下发光,能与 CMOS,TTL 电路兼容;
② 发光响应时间极短(小于 0.1μs),亮度好,单色性好;
③ 体积小,寿命长。

4. LED 管脚的测试

由于它是由晶体二极管组成的,所以其测试与普通的二极管相似。对于共阴极的,用万用表的红表笔接数码管的"－"极,黑表笔分别接其他各脚。测共阳极时,黑表笔接数码管的"＋",红表笔接其他各端;也可以直接用 3V 左右的直流电源(比如,两节电池串联)测量,将一个300Ω左右的电阻串接在电路中,引脚对应相接,看其各字段是否点亮,便知好坏。

4.7.2 LCD 液晶显示器

液晶是介于固体和液体之间的一种有机化合物。利用液晶的电光效应制作成的显示器就是液晶显示器(LCD)。

图 4.7.5 示出了液晶显示的工作原理,它一般是将上下两块具有透明电极的玻璃叠放(留有一定间隙),四周封装在一起,封装边框上留有一个注入口。从注入口抽真空并注入液晶材料后,封好注入口,在玻璃上下表面各贴一片偏振方向互相垂直的偏振片,底部再加一块反射板。

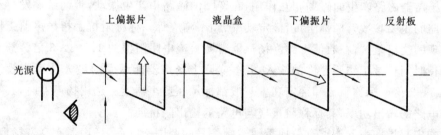

上偏振片　　　液晶盒　　　下偏振片　　　反射板

光源

图 4.7.5　液晶显示的工作原理

有光线入射时,上偏振(位于上电极玻璃片的外侧)使其偏振方向平行于邻近分子的方向,则入射光线的偏振方向会被液晶分子的螺旋形结构转 90°。所以在不加电场时被液晶分子扭转了 90°的入射偏振光能通过下偏振片,到达反射极并沿路反射回来,盒呈透亮,便能看到反射板,呈白底;当上下电极之间加上电压,并足以破坏液晶分子的扭曲作用时,液晶层便失去旋光性,入射偏振光不再旋转,而与上偏振片的偏振方向相差 90°,光被吸收,无光反射回来,自然就看不到射极,在电极部位出现黑色,于是实现了白底黑字的显示。利用该效应,根据需要可制成不同的电极,从而显示不同的内容。为了延长液晶寿命并节约电池,液晶显示器采用交流驱动方式,一般驱动电压幅度为 3V。

4.8　电声器件

4.8.1　扬声器

扬声器是将电信号转化为声音的器件,俗称喇叭。按换能方式可分为电动式扬声器、舌簧式扬声器、压电式扬声器、气动式扬声器等;按结构可分为纸盆式扬声器、球顶式扬声器、号筒式扬声器、带式扬声器、平板式扬声器等。扬声器的符号如图4.8.1所示。几种扬声器的外形如图4.8.2所示。

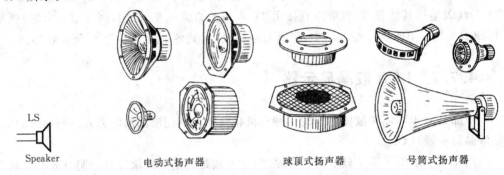

LS

Speaker

图 4.8.1　扬声器的符号

电动式扬声器　　球顶式扬声器　　号筒式扬声器

图 4.8.2　几种扬声器外形

电动式扬声器由磁铁(路)和振动系统组成,音频电流通过扬声器音圈时,由音频电流产生的磁场与扬声器磁路产生的磁场相互作用,在音圈的磁路中产生振动,带动纸盆发声。

扬声器的主要参数有标称阻抗、额定功率、频率响应等。标称阻抗是指扬声器工作时对输入信号呈现的交流阻抗,在数值上约为扬声器音圈直流电阻阻值的1.2~1.3倍。额定功率是指扬声器长时间正常工作所允许的输入功率,实际上扬声器能承受的最大功率一般为其额定功率的1.5~2倍。标称阻抗和额定功率一般都标示在扬声器上。选用扬声器时,其额定功率应不小于电路的输出功率,其标称阻抗应与电路的输出阻抗匹配。

频率响应是指扬声器能够有效地重放音频信号的范围。因此,扬声器有高音扬声器,中音扬声器,低音扬声器和全频扬声器之分。

球顶式扬声器按其工作原理属于电动式扬声器,但取消了纸盆,采用球顶式振膜,具有高频响应好、声音清晰响亮的特点,多用于高档分频式组合音箱中。

号筒式扬声器由发音头和号筒两部分组成,号筒式扬声器多是高音扬声器,多用在高档音箱中。室外广播用的高音喇叭是一种号筒式扬声器。

耳机、立体声耳机、微型直流音响器等也是电声转换器件。耳机主要用于个人聆听,微型直流音响器则用于报警、寻呼机、电子玩具等场合。

4.8.2　传声器

传声器(又称话筒)是将声音信号转换为电信号的一种电声器件。其图形符号如图4.8.3

所示。传声器筒也有许多种类,如动圈式、电容式、驻极体式、晶体式、铝带式、炭粒式等。较常用的是动圈式话筒和驻极体式传声器,如图 4.8.4 所示。

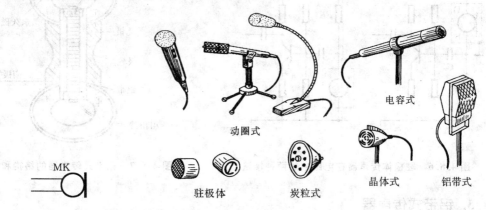

图 4.8.3　传声器的符号　　　　图 4.8.4　各种传声器外形

1. 动圈式传声器

在结构原理上,它与电动式扬声器相似,也由磁钢、音圈和音膜组成。由于传声器音圈处于磁场中,当声波使音膜振动时,音膜带动音圈相应振动,使音圈相应振动,使音圈切割磁力线产生感应电压,完成声电信号的转换。

一般动圈式传声器的灵敏度多在 0.6mV/Pa 到 5mV/Pa,频率响应在 $100\sim1000$Hz,质量较好的为 $40\sim1500$Hz,更好的可达 20kHz~20kHz。就输出阻抗而言,一般将输出阻抗小于 2kΩ 的称低阻抗传声器,大于 2kΩ(大都是 10kΩ)的称为高阻抗传声器。

2. 驻极体传声器

驻极体传声器也称驻极体话筒,属电容式话筒的一种。其内部含有一个场效应管作放大之用,因此拾音灵敏度较高。驻极体传声器面上是防尘网,是受话面。传声器底部有两个或三个接点,其中与金属外壳相连的是接地端。

驻极体传声器有四种连接方式,如图 4.8.5 所示。

驻极体传声器在电路中有两种接法,即源极输出方式与漏极输出方式,分别如图 4.8.6 (a)、(b)所示。源极输出方式的输出阻抗小于 2kΩ,电路比较稳定,动态范围大,但输出信号比漏极小。漏极输出类似三极管的共射极放大器,输出有电压增益,但电压动态范围略小。

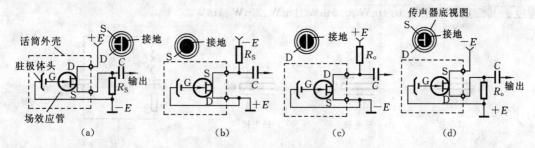

图 4.8.5　驻极体传声器的几种连接方式

(a) 负极地 S 极输出;　(b) 正极地 S 极输出;　(c) 负极地 D 极输出;　(d) 正极地 D 极输出

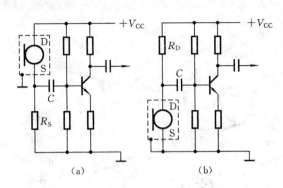

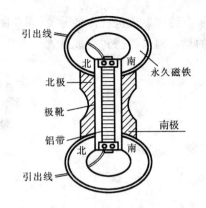

图 4.8.6　驻极体传声器在电路中的两种接法　　　图 4.8.7　铝带式传声器的结构和外形

3. 铝带式传声器

铝带式传声器是用有折纹的很薄的铝带悬在一对强磁极之间构成的,如图 4.8.7 所示。铝带的轴向与磁力线垂直,而带面则与磁力线平行。磁带受声波的作用而振动时切割永久磁铁的磁力线,于是在铝带的两端就感应出电压来了。

铝带式传声器是双向性的传声器,铝带的重量很轻,较低和较高频率的声波都能使它振动,因此频率响应较好,用在固定的录音室作音乐录音是很合适的。

4.9　石英晶体振荡器

石英晶体振荡器是一种稳定频率和选择频率的电子元件,是一种可以取代 LC 谐振回路的晶体谐振元件。它的工作原理基于晶片的压电效应,当晶片两面加上交变电压时,晶片将随着交变信号的变化而产生机械振动。当交变电压的频率与晶片的固有频率相同时,机械振动最强,电路中的电流也最大。石英晶体振荡器的电路符号及内部等效电路如图 4.9.1 所示。

石英晶体振荡器的主要参数有标称频率、负载电容、激励电平等。

① 标称频率:石英晶体振荡器的振荡频率,它与负载电容的容量有关。

② 负载电容:与石英晶体振荡器各引脚相关联的总有效电容(包括应用电路内部与外围各电路)之和。负载电容常用的标称值有 16pF、20pF、30pF、50pF、100pF。

③ 激励电平:石英晶体振荡器工作时所消耗的有效功率。该值决定电路工作频率的稳定程度。其常用标称值有 0.1mW、0.5mW、1mW、2mW、4mW。

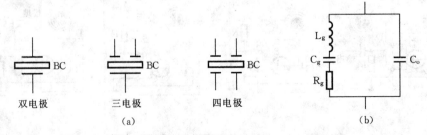

图 4.9.1　石英晶体振荡器的电路图符号及内部等效电路

石英晶体振荡器广泛应用于电视机、影碟机、录像机、无线通信设备、电子钟表、数字仪器仪表等电子设备中。

4.10　电　　机

电机的种类很多,分类方法也很多。发电机和电动机是电机的两种形式,其本身是可逆的。下面对直流电动机、交流电动机、步进电机作简要介绍。

4.10.1　直流电动机

录音机和录像机中有许多传动机构,带动这些传动机构运行的动力源都是直流电动机(简称电机,俗称马达)。图 4.10.1 所示为直流电动机的实物图。

1. 直流电动机的分类

直流电动机主要包括两个部分,即静止部分(称为定子)和转动部分(称为转子,亦叫电枢)。直流电动机的分类通常是按定子磁场的不同而划分的,可以分为两大类:一类是永磁式直流电动机,它的定子磁极是由永久磁铁组成的;另一类是励磁式直流电动机,其定子磁极是由铁芯和励磁线圈组成的。

永磁式直流电动机的体积小,功率小,且运转速度稳定,录音机、录像机等家用电器中的电动机大多使用永磁式直流电动机。

励磁式直流电动机的定子磁极由铁芯和激磁绕组组成,根据励磁绕组的供电方式的不同,励磁式直流电动机又可分为它励式、并励式、串励式和复励式等四类。

图 4.10.1　直流电动机实物图

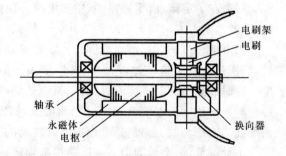

图 4.10.2　直流电动机的结构

2. 直流电动机的结构及参数值

直流电动机的结构如图 4.10.2 所示。直流电动机的额定值主要有以下几项:

① 额定功率 P_N,单位为 W 或 kW;

② 额定电压 U_N,单位为 V;

③ 额定电流 I_N,单位为 A;

④ 额定转速 n_N,单位为 r/min;

⑤ 额定效率 η_N；

⑥ 额定转矩 T_N，单位是 N·m。

额定功率（也叫额定容量）定义为电动机的额定输出功率。对电动机来说，是指转轴上（机械端口）输出的机械功率，因而

$$P_N = \eta_N V_N I_N \tag{4-10-1}$$

3. 直流电动机的工作原理

图 4.10.3 是直流电动机电枢转动原理示意图，将电源的正、负两极通过电刷 A 和 B 与电动机接通，在图 4.10.3(a)所示的瞬间，直流电流通过电刷 A、换向片Ⅰ、线圈边 ab 和 cd，最后经换向片Ⅱ及电刷 B 回到电源的负极。根据电磁感应理论，载流导体 ab 和 cd 在磁场中受到电磁力的作用，这个力的大小为：

$$F = BlI \tag{4-10-2}$$

式中，I 为流过线圈的电流(A)；l 为线圈边的有效长度(m)；B 为气隙磁通密度。

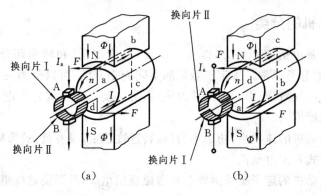

图 4.10.3　直流电动机工作原理示意图

根据左手定则，由于导体 ab 中的电流方向由 a 到 b，而导体 cd 中的电流方向由 c 到 d，因此，两者的受力方向均为逆时针方向。这样就产生一个转矩，使电枢逆时针方向旋转。

当电枢转过 90°时，两个线圈边处于磁场物理中性面($B=0$)上，而且电刷也不与换向片接触，线圈中没有电流流过，$F=0$，转矩消失。但是，由于机械惯性的作用，电枢将冲过一个角度。这时线圈中又有电流流过，其电流流通路径为：通过电刷 A、换向片Ⅱ、线圈边 dc 和 ba，最后经换向片Ⅰ及电刷 B 流到电源的负极，如图 4.10.3(b)所示。由图可见，根据左手定则，两个线圈边受力的方向仍是电枢逆时针转动的方向。

由此可见，一个线圈边从一个磁极范围经过中性面到了相邻的异性磁极范围时，通过线圈的电流方向已改变一次，因而电枢的转动方向保持不变。线圈中电流方向的改变是靠换向器和电刷来完成的。

4.10.2　交流电机

交流电机主要分为同步电机和异步电机两类。这两类电机虽然在励磁方式和运行特性上有很大差别，但它们的定子绕组的结构形式是相同的。

异步电机也叫感应电机，主要作电动机使用。异步电机广泛用于工农业生产中，例如机床、水泵、冶金、矿山设备与轻工机械等都用它作为原动机，其容量从几千瓦到几千千瓦。日益

普及的家用电器,例如,洗衣机、风扇、电冰箱、空调器中采用单相异步电动机,其容量从几瓦到几千瓦。在航天、计算机等高科技领域,控制电机得到广泛应用。异步电机也可以作为发电机使用,例如小水电站、风力发电机也可采用异步电机。

异步电机之所以得到广泛应用,主要由于它有如下优点:结构简单、运行可靠、制造容易、价格低廉、坚固耐用,而且有较高的效率和相当好的工作特性。

异步电机主要的缺点是:目前尚不能经济地在较大范围内平滑调速以及它必须从电网吸收滞后的无功功率,虽然异步电机的交流调速已有长足进展,但成本较高、尚不能广泛应用;在电网负载中,异步电机所占的比重较大,这个滞后的无功功率对电网是一个相当重的负担,它增加了线路损耗,妨碍了有功功率的输出。当负载要求电动机单机容量较大而电网功率因数又较低的情况下,最好采用同步电动机来拖动。

同步电机与异步电机的根本区别是转子侧(特殊结构时也可以是定子侧)装有磁极并通入直流电流励磁,因而具有确定的极性。定、转子磁场相对静止,以及气隙合成磁场恒定是所有旋转电机稳定实现机电能量转换的两个前提条件,因此,同步电机的运行特点是转子的旋转速度必须与定子磁场的旋转速度严格同步,并由此而得名。

同步电机主要用作发电机,世界上的电力几乎全部都由同步发电机发出。同步电机也作电动机运行,其特点是可以通过调节励磁电流来改变功率因数。正因为如此,同步电机有一种特殊运行方式,即接于电网作空载运行,称之为调相机,专门用于电网的无功补偿,以提高功率因数,改善供电性能。

4.10.3　步进电动机

步进电动机是一种将电脉冲转化为角位移的执行机构。图 4.10.4 所示的为一简单的步进电动机的实物图。通俗一点讲:步进电动机是用电脉冲驱动的,当步进驱动器接收到一个脉冲信号时,它就驱动步进电动机按设定的方向转动一个固定的角度(即步进角)。可以通过控制脉冲个数来控制角位移量,从而达到准确定位的目的;同时可以通过控制脉冲频率来控制电动机转动的速度和加速度,从而达到调速的目的。

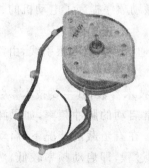

图 4.10.4　步进电动机实物图

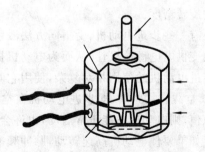

图 4.10.5　单极四相步进电动机的结构

1. 步进电动机的分类

步进电动机分为三种:永磁式(PM)、反应式(VR)和混合式(HB)。永磁式步进电动机一般为两相,转矩和体积较小,步进角一般为 7.5°或 15°;反应式步进电动机一般为三相,可实现大转矩输出,步进角一般为 1.5°,但噪声和振动都很大。欧美等发达国家在 20 世纪 80 年代已将其淘汰;混合式步进电动机是指混合了永磁式和反应式优点的步进电动机。它又分为两相和五相:两相步进角一般为 1.8°,而五相步进角一般为 0.72°。

这种步进电动机的应用最为广泛。

不同类型的步进电动机的结构差异会很大,这里介绍最普遍的单极四相步进电动机的结构,单极步进电动机实际上是两个电动机叠在一起的,如图 4.10.5 所示,每一电动机由两只绕组构成。一对电动机有四个绕组,每一个绕组要引出一根线,这样从电动机要引出 8 条线。通常,绕组的公共线结合在一起,这样就把引线减到 5 根或 6 根,而不是 8 根。

2. 步进电动机的驱动

(1) 波动步顺序

在应用中,步进电动机的公共线接在电源的正极(有时也接在负极)。把绕组接电源的地线,并在一个短时间内,每一个绕组依次受到激励,电动机轴就旋转一圈的几分之一。为使轴正确地旋转,绕组必须正确地受到激励。例如,按引线 1、2、3、4 顺序激励,电动机顺时针方向旋转,按其相反激励,电动机逆时针旋转,如图4.10.6所示。

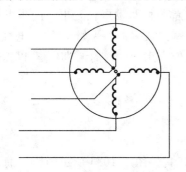

图 4.10.6　波动步顺序接线

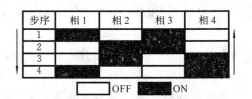

步序	相1	相2	相3	相4
1				
2				
3				
4				

☐ OFF　　■ ON

图 4.10.7　四步顺序示意图

(2) 四步顺序

波动步顺序是单极步进电动机的基本驱动技术。另外,更好的方法是以 on-on/off-off 四步顺序同时激励 2 只绕组,如图 4.10.7 所示。这种增强性激励顺序提高了电动机的驱动功率和轴的旋转精度。

还有一些步进电动机,受不同方法激励。单极型是最普通的。它有四根引线,由四步的每一步改变供电电源的极性,从而为电动机提供脉冲激励。

步进电动机的使用相对复杂,使用它时要考虑其诸多的技术参数,其主要技术参数如下。

① 空载启动频率,即步进电动机在空载情况下能够正常启动的脉冲频率,如果脉冲频率高于该值,则电动机不能正常启动,也许会发生失步或堵转。在有负载的情况下,启动频率应更低。如果要使电动机高速转动,脉冲频率应该有一个加速过程,即启动频率较低,然后按一定加速度升到所希望的高频(电动机转速从低速升到高速)。

② 保持转矩(Holding Torque):步进电动机通电还没有转动时,定子锁住转子的力矩。它是步进电动机最重要的参数之一,通常步进电动机在低速时的力矩接近保持转矩。由于步进电动机的输出力矩随速度的增大而不断衰减,输出功率也随速度的增大而变化,所以保持转矩就成为衡量步进电动机最重要的参数之一。比如,当人们说 2N·m 的步进电动机,在没有特殊说明的情况下是指保持转矩为 2N·m 的步进电动机。

③ 步进电动机的相数。为使单极步进电动机正确地旋转，需要把 4 个脉冲顺序地加到各个绕组。当然，所有步进电动机至少有 2 相，较多的有 4 相，某些有 6 相。通常，相数越多越精密。

④ 步距角：表示步进电动机每受到一个脉冲激励所转动的角度。

⑤ 额定电压电流。一般步进电动机工作在 5V、6V、12V。与直流电动机不同，即使所加的电压高于步进电动机标定值，也不会使其快速运行，但可以使它获得较高的保持转矩。

4.11　开关及接插元件

开关及接插元件可以通过一定的机械动作完成电气的连接或断开。它的主要功能有：

① 传输信号和输送电能；

② 通过金属接触点的闭合或开启，其所联系的电路也将接通或断开。

由于这类元件大多是串联在电路中，起着连接各个系统或电路模块的作用，因此其质量和可靠性将直接影响整个电路系统及设备的质量和可靠性。其中，最突出是接触可靠性问题，接触不可靠，不仅会影响信号和电能的正确传送，而且也是电路噪声的主要来源之一。统计数字表明，设计者若能合理选择和正确使用开关、接插元件，将会大大降低整机电路的故障率。

影响开关及接插元件（以下简称接插件）的可靠性的主要因素是温度、潮湿、盐雾、工业气体和机械振动等。高温影响弹性材料的力学性能，容易造成应力松弛，导致接触电阻增大，并使绝缘材料的性能变坏；潮湿使接触点受到腐蚀并造成绝缘电阻下降；盐雾使接触点和金属零件被腐蚀；工业气体二氧化硫或二氧化氢对接触点特别是银镀层有很大的腐蚀作用；振动易造成焊接点脱落，接触不稳定。选用开关及接插件时，除了应该根据产品技术条件规定的电气、机械、环境要求以外，还要考虑元件动作的次数、镀层的磨损等因素。

在对可靠性要求较高的地方，为了有效地改善开关的性能，可以使用固体薄膜保护剂。

4.11.1　接插件的分类

习惯上，常按照接插件的工作频率和外形结构特征来分类。

按接插元件的工作频率分类，有低频接插元件和高频接插元件两种。低频接插元件通常是指适合在频率 100MHz 以下工作的连接器；适合在频率 100MHz 以上工作的高频接插件，在结构上需要考虑高频电场的泄漏、反射等问题，一般都采用同轴结构，以便与同轴电缆连接，所以也称为同轴连接器。

按照外形结构特征分类，常见的有圆形接插件、矩形接插件、印刷版接插件、带状电缆接插件等。

4.11.2　几种常用的接插件

1. 圆形接插件

圆形接插件俗称航空插头、插座，如图 4.11.1 所示。它有一个标准的螺旋锁紧机构，特点是接点多和插拔力较大,连接方便,抗振性极好,容易实现防水密封及电磁屏蔽等特殊要求。适用于大电流连通,广泛应用于不需要经常插拔的印制电路板之间或设备整机(插座紧固在金属机箱上)之间的电气连接。这类连接器的接点数目从两个到多达近百个,额定电流可从1A到数百安培,工作电压均在$300\sim500$V之间。

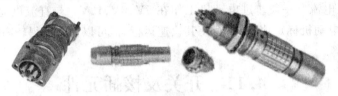

图 4.11.1　圆形接插件

2. 矩形接插件

矩形接插件如图4.11.2所示。矩形接插件的体积较大,电流容量也较大,并且矩形排列能够充分利用空间,所以这种接插件被广泛用于印制电路板上安培级电流信号的互相连接。

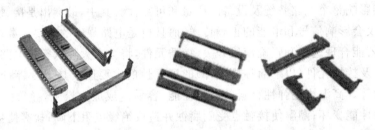

图 4.11.2　矩形接插件

有些矩形接插件带有金属外壳及锁紧装置,可以用于机外的电缆之间和印制电路板与面板之间的电气连接。

3. 印制电路板接插件

印制电路板接插件用于直接连接印制电路板,结构形式有直接型、绕接型、间接型等,如图4.11.3所示。目前印制电路板插座的型号很多,可分为单排、双排两种,引线数目从7线到一百多线不等。在计算机的主机板上最容易见到印制电路板插座,用户选择的显卡、声卡等就是通过这种插座与主机板实现连接的。

另外,连接器的簧片有镀金、镀银之分,要求较高的场合应用镀金簧片的连接器。

图 4.11.3　印制电路板接插件

4. D 型连接器

如图 4.11.4 所示，D 形连接器具有非对称定位和连接锁紧机构，常见的连接点数为 9，15，25，37 等几种，可靠性高，定位准确，广泛用于各种电子产品机内及机外连接。

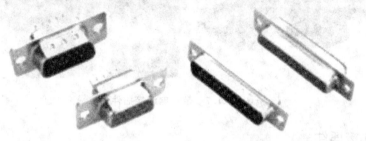

图 4.11.4　D 型连接器

5. 同轴接插件

同轴接插件又叫做射频接插件或微波接插件，用于同轴电缆之间的连接，工作频率均在数千兆赫以上，如图 4.11.5 所示。

图 4.11.5　同轴接插件

6. 音频接插件

图 4.11.6 所示的接插件通常用于音频设备信号传输，按插头、插孔的尺寸（直径）分别有 2.5mm、3.5mm、6.35mm 三种，直径为 2.5mm 的用于微型收音机耳机，直径 6.35mm 的用于台式设备音频信号，直径 3.5mm 的广泛用于各种袖珍式及便携式音像设备产品及多媒体计算机设备中。

图 4.11.6　音频接插件

7. 带状电缆接插件

带状电缆是一种扁平电缆，从外观看像几十根塑料导线并排粘合在一起。带状电缆占用空间小、轻巧柔韧、布线方便、不易混淆。带状电缆插头是电缆两端的连接器，它与电缆的连接不用焊接，而是靠压力使连接端内的刀口刺破电缆绝缘层实现电气连接，工艺简单可靠，如图 4.11.7 所示。带状电缆接插件的插座部分直接装配焊接在印制电路板上。

带状电缆接插件多用于数字信号传输,广泛应用于计算机上。

图 4.11.7 带状电缆接插件

8. 插针式接插件

插针式接插件如图 4.11.8 所示。插座可以装配焊接在印制电路板上,这种接插方式多在小型仪器中,用于印制电路板的对外连接。

图 4.11.8 插针式接插件

9. 条形连接器

图 4.11.9 所示的几种条形连接器,主要用于印制电路板与导线的连接,在各个电子产品中也都有广泛的应用。常用的插针间距有 2.52mm 和 3.96mm 两种,二者的插针尺寸不同,工作电压为 250V,工作电流为 1.2A(2.52mm),3A(3.96mm),接触电阻为 0.01Ω。此种连接器插头与导线一般采用压接,压接质量对连接器可靠性影响很大。连接器机械寿命约为 30 次。

图 4.11.9 插针条形连接器

4.11.3 开关

开关在电子设备中用于接通或切断电路,大多数都是手动式机械结构,由于构造简单、操作方便、廉价可靠,使用十分广泛。随着新技术的发展,各种非机械结构的电子开关,例如,气动开关、水银开关,以及高频振荡器式、感应电容式、霍尔效应式的接近开关等正在不断出现。这里只简要介绍几种机械类开关。

按照机械动作的方式分类,有旋转式开关、按动式开关和拨动式开关等。

1. 旋转式开关

(1) 波段开关

波段开关如图 4.11.10 所示,分为大、中、小型三种。波段开关靠切入或咬合实现接触点的闭合,可有多刀位、多层型的组合,绝缘基体有纸质、瓷质或玻璃布环氧树脂板等几种。旋转波段开关的中轴带动它各层的接触点(俗称"刀")联动,同时接通或切断电路(接触点各种可能的位置俗称"掷"),因此,波段开关的性能规格常用"×刀×掷"来表示。波段开关的额定工作电流一般为 0.05~0.3A,额定工作电压为 50~300V。

图 4.11.10　波段开关

(2) 刷形开关

刷形开关与波段开关相似,但是靠多层簧片实现接点的摩擦接触,额定工作电流可达 1A以上,也可分为多刀、多层的不同规格。

2. 按动式开关

(1) 按钮开关

如图 4.11.11 所示,按钮开关分为大、小型,形状多为圆柱体或长方体,其结构主要有簧片式、组合式、带指示灯和不带指示灯的几种。按下或松开按钮开关,电路则接通或断开,常用于控制电子设备中的电源或交流接触器。

图 4.11.11　按钮开关

(2) 键盘开关

键盘开关多用于计算机(或计算器)中数字式电信号的快速通断。键盘有数码键、字母键、符号键及功能键,或者是它们的组合,其接触形式有簧片式、导电橡胶式和电容式等多种。

(3) 直键开关

直键开关俗称琴键开关,属于摩擦接触式开关,有单键的,也有多键的,如图 4.11.12 所示。每一键的触点个数均是偶数(即二刀、四刀、……以至十二刀);键位状态可以锁定,也可以是无锁的;可以是自锁的,也可以是互锁的(当某一键按下时,其他键就会弹开复位)。

图 4.11.12 直键开关

(4) 波形开关

波形开关俗称船型开关,其结构与钮子开关相同,只是把扳动方式的钮柄换成波形而按动换位,如图 4.11.13 所示。波形开关常用作设备的电源开关。其触点分为单刀双掷和双刀双掷等几种,有些开关带有指示灯。

图 4.11.13 波形开关

3. 拨动开关

(1) 钮子开关

图 4.11.14 所示的钮子开关是电子设备中最常用的一种开关,有大、中、小型和超小型等多种,触点有单刀、双刀及三刀等几种,接触状态有单掷和双掷等两种,额定工作电流为 0.5～5A 范围中的多挡。

图 4.11.14 钮子开关

(2) 拨动开关

拨动开关如图 4.11.15 所示,一般是水平滑动式换位,切入咬合式接触,常用于计算器、收录机等小型电子产品中。

图 4.11.15　拨动开关

4. 拨码开关

图 4.11.16 所示的拨码开关是电子设备中最常用的一种开关,有 2、3、4、8 型等多种,触点有单刀、双刀及三刀等几种,接触状态有单掷和双掷等两种,额定工作电流为 100mA。

图 4.11.16　2 和 8 型拨码开关

4.11.4　其他连接元件

1. 接线柱

如图 4.11.17 所示的接线柱常用作仪器面板的输入、输出端口,种类很多。

图 4.11.17　接线柱

2. 接线端子

接线端子常用于大型设备的内部接线,如图 4.11.18 所示。

图 4.11.18　接线端子

4.11.5　正确选用开关及接插件

正确地选用开关及接插件是保证电子产品可靠性的关键。下面是选用时必须考虑的几个问题。

① 应该严格按照使用和维护所需要的电气、机械、环境要求来选择开关及接插件,不能勉强、迁就,否则容易发生故障。例如,在大电流工作的场合,选用接插件的额定电流必须比实际工作电流大很多,否则,电流过载将会引起触点的温度升高,导致弹性元件失去弹性,或者开关的塑料结构熔化变形,使开关的寿命大大降低;在高电压下,要特别注意绝缘材料和触点间隙的耐压程度;插拔次数多或开关频度高的开关及接插件,应注意其镀层的耐磨情况和弹性元件的屈服限度。

② 为了保证连通,一般应该把多余的触点并联使用,并联的接触点数目越多,可靠性就越高。设计接触对时,应该尽可能增加并联的点数,保证可靠接触。

③ 要特别注意接触面的清洁。经验证明,接触表面肮脏是开关及接插件产生故障的原因之一。在购买或领用新的开关及接插件,应该保持清洁并且尽可能减少不必要的插拔或拨动,避免触点磨损;在装配焊接时,应该注意焊锡、助焊剂或油污不要流到接触表面上;如果可能,应该定期清洗或修磨开关及接插件的接触对。

④ 在焊接开关和接插件的连线时,应避免加热时间过长、焊锡和助焊剂使用过多,否则可能会使塑料结构或接触点损伤变形,引起接触不良。

⑤ 接插件和开关的接线端要防止虚焊或连接不良,为避免接线端上的导线从根部折断,在焊接后应加装塑料热缩套管。

⑥ 要注意开关及接插件在高频环境中的工作情况。当工作频率超过 100kHz 时,小型接插件或开关的各个触点上,往往同时分别有高、低电平的信号或快速脉冲信号通过,应该特别注意避免信号的相互串扰,必要时可以在接触对之间加接地线,起到屏蔽作用。高频同轴电缆与接插件连接时,电缆的屏蔽层要均匀梳平,内外导体焊接后要修光,焊点不宜过大,不允许残留可能引起放电的毛刺。

⑦ 当信号电流小于几个毫安时,由于开关内的接触点表面有氧化膜或污染层,假如接触电压不足以击穿膜层,将会呈现很大的接触电阻,所以应该选用密封型或压力较大的滑动接触式开关。

⑧ 多数接插件一般都设有定位装置以免插错方向,插接时应该特别注意;对于没有定位装置的接插件,更应该在安装时做好永久性的接插标志,避免使用者误操作。

⑨ 对插拔力大的连接器,安装一定要牢固,要保证机械安装强度足够高,避免在插拔过程中因用力使安装底板变形而影响接触的可靠性。

⑩ 电路通过电缆和接插件连通以后,不要为追求美观而紧绷电缆,应该保留一定的裕量,防止电缆在振动时受力拉断;选用没有锁定装置的多线连接器(例如微型计算机系统中的总线插座),应该在确定整机的机械结构时采取锁定措施,避免在运输、搬动过程中由于振动冲击引起接触面磨损或脱落。

第 5 章
印制电路板设计与制作

5.1 印制电路板设计基础

5.1.1 印制电路的定义

印制线路板技术是按照预先设计的电路,利用印刷法在绝缘基板的表面或内部形成用于元器件之间连接的导电线路图形的技术(不包括印制元器件的形成技术)。把形成的印制线路的板称为印制线路板(Printed Wiring Board,简称 PWB),把装配上元器件的印制线路板称为印制电路板(Printed Circuit Board,简称 PCB),如图 5.1.1 所示。

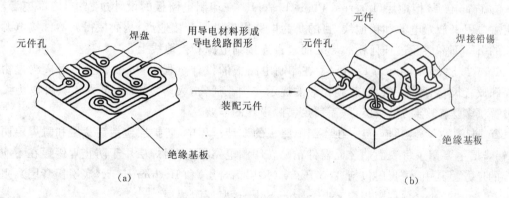

图 5.1.1 印制线路板外观

(a) 印制线路板; (b) 印制电路板

由于习惯等原因,并未严格区分印制线路板和印制电路板,而将它们统称为印制电路。随着印制电路板技术的发展,印制线路板厂商应客户要求在印制线路板上贴装部分元器件,所以常将印制线路板称为印制电路板。

5.1.2 印制电路板常用术语

① 焊盘。在印制电路板中,通过焊接技术将元器件实现电气连接的金属盘称为焊盘。根据焊接工艺的不同,印制电路板中的焊盘可以分为两种类型:一种是非过孔焊盘,主要用于单层板中表面贴装元件的焊接;另外一种是元器件孔焊盘,主要用于双层板和多层板中针脚式元器件的焊接。

② 铜膜导线。铜膜导线是覆铜板经过电子工艺加工后在印制电路板上形成的铜膜走线,

通常也简称为导线。对于印制电路板中的铜膜导线来说,导线宽度和导线间距是用来衡量铜膜导线的重要指标。

③ 安全间距。在设计印制电路板的过程中,为了避免或者减少导线、过孔、焊盘以及元器件之间的相互干扰,在这些对象之间留出一定的间距,这个间距一般称为安全间距。

④ 过孔。在印制电路板中,为了实现双层板和多层板中相邻两层之间的电气连接,需要在连通导线的交汇处钻上一个公共孔,一般称这个公共孔为过孔(Via)。过孔的孔壁圆柱面上通常采用化学沉积的方法镀上一层金属,用以连通中间各层需要连通的铜箔,而过孔的上下两面一般做成普通的焊盘形状,用来直接与上下两面的电路相通。

过孔有 3 种类型,分别是从顶层到底层的穿透式过孔、从顶层通到内层或从内层通到底层的盲过孔、内层间的深埋过孔。过孔参数有两个:过孔内径和过孔外径。需要注意的是,过孔的形状只有圆形,而没有矩形和八角形。

⑤ 孔金属化。孔金属化是指在两层或多层印制板上钻出所需要的过孔,各层印制导线在孔中用化学镀和电镀方法使绝缘的孔壁上镀上一层导电金属使之互相可靠连同的工艺。

⑥ 信号层(Signal Layer)。在印制电路板的设计过程中,信号层主要是用来放置与信号有关的对象,它分为顶层、底层和中间层。通常顶层和底层用来放置元器件和布线;中间层主要用来进行布线操作,不能放置元器件。

⑦ 内部电源/接地层(Internal Plane Layer)。在印制电路板的设计过程中,内部电源/接地层主要用来放置电源和接地线,目的是为电路提供电源和接地点,从而使得元器件接电源和接地的引脚不需要经过任何铜膜导线而直接连接到电源和接地线上。

⑧ 机械层(Mechanical Layer)。在印制电路板的设计过程中,机械层主要用来放置物理边界和放置尺寸标注等信息,起到相应的提示作用。通常,大多数 EDA 开发工具可以为设计人员提供多达 16 层的机械层,从而满足实际设计的需要。

⑨ 防护层(Mask Layer)。在印制电路板的设计过程中,防护层包括锡膏层和阻焊层两大类:锡膏层主要用于将表面贴装元器件粘贴在印制电路板上,阻焊层用于防止焊锡镀在不应该焊接的地方。其中,锡膏层包括 Top Paste (顶层锡膏层)和 Bottom Paste(底层锡膏层),阻焊层包括 Top Solder(顶层阻焊层)和 Bottom Solder(底层阻焊层)。

⑩ 丝印层(Silkscreen Layer)。在印制电路板的设计过程中,丝印层主要用来在印制电路板的顶层和底层表面绘制元器件封装的外观轮廓和字符串等,例如元器件的具体标号、标称值、厂家标志和生产日期等,同时它也是印制电路板上用来焊接元器件位置的依据。丝印层的作用是使印制电路板具有可读性,便于电路的安装和维修等。

⑪ 其他工作层面(Other Layer)。在印制电路板的设计过程中,印制电路板中还具有一些特殊的工作层面,目的是为了满足具体设计的需要。通常,印制电路板中还具有的工作层面有 4 种,分别是 Keep-Out Layer(禁止布线层)、Drill Guide Layer(钻孔导引层)、Drill Drawing Layer(钻孔图层)和 Multi-Layer(复合层)。

⑫ 元器件封装(Compenent Package)。一般来说,元器件封装是指实际的电子元器件或者集成电路的外观尺寸,例如元器件引脚的分布、直径以及引脚之间的距离等,它是使元件引脚和印制电路板上的焊盘保持一致的重要保证。不同的元器件可以使用同一个元器件封装,而同种元器件也可以有不同的元器件封装形式,例如"RES"通常代表电阻,它可以有 AXIAL0.3、AXIAL0.4 和 AXIAL0.6 等几种封装形式。

⑬ 潜影。感光材料曝光之后,所形成的肉眼直接观察不到的潜伏影像称为"潜影"。

⑭ 显影。显影就是已曝光的卤化银颗粒被显影剂还原成金属银,使潜影变成可见影像。

⑮ 定影。显影后的感光材料的乳剂层中,仍然残留着未曝光的卤化银胶粒。它们在遇光后,还可以再次曝光并显影。为了保证已显示出来的图像能稳定完美地保存下来,避免残留的卤化银再次曝光、显影并出现干扰的可能,显影之后,必须立即除去这些残留的卤化银。这一工作称为"定影"。

⑯ 图形转移。在印制电路制作过程中,把电路底图或照像底版上的电路图形"转印"在覆铜箔板上,这个工艺过程就是"印制电路的图形转移工艺",简称"图形转移"。图形转移后所得到的电路图形分为"正像"和"负像"。

⑰ 正像图形转移。用抗蚀剂借助于"光化学法"或"丝网漏印法"把电路图形转移到覆铜箔板上,再用蚀刻的方法去掉没有抗蚀剂保护的铜箔,剩下的就是所需的电路图形,这种电路图形与所需要的电路图形完全一致,称为正像。这种图形转移称为"正像图形转移"。

⑱ 负像图形转移。用"丝网漏印法"把抗蚀剂印在覆铜箔板上,没有抗蚀剂保护的铜箔部分是所需的电路图形,抗蚀剂所形成的图形便是"负像"。这种工艺称为"负像图形转移"。在没有抗蚀剂保护的铜箔上,用电镀的方法,镀一层金、锡、锡-镍合金或锡-铅合金等具有抗蚀性能的"金属抗蚀层",再把负像抗蚀剂去掉,暴露出没有金属抗蚀层保护的铜箔,再用适当的蚀刻剂蚀刻掉,便可得到有金属抗蚀层保护的正像电路图形。

⑲ 蚀刻。印制电路板在完成图形转移之后,无论是采用减成法还是半加成法工艺,最后都要用化学腐蚀的方法,去除无用的金属箔(层)部分,以获得所需的电路图形。这一工艺过程称为"蚀刻工艺",简称"蚀刻"。

5.1.3　印制板技术水平的标志

印制板技术水平的标志对于双面和多层孔金属化印制板而言,是以大批量生产的双面孔金属化印制板,在 2.50mm 或 2.54mm 标准网格交点上的两个焊盘之间,能布设导线的根数作为标志。

① 在两个焊盘之间布设一根导线,为低密度印制板,其导线宽度大于 0.3mm。

② 在两个焊盘之间布设两根导线,为中密度印制板,其导线宽度约为 0.2mm。

③ 在两个焊盘之间布设三根导线,为高密度印制板,其导线宽度为 0.1~0.15mm。

④ 在两个焊盘之间布设四根导线,可算超高密度印制板,线宽为 0.05~0.08mm。

当然,对多层板来说,还应以孔径大小、层数多少作为综合衡量标志。

5.1.4　印制电路分类

在实际的应用中,印制电路板的种类十分繁多,因此分类方法也就多种多样。通常,印制电路板既可以按照覆铜板导电层数来进行分类,同时也可以按照印制电路板的基材性质进行分类,另外还可以按照印制电路板的基材强度来进行分类。

1. 按照覆铜板导电层数来进行分类

按照覆铜板导电层数进行分类,印制电路板可以分为单层板、双层板和多层板 3 种类型。

(1) 单层板

单层板是一种一面有覆铜,另一面没有覆铜的较为简单的印制电路板,因此它只能在覆铜的一面布线并放置元器件。单层板结构简单,不需要打过孔,并且成本较低,因此批量生产的简单电路设计通常会采用单层板的形式。

由于单层板只允许在覆铜的一面布线,非连接导线不能交叉,因此单层板的布线难度较大,并且布通率很低。虽说可以采用飞线的方法对未布通的导线进行布线,但飞线过多会增加焊接印制电路板的工作量,并且飞线很容易脱落,所以通常只有非常简单的电路才会采用单层板的设计方案。

(2) 双层板

双层板是一种两面都有覆铜,两面都可以进行布线操作的印制电路板。双层板包括顶层(Top Layer)和底层(Button Layer)两个层面,其中顶层一般为元器件层,底层为焊锡层。由于双层板两面都可以布线,并且可以采用过孔来进行顶层和底层之间的电气连接,因此双层板的应用范围十分广泛,是目前应用最为广泛的一种印制电路板。

一般来说,双层板的两个层面都既可以安装元器件,也可以用来布线,为了区别起见,常将双层板的两个工作层面分为顶层和底层,而且通常规定顶层用来安放元器件,底层用来进行布线。

(3) 多层板

多层板是指包含了多个工作层面的印制电路板,除了顶层和底层之外,它还包括信号层、中间层、内部电源和接地层等。

一般情况下,多层板中的导电层数为 4 层、6 层、8 层、10 层等。例如,在 4 层板中,顶层和底层是信号层,在顶层和底层之间是电源层和接地层。在多层板中,设计人员可以充分利用印制电路板的多层结构来解决电路中的电磁干扰问题,从而提高了电路系统的可靠性。由于多层板具有布线层数多、走线方便、布通率高、连线短以及面积小等优点,目前大多数较为复杂的电路系统均采用多层印制电路板的结构。

2. 按照印制电路板的基材性质进行分类

按照印制电路板的基材性质进行分类,印制电路板可以分为两大类,分别是有机印制电路板和无机印制电路板。

有机印制电路板主要是由树脂、增强材料和铜箔等材料构成的,而其中的树脂材料可以分为酚醛树脂、环氧树脂、聚酰亚胺等。目前,常见的印制电路板都是有机印制电路板。无机印制电路板主要是由陶瓷和铝等材料构成的,即通常所说的厚薄膜电路,通常广泛应用于高频电子仪器中。

3. 按照印制电路板的基材强度进行分类

按照印制电路板的基材强度进行分类,印制电路板可以分为 3 大类,分别是刚性印制电路板、挠性印制电路板和刚挠结合印制电路板。

(1) 刚性印制电路板

采用刚性基材制成的印制电路板称为刚性印制电路板。目前,常见的刚性印制电路板主要包括酚醛纸层压板、环氧纸层压板、聚酯玻璃毡层压板和环氧玻璃布层压板等。

① 酚醛纸层压板。这种印制电路板的使用温度可以达到 70～105℃。它的主要特点是在

高湿度环境下基材的绝缘电阻会明显减小,但是当湿度降低时,绝缘电阻将会增加。一般来说,温度过高将会引起酚醛纸层压板的炭化现象,这将使它的绝缘电阻降到很低。另外在正常的温度范围内,印制电路板的基材有可能会发生变黑现象。

② 环氧纸层压板。这种印制电路板的使用温度可以达到 $90\sim110℃$。它的主要特点是电气性能和非电气性能要比酚醛纸层压板好得多。

③ 聚酯玻璃毡层压板。这种印制电路板的使用温度可以达到 $100\sim105℃$。它的主要特点是具有良好的电气性能,同时抗冲击性也较强,因此可以应用于很宽的频率范围内和高温度环境下。另外,聚酯玻璃毡层压板的力学性能介于纸质材料和玻璃布材料之间。

④ 环氧玻璃布层压板。这种印制电路板的使用温度可以达到 $130℃$。它的主要特点体现在力学性能上,特别是在抗冲击性、弯曲强度、翘曲率、尺寸稳定性和耐焊接热冲击性等方面都具有良好的性能,同时它也具有良好的电气性能。

（2）挠性印制电路板

挠性印制电路板(PPC)又称为柔性印制电路板,或者称为软性印制电路板,它是以聚酰亚胺或聚酯薄膜等材料为基材制成的一种具有高可靠性和较高曲挠性的印制电路板。目前,广泛使用的挠性印制电路板主要包括聚酯薄膜、聚酰亚胺薄膜和氟化乙丙烯薄膜等。

挠性印制电路板作为一种特殊的电子互连的基础材料,具有十分显著的特点,它不但可以进行静态弯曲,同时还可以作动态的弯曲、卷曲和折叠等;另外还可以在三维空间随意移动和伸缩等。采用挠性印制电路板可以缩小体积,实现产品的薄、轻、小等特点,因此挠性印制电路板迅速地从军品转向民用。近年来涌现出的几乎所有的高科技电子产品都大量采用了挠性印制电路板,例如折叠手机、数码相机、数码摄像机、汽车卫星方向定位装置、液晶电视和笔记本电脑等。

① 聚酯薄膜印制电路板。这种印制电路板的使用温度可以达到 $80\sim130℃$。它的主要特点是在加热时形成可收缩式线圈,即具有较好的可挠性;另外还具有良好的电气性能,并且受周围环境湿度的影响较小。需要注意的是,聚酯薄膜在温度较高时容易产生软化和变形现象,因此设计人员在焊接过程中要格外小心。

② 聚酰亚胺薄膜印制电路板。这种印制电路板可以在温度高达 $150℃$ 的环境下连续工作,另外采用氟化乙丙烯作为中间胶膜的特殊熔接型聚酰亚胺薄膜则可以在高达 $250℃$ 的环境下进行工作。聚酰亚胺薄膜的主要优点是具有良好的可挠性和良好的电气性能,缺点是环境的湿度将会对其性能造成一定的影响。

③ 氟化乙丙烯薄膜印制电路板。这种氟化乙丙烯薄膜通常是和聚酰亚胺或者玻璃布结合起来制成层压板的,它的焊接温度可以达到 $250℃$。氟化乙丙烯薄膜的主要优点是具有良好的可挠性和良好的稳定性,同时具有较好的耐酸性、耐碱性、耐潮性和耐有机溶剂性;缺点是层压时在层压温度下导电图形容易发生移动。

（3）刚挠结合印制电路板

利用挠性材料并在不同区域与刚性基板结合制成的印制电路板称为刚挠结合印制电路板,即在同一个结构中,既有刚性印制电路板使用的材料,同时又有挠性印制电路板和多层印制电路板使用的材料。刚挠结合印制电路板的主要特点是它的某些性能可能会因为使用的粘合剂不同而发生显著的改变。目前,刚挠结合印制电路板一般包括以下 5 种类型:

① 1 型板:增强型的挠性单尾板;

② 2 型板:增强型的挠性双层板;

③ 3 型板:增强型的挠性双层板,含有过孔;

④ 4 型板:刚挠结合多层印制电路板,含有过孔;

⑤ 5 型板:组合刚挠印制电路板,刚性印制板与挠性印制黏层数多于1层。

5.1.5 印制电路制造工艺简介

由于印制电路工艺技术不断地发展,故其制造方法也有若干种。印制制造包括照相制板、图像转移、蚀刻、钻孔、孔金属化、表面金属涂敷以及有机材料涂敷等工序。制作工艺基本上分为两大类,即"减成法"(也称为"铜蚀刻法")和"加成法"(也称"添加法")。

1. 减成法

先用光化学法或丝网漏印法或电镀法在敷铜箔板的铜表面上,将由抗蚀材料组成的电路图形转移上去,然后用化学腐蚀的方法,将不必要的部分蚀刻掉,留下所需要的电路图形。

(1) 光化学蚀刻工艺

先在洁净的覆铜板上均匀地涂布一层感光胶或粘贴光致抗蚀干膜,通过照相底版曝光、显影、固膜、蚀刻等获得电路图形;然后将膜去掉后,经过必要的机械加工;最后进行表面涂敷,印刷文字、符号形成成品。这种工艺的特点是图形精度高、生产周期短,适于小批量、多品种生产。

(2) 丝网漏印蚀刻工艺

将事先制好的、具有所需电路图形的膜板置于洁净的覆铜板的铜表面上,用刮刀将抗蚀材料漏印在铜箔表面上,即获得印料图形,在印料干燥后进行化学蚀刻,除去无印料掩盖的裸铜部分之后去除印料,即为所需电路图形。这种方法有利于大规模机械化生产,产量大,成本低,但精度不如光化学蚀刻工艺。

(3) 图形电镀蚀刻工艺

图形转移用的感光膜为抗蚀干膜,其工艺流程如下:

下料→钻孔→孔金属化→预电镀铜→图形转移→图形电镀→去膜→蚀刻→电镀插头→热熔→外形加工→检测→网印阻焊剂→网印文字符号。

这种工艺现在已成为双面板或多面板制造的典型工艺。

(4) 全板电镀掩蔽法

与"图形电镀蚀刻工艺"类似,其主要差别是:这种工艺使用一种性能特殊的掩蔽干膜(性软而厚),将孔和图形掩盖起来,蚀刻时作抗蚀膜用。其工艺流程如下:

下料→钻孔→孔金属化→全板电镀铜→贴光敏掩蔽干膜→图形转移→蚀刻→去膜→电镀插头→外形加工→检测→网印阻焊剂→焊料涂敷→网印文字符号

(5) 超薄铜箔快速蚀刻工艺

超薄铜箔快速蚀刻工艺又称"差分蚀刻工艺"。它使用超薄铜箔的层压板。主要工艺与图形电镀蚀刻工艺相似。只是在图形电镀铜后,电路图形部分和孔壁金属铜的厚度约 $30\mu m$ 以上,而非电路图形部分的铜箔仍为超薄铜箔的厚度($5\mu m$)。对它进行快速蚀刻,$5\mu m$ 厚的非电路部分被蚀刻,仅留下有少量腐蚀的电路图形部分。用这种工艺可以制造出高精度、高密度的印制电路板。

2. 加成法

(1) 全加成工艺

全加成工艺也称 CC-4 法。完全用化学镀铜形成电路图形和孔金属化互连,其工艺流程如下:

催化性层压板下料→涂催化性粘结剂→钻孔→清洗→负相图形转移→粗化→化学镀铜→(后面的处理与减成法相同)去膜→电镀插头→外形加工→检测→网印阻焊剂→焊料涂敷→网印文字符号

(2) 半加成法

半加成法使用催化性层压板或非催化性层压板,钻孔后用化学镀铜工艺使孔壁和板面沉积一层薄金属铜(约 $5\mu m$ 以上),然后通过负像图形转移,将图形电镀铜加厚(有时也可镀 Sn-Pb 合金),去掉抗蚀膜后进行快速蚀刻,非图形部分 $5\mu m$ 的铜层迅速被蚀刻掉,留下图形部分,即孔也被金属化了的印制板。

这种方法将电镀加成与快速蚀刻相结合,所以又称为"半加成法"。

(3) NT 法

它使用具有催化性覆铜箔层压板,首先用一般方法蚀刻出导体图形,然后将整块面板涂环氧树脂膜(或只将焊盘部分留出),进行钻孔、孔金属化,再用 CC-4 法沉积所需厚度的铜,得到孔金属化的印制电路板。

(4) 光成形法

这是在预先涂有粘结剂的层压板上钻孔并粗化处理,浸一层光敏性敏化剂,待其干燥后用负像底片曝光,然后再用 CC-4 法沉铜。这种方法的优点是不需印制图形,是用光化学反应产生电路图形,比较简单经济。

(5) 多重布线法

使用数控布线机,将用聚酰亚胺绝缘的铜导线布设在绝缘板上,用粘结剂粘牢。钻孔后用 CC-4 法沉铜以连接各层电路。布线机可以与计算机联合工作,面线可以重叠和交叉,布线密度高,速度快,生产周期短,成本低。

加成法多用于双面板与多层板的制作,因此每一种方法都存在孔金属化的问题。它与减成法的主要不同之处就是无需进行蚀刻。

5.2 印制电路板的制造工艺

5.2.1 单面印制电路板生产工艺

由于单面印制电路板只有一层布线,电路图形也比较简单,因此,一般采用"丝网漏印"简称"丝印"技术。在单面覆金属箔板(简称"覆箔板")上印刷"正像图形",然后腐蚀,去掉未被印料(抗蚀剂)保护的金属箔部分,留下的即为所需要的电路图形,也有用光化学法生产的,其工艺流程如图 5.2.1 所示。

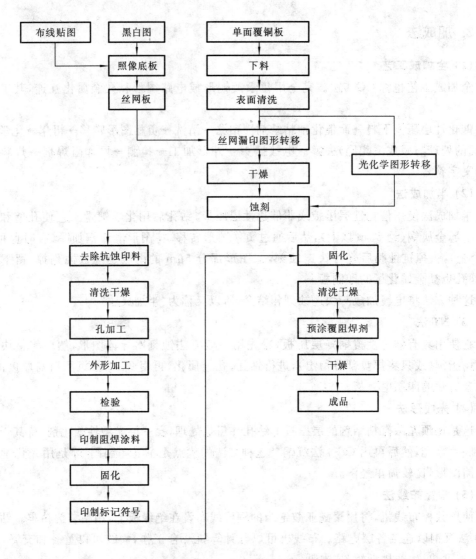

图 5.2.1　单面印制电路板制造工艺流程

5.2.2　双面印制电路板生产工艺

许多比较精密的电子产品,包括大型复杂设备要处理的信号都比较多、比较复杂,因此各种信号线也比较多、比较复杂。一般的单面印制电路无法满足要求,如导线交叉问题就不能解决。双面印制电路板就显示了它的优越性。

双面印制电路板的生产方法有工艺导线法、墙孔法、掩蔽法和图形电镀——蚀刻法等。本节仅介绍图形电镀——蚀刻法。

采用图形电镀——蚀刻法,首先是钻孔,之后进行孔金属化,随后立即进行图形转移,形成"负像电路图像"。在显影后,电路图形的铜表面就暴露出来,之后进行电镀,使电路图形铜层部分加厚,然后再电镀锡-铅合金,使电路部分的铜层得到保护。在蚀刻时以锡-铅合金作为抗蚀剂(金属抗蚀刻),其工艺流程如图 5.2.2 所示。

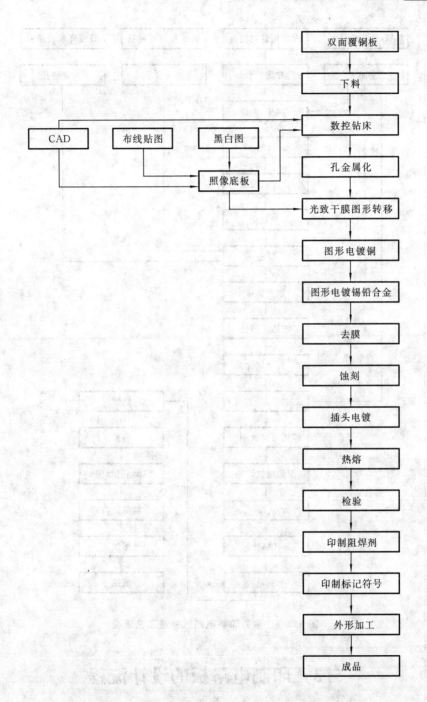

图 5.2.2　双面印制电路板图形电镀-蚀刻法制造工艺流程

5.2.3　多层印制电路板生产工艺

首先采用掩蔽法制出双面板以及全板电镀铜加厚,再将蚀刻后的双面板重叠起来,在板与板之间用粘合剂将它们相互之间粘合在一起,之后再进行钻孔和孔金属化、图形转移,这以后的生产工艺与双面板图形电镀-蚀刻工艺基本相同,其工艺流程如图 5.2.3 所示。

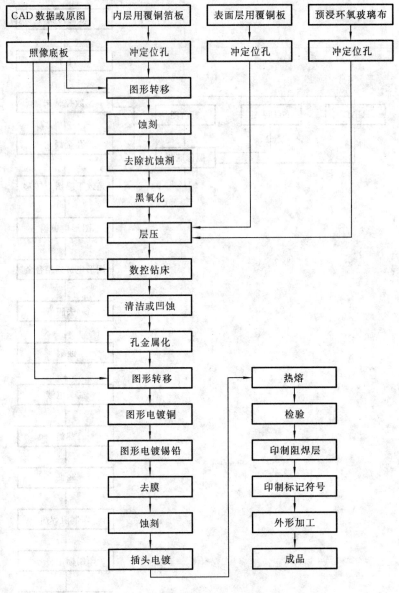

图 5.2.3　多层印制电路板制造工艺流程

5.3　印制电路板的设计流程

　　印制电路板的设计方法主要有两种：一种采用 EDA 开发工具设计，另一种直接在工厂中加工设计。本节将简要介绍采用 EDA 开发工具设计印制电路板的流程。

　　虽然不同的 EDA 开发工具的使用方法和操作方法各不相同，但是采用 EDA 开发工具设计印制电路板的流程基本上是一样的。印制电路板的设计流程如图 5.3.1 所示。

　　在 EDA 开发工具中，设计人员首先采用电路原理图来表达自己的电路设计方案，然后用网络报表生成工具将原理图中的电气连接关系转换成网络报表，再利用网络报表绘制印制电路板。

图 5.3.1　印制电路板的设计流程

5.3.1　印制电路板的总体设计流程

采用 EDA 开发工具设计印制电路板的总体设计流程如下：

① 原理图的设计。原理图设计是指在设计人员完成电路设计的初步方案后，利用 EDA 开发工具中的原理图编辑器来绘制原理图的过程。

② 原理图的仿真。原理图的仿真是原理图设计的扩展部分，主要功能是为设计人员提供一个完整的从设计到验证的仿真环境。设计人员进行原理图仿真的主要目的是对已设计的电路原理图可行性进行信号级分析，从而对印制电路板设计的前期错误和不尽人意的地方进行修改。

③ 网络报表的生成。网络报表是原理图与印制电路板之间联系的纽带，通过网络报表，可以将原理图中的连接关系传递到印制电路板的设计系统中，从而方便印制电路板的设计。

④ 印制电路板的设计。在印制电路板的设计过程中，设计人员可以利用 EDA 开发工具提供的自动布局、自动布线、强大的编辑功能以及便利的设计规则检查等，来完成印制电路板的设计工作。同时，在印制电路板的设计过程中也可以输出各种报表，用以记录设计过程中的各种信息。

⑤ 信号完整性分析。在大多数的 EDA 开发工具中包含有信号完整性分析工具，它的主要功能是为设计人员提供一个完整的信号仿真环境。通过这个工具，设计人员可以分析印制电路板和检查各种设计参数，并测试过冲、下冲、阻抗和信号斜率等，以便及时地对设计参数进行修改。

⑥ 文件存储及打印。将印制电路板设计中的相应文件和报表文件进行存储或者打印操作，从而完成整个设计项目的保存工作。

5.3.2　原理图的设计流程

采用 EDA 开发工具设计原理图的设计流程如下：

① 启动原理图编辑器。

② 设置原理图图纸。根据个人的绘图习惯、公司的标准化要求以及实际设计电路的规模和复杂程度等，设置原理图图纸的尺寸、方向、标题栏以及颜色等参数。

③ 设置工作环境。对原理图设计中的系统参数进行个性化的设置，使原理图设计系统的开发环境、界面风格和操作习惯满足用户的需要。

④ 装载元器件库。由于 EDA 开发工具中拥有涵盖众多厂商、内容非常齐全的元器件库，故为了保证能够快速、有效地引用元器件库中的元器件，设计人员需要将设计中元器件所在的元器件库添加到当前的设计中。

⑤ 放置元器件并布局。从元器件库中选择设计需要的各种元器件，然后按照设计的需要和绘图习惯将元器件放置在原理图的相应位置，并对元器件的序号、封装形式以及显示状态等

属性进行设置。

⑥ 原理图布线。原理图布线是利用原理图编辑器提供的各种布线工具或者命令,将所有元器件的对应引脚用具有电气意义的导线或者网络标号等连接起来,从而建立满足电路设计要求的电气连接关系。

⑦ 原理图的电气检查。通过电气规则检查工具能够迅速找出原理图设计中存在的一些缺陷和错误,例如没有连接的网络标号、没有连接的电源和接地,以及一些不该出现的短路问题等。在进行电气规则检查时,EDA 开发工具不但可以给出详细的检查报告,而且还可以在原理图中的错误位置处给出标记,从而便于设计人员的检查和修改。

⑧ 网络报表及其他报表的生成。利用 EDA 开发工具不仅可以生成网络报表,还可以生成其他形式的报表,这些报表包含有原理图设计的各种信息。

⑨ 文件存储及打印。将原理图设计过程中的设计文件以及相应的报表文件进行存盘或者打印输出。

5.3.3　印制电路板的设计流程

采用 EDA 开发工具设计印制电路板的设计流程如下:

① 启动印制电路板编辑器。

② 设置工作环境。印制电路板的设计环境设置主要包括 3 个方面的设置,分别是工作层面的设置、环境参数的设置和电路板的规划设置。

③ 添加网络报表。将原理图生成的网络报表装入到印制电路板设计系统中。

④ 设置印制电路板的设计规则。印制电路板设计规则是用来对印制电路板设计中的自动布局和自动布线等操作进行约束。例如,电气规则、布线规则、布局规则、制造规则、网络规则以及测试规则等,其中最为重要的是布局规则和布线规则。

⑤ 元器件的布局。元器件布局是指将元器件封装在印制电路板的合理放置上。元器件布局应该从印制电路板的机械结构、散热性、抗电磁干扰能力,以及布线的方便性等方面进行综合考虑和综合评估。元器件布局的基本原则是先布局与机械尺寸有关的元器件,然后布局电路系统的核心元器件和规模较大的元器件,最后再布局电路板的外围元器件。元器件的布局可以采用两种方式:一种是自动布局,另外一种是手工布局。

⑥ 印制电路板的布线。印制电路板的布线可以采用两种方式:一种是自动布线,另外一种是手工布线。一般来说,设计人员只需要在自动布线之前进行简单的布线参数和布线规则设置,自动布线器就会根据设置的设计规则和自动布线规则选取最佳的自动布线策略来完成印制电路板的自动布线。如果自动布线的效果不太理想,则可以通过手工布线来调整。

⑦ 设计规则检查。调用 EDA 设计规则检查选项,检查所设计的印制电路板是否满足先前所设定的布线要求。当印制电路板中有不符合设计规则的地方时,检查工具能够快速地检查出来,从而使得设计人员快速修改印制电路板设计中出现的问题。

⑧ 各种报表的生成。通过印制电路板编辑器生成各种报表信息。报表信息主要包括印制电路板设计信息、元器件信息、元器件交叉参考信息、层次项目组织信息以及网络状态信息等。

⑨ 文件存储及打印。将印制电路板设计过程中产生的各种文件和报表进行存储和输出打印,同时导出印制电路板文件,并提交给印制电路板制造厂商制作相应的印制电路板。

5.4　印制电路板的设计

在印制电路板的设计过程中,其基本设计原则将会对设计人员研究开发工作具有相当大的指导作用。遵循这些印制电路板的基本设计原则,可以保证设计人员开发出性能优良、结构清晰,以及稳定性和可靠性都可大大提高的印制电路板。这些基本设计原则都是前人设计经验的总结,因此可以避免设计人员多走弯路,提高印制电路板设计的一次成功率,节省大量的人力、材料、能源和时间等。

5.4.1　印制电路板的排版设计

排版设计,不单纯是按照电路原理把元器件通过印制线简单地连接起来。排版设计如果不合理,就有可能出现各种干扰,以致合理的设计方案不能实现,或使整机技术指标下降。有些排版设计虽然能够达到设计的技术参数要求,但元器件的排列疏密不匀、杂乱无章,不仅影响美观,也会给装配和维修带来不便。这样的设计也不能算是合理的。

通常评价印制电路板的设计质量,主要考虑下列因素:

① 线路的设计是否给整机带来干扰?

② 电路的装配与维修是否方便?

③ 基板材料的性能价格比是否最佳?

④ 印制电路板的对外引线是否可靠?

⑤ 元器件的排列是否均匀、整齐?

⑥ 版面布局是否合理、美观?

1. 印制电路板的设计前期工作

(1) 印制电路板的设计前提

1) 电路方案实验

按照由产品的设计目标(使用功能、电气性能)确定的电路方案,用电子元器件把电路搭建出来;通过对电气信号的测量,调整电路元器件的参数,改进电路的设计方案;根据元器件的特点、数量、大小以及整机的使用性能要求,考虑整机的结构尺寸;从实际电路的功能、结构与成本,分析产品适用性。并且,在电路方案实验的时候,审核考查产品在工业化生产过程中的加工可行性和生产费用,以及产品的工作环境适应性和运行、维护、保养消耗。在电路方案取得成功后,才能设计印制电路板,开始制作实际的电子产品。这种电路方案实验,不仅是原理性和功能性的,同时也应当是工艺性的验证。

2) 电子元器件选择

在进行电路方案实验的时候,要慎重地选用电子元器件。仔细地查阅所用元器件的技术资料,使之工作在合理的工作状态下。对于集成电路和其他新型元器件,应该在使用前了解它们的各种特性规格和质量参数,熟悉它们的管脚排列。

3) 实验结果分析

对电路实验的结果进行分析(电路的设计思想、工作原理、整机的应用)应达到以下几个目的：

① 熟悉原理图中出现的每个元器件，确定它们的电气参数和机械参数；

② 找到线路中可能产生的干扰源和容易受外界干扰的敏感元器件；

③ 了解这些元器件是否容易买到，是否能够保证批量供应。

4）整机的机械结构和使用性能确定

必须确定整机的机械结构和使用性能，以便决定印制电路板的结构、形状、尺寸和厚度。根据产品的原理分析和电路方案实验，电路使用的元器件必须全部选定。掌握每个元器件的外形尺寸、封装形式、引线方式、管脚排列顺序、各管脚的功能及其形状；确定哪些元件需要安装散热片，并计算散热片面积；考虑哪些元器件应该安装在印制电路板上，哪些必须安装在板外。

(2) 印制电路板的设计目标

不同的制板要求，决定了加工的复杂程度和费用，也影响到整机的成本。要根据产品的性质，即产品处于预研性试制、设计性试制、生产性试制或批量性生产中的哪个阶段，或对产品未来的市场前景进行预测，决定印制电路板的设计目标。

对于印制电路板的设计目标，通常从准确性、可靠性、工艺性和经济性四个方面的因素进行考虑。

1）准确性

元器件和印制导线的连接关系必须与印制电路板的电气原理图的一致。

2）可靠性

影响印制电路板可靠性的因素很多，其中有基板材料、制板加工和装配连接工艺等几个方面。

3）工艺性

分析整机结构及机内的体积空间，确定印制电路板的面积、形状和尺寸。印制电路板外形尺寸的确定，应该尽量符合标准化的尺寸系列，形状力求简单，少用异形孔、槽，减少生产模具成本，简化加工程序。在此基础上，考虑装配、调试、维修性能，决定印制电路板的结构。

根据电路的复杂程度、元器件的数量和机内的空间大小，考虑元器件在印制电路板上的安装、排列方式及焊盘、走线形式。根据不同特点，通常有如下对应关系：

元件卧式安装——规则排列——圆形焊盘；

元件立式安装——不规则排列——岛形焊盘。

4）经济性

印制电路板的经济性与前面介绍的几方面内容密切相关。根据成本分析，从生产制造的角度，选择覆铜板的板材、质量、规格和印制电路板的工艺技术要求。对于相同的制板面积来说，双面板的制造成本一般是单面板的 3～4 倍以上，而多层板至少要贵到 20 倍以上。通常希望印制电路板的制造成本在整机成本中只占很小的比例。

(3) 板材、形状、尺寸和厚度的确定

1）确定板材

对于印制电路板的基板材料的选择，不同板材的机械性能与电气性能有很大的差别。确定板材主要是依据整机的性能要求、使用条件及销售价格，同时必须考虑性能价格比。

选择印制电路板时，一般应该选用单面板或双面板。分立元器件的引线少，排列位置变换灵活，常用单面板。双面板多用于集成电路较多的场合。

在印制电路板的选材中，不仅要了解覆铜板的性能指标，还要熟悉产品的特点，才可能在确定板材时获得良好的性能价格比。

2）印制电路板的形状

印制电路板的形状由整机结构和内部空间的大小决定，外形应该尽量简单，一般为矩形（正方形或长方形，长宽比为 3：2 或 4：3），避免采用异形板。

3）印制电路板的尺寸

印制电路板的尺寸应该接近标准系列值，要根据整机的内部结构和印制电路板上元器件的数量、尺寸及安装、排列方式来决定。元器件之间要留有一定间距，特别是在高压电路中，更应该留有足够的间距；要注意在发热元器件旁留有安装散热片位置；印制电路板的净面积确定以后，还要向外扩出 5～10mm，便于印制电路板在整机中的安装固定。

4）印制电路板的厚度

在确定印制电路板的厚度时，主要考虑对元器件的承重和振动冲击等因素。如果印制电路板的尺寸过大或印制电路板上的元器件过重，则应该适当增加印制电路板的厚度或对印制电路板采取加固措施，否则印制电路板容易产生翘曲。按照电子行业的部颁标准，覆铜板材的标准厚度有 0.2mm、0.5mm、（0.7mm）、0.8mm、（1.5mm）、1.6mm、2.4mm、3.2mm、6.4mm 等标准。当印制电路板对外通过插座连线（见图 5.4.1）时，插座槽的间隙一般为 1.5mm。板材过厚则插不进去，过薄则容易造成接触不良。

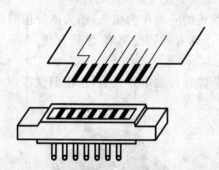

图 5.4.1　印制电路板经插座对外引线

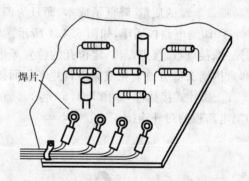

焊片

图 5.4.2　采用焊接方式对外引线

（4）印制电路板对外连接方式的选择

印制电路板是整机的一个组成部分，必然存在对外连接的问题。例如，印制电路板之间、印制电路板与板外元器件、印制电路板与设备面板之间，都需要电气连接。这些连接引线的总数要尽量少，并根据整机结构选择连接方式，总的原则应该使连接可靠，安装、调试、维修方便，成本低廉。

1）导线焊接方式

一种最简单、廉价而可靠的连接方式是，不需要任何接插件，只要用导线将印制电路板上的对外连接点与板外的元器件或其他部件直接焊牢。这种方式的优点是成本低，可靠性高，可以避免因接触不良而造成的故障，缺点是维修不够方便。这种方式一般适用于对外引线较少的场合，如图 5.4.2 所示。

采用导线焊接方式应该注意以下几点。

① 印制电路板的对外焊点应尽可能引到整板的边缘，并按统一尺寸排列，以利于焊接与维修。

② 为提高导线连接的机械强度，避免因导线受到拉扯将焊盘或印制线条拽掉，应该在印

制电路板焊点的附近钻孔,让导线从印制电路板的焊接面穿绕过通孔,再从元器件面插入焊盘孔进行焊接,如图 5.4.3 所示。

③ 将导线排列或捆扎整齐,通过线卡或其他紧固件将线与板固定,避免导线因移动而折断,如图 5.4.4 所示。

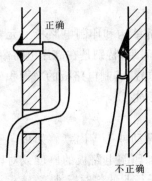

正确

不正确

图 5.4.3　对外引线焊接方式

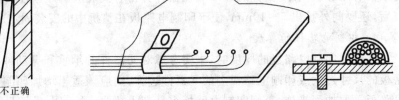

图 5.4.4　用紧固件将引线固定在板上

2) 插接件连接

在比较复杂的仪器设备中,经常采用接插件连接方式。这种"积木式"的结构不仅保证了产品批量生产的质量,降低了成本,而且为调试、维修提供了极为方便的条件。

① 印制电路板插座,如图 5.4.1 所示。印制电路板的一端作为插头,插头部分按照插座的尺寸、接点数、接点距离、定位孔的位置等进行设计。此方式装配简单、维修方便、可靠性稍差,常因插头部分被氧化或插座簧片老化而接触不良。

② 插针式接插件,如图 5.4.5 所示。插座可以装焊在印制电路板上,在小型仪器中用于印制电路板的对外连接。

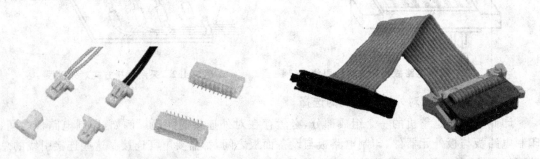

图 5.4.5　插针式接插件

图 5.4.6　带状电缆接插件

③ 带状电缆接插件,如图 5.4.6 所示。一种扁平电缆,几十根导线并排粘合在一起。带状电缆插头是电缆两端的连接器,它与电缆的连接不用焊接而是靠压力使连接端上的刀口刺破电缆的绝缘层实现电气连接,工艺简单可靠。带状电缆接插件的插座部分直接装焊在印制电路板上。

此方式用于低电压、小电流的场合,能够可靠地同时连接几路到几十路微弱信号,不适合用在高频电路中。

2. 印制电路板的排版布局

（1）按信号流走向布局的原则

对整机电路的布局原则是：把整个电路按照功能划分成若干个单元电路，按照电信号的流向，逐个依次安排各个功能电路单元在板上的位置，使布局便于信号流通，并使信号流尽可能保持一致的方向。信号流应安排成从左到右或从上到下。与输入、输出端直接相连的元器件应当放在靠近输入、输出接插件或连接器的地方。以每个功能电路的核心元器件为中心，围绕它来进行布局。一般是以三极管或集成电路等元器件作为核心元器件，根据它们各引脚的位置，布设其他元器件，同时尽量减少和缩短各元器件之间的引线和连接。

（2）优先确定特殊元器件的位置

电子整机产品的干扰问题比较复杂，它可能由电、磁、热、机械等多种因素引起。所以，在着手设计印制电路板的版面、决定整机电路布局的时候，应该分析电路原理，首先决定特殊元器件的位置，然后安排其他元器件，尽量避免可能产生干扰的因素。特殊元器件布局应遵循以下规则：

① 印制电路板中的时钟发生器、晶振和 CPU 的时钟输入端等应尽量靠近，同时应远离其他低频器件。

② 印制电路板应按照频率和电流开关特性进行分区，同时保证噪声元器件和非噪声元器件之间具有一定的距离。

③ 应该合理考虑印制电路板在机箱中的位置和方向，保证发热量大的元器件处在上方。

（3）根据操作性能确定元器件位置

① 在对电位器、可调电感线圈、可变电容器、微动开关等可调元件进行布局时，要考虑整机结构的要求。若是机内调节，则应放在印制电路板上方便调节的地方；若是机外调节，则其位置要与调节旋钮在机箱面板上的位置相适应。

② 某些元器件或导线之间可能有较高的电位差，这时应加大它们之间的距离，避免放电时引起意外短路。为了保证调试、维修的安全，带高电压的元器件应尽量布置在调试时手不易触及的地方。

③ 重量超过 15g 的元器件应先用支架加以固定，然后焊接。又大又重、发热量多的元器件，不宜安装在印制电路板上，应安装在整机的机箱底板上，且应考虑散热问题。热敏元件应远离发热元件。

④ 应留出印制电路板定位孔和固定支架所占用的位置。

（4）元器件的布局与安装

1）元器件的布局

在印制电路板的排版设计中，元器件的布局不仅决定了版面的整齐美观程度和印制导线的长短与数量，甚至决定着研发产品的成败。布设元器件应该遵循的几条原则如下。

① 元器件在整个版面上分布均匀、疏密一致。

② 元器件不要占满板面，注意板边四周要留有一定空间。留空的大小要根据印制电路板的面积和固定方式来确定，位于印制电路板边上的元器件，距离印制电路板的边缘应该大于2mm。电子仪器内的印制电路板四周，一般每边都留有 5～10mm。印制电路板面尺寸大于200mm×150mm 时，布局应考虑电路板所受的机械强度。

③ 相邻的两个元器件之间，要保持一定间距。避免元器件之间相互碰接。如果相邻元器

件的电位差较高,则应当保持安全距离。一般环境中的间隙安全电压是 220V/mm。尤其要注意的是元器件的布设不能上下交叉,如图 5.4.7 所示。

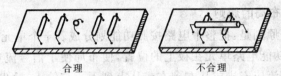

合理　　　　　　　　　　不合理

图 5.4.7　元器件布设

④ 元器件的安装高度要尽量低,一般元器件和引线离板面不要超过 5mm,过高则承受振动和冲击能力差,其稳定性变差,容易倒伏与相邻元器件碰接。

⑤ 根据印制电路板在整机中的安装位置及状态,确定元器件的轴线方向。对规则排列的元器件,应该使体积较大的元器件的轴线方向在整机中处于竖立状态,进而可以提高元器件在板上的稳定性,如图 5.4.8 所示。

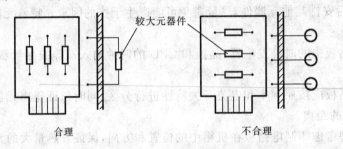

较大元器件

合理　　　　　　　　　　不合理

图 5.4.8　元器件布设方向

⑥ 元器件两端焊盘的跨距应稍大于元器件体的轴向尺寸。引线不要齐根弯折,应该留有一定的距离(至少 2mm),以免损坏元器件,如图 5.4.9 所示。

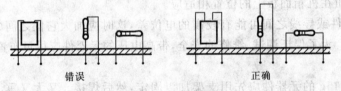

错误　　　　　　　　　　正确

图 5.4.9　元器件装配

⑦ 对低频电路,应尽可能使元器件平行排列,这样,不但美观,而且装焊容易。

⑧ 低电平信号通道不能靠近高电平信号通道和无滤波的电源线,包括能产生瞬态过程的电路。

⑨ 将低电平的模拟电路和数字电路分开,避免模拟电路、数字电路和电源公共回线产生公共阻抗耦合。

⑩ 在印制电路板上,高、中、低速逻辑电路处于不同区域。

⑪ 电磁干扰(EMI)滤波器要尽可能靠近 EMI 源,并放在同一块线路板上。

⑫ DC/DC 变换器、开关元件和整流器应尽可能靠近变压器放置,以使其导线长度最小。

⑬ 在尽可能靠近整流二极管的地方放置调压元件和滤波电容器。

⑭ 印制电路板按频率和电流开关特性分区,噪声元件与非噪声元件要距离再远一些。

⑮ 相邻板之间、同一板相邻层面之间、同一层面相邻布线之间不能有过长的平行信号线。

⑯ 对噪声敏感的布线不要与大电流,高速开关线平行。

对于射频印制电路板的元器件布局，需遵循的基本原则如下。

① 印制电路板中的敏感模拟信号应该尽可能地远离高速数字信号和射频信号。

② 保证印制电路板上的高功率区至少有一整块地，同时最好保证上面没有过孔；另外地线上的覆铜越多越好。

③ 尽可能缩短高频元器件之间的连线，尽量减少它们的分布参数和相互间的电磁干扰。易受干扰的元器件不能相互靠得太近，输入和输出元器件应尽量远离。

④ 尽量把高功率放大器（HPA）和低噪声放大器（LNA）隔离开来，即让高功率射频发射电路远离低功率射频接收电路。如果印制电路板上的物理空间不允许，那么可以把它们放在印制电路板的两面，或者让它们交替工作而不是同时工作。

2) 元器件的安装

在印制电路板上，元器件有立式与卧式两种安装方式。卧式是指元器件的轴线方向与印制电路板面平行，立式则是垂直的，如图 5.4.10 所示。

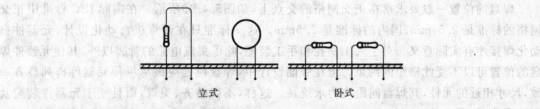

立式　　　　　　卧式

图 5.4.10　元器件安装方式

① 立式安装：立式固定的元器件占用面积小，单位面积上容纳元器件的数量多。这种安装方式适合于元器件排列密集紧凑的产品。立式固定的元器件要求体积小、重量轻，过大、过重的元器件不宜立式安装。

② 卧式安装：和立式相比，元器件安装具有机械稳定性好、版面排列整齐等优点。卧式固定使元器件的跨距加大，两个焊点之间容易走线，导线布设十分有利。

3) 元器件的排列

元器件在印制电路板上的排列有不规则排列和规则排列两种，在印制电路板上可以单独采用，也可同时出现。

① 不规矩排列，如图 5.4.11 所示。元器件的轴线方向彼此不一致，在板上的排列顺序也没有一定规则。用这种方式排列元器件，看起来显得杂乱无章，但元器件不受位置与方向的限制，使印制导线布设方便，可以缩短、减少元器件的连线，降低版面印制导线的总长度。这对于减少印制电路板的分布参数、抑制干扰很有好处，特别对于高频电路极为有利。

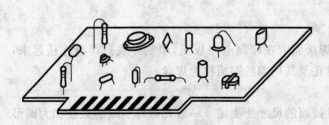

图 5.4.11　不规则排列

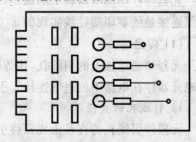

图 5.4.12　规则排列

② 规则排列,如图 5.4.12 所示。元器件的轴线方向排列一致,并与板的四边垂直、平行。除了高频电路之外,一般电子产品中的元器件都应当尽可能平行或垂直地排列,卧式安装固定元器件的时候,常以规则排列为主。此方式特别适用于版面相对宽松、元器件种类相对较少而数量较多的低频电路。电子仪器中的元器件常采用这种排列方式。元器件的规则排列要受到一定方向和位置的限制,印制电路板上导线的布设要复杂一些,导线的长度也会相应增加。

　　4) 元器件焊盘的定位

　　元器件的每个引出线都要在印制电路板上占据一个焊盘,焊盘的位置随元器件的尺寸及其固定方式不同而改变。

　　对于立式固定和不规则排列的版面,焊盘的位置可以不受元器件尺寸与间距的限制;对于规则排列的版面,要求每个焊盘的位置及彼此间的距离应该遵守一定标准。无论采用哪种固定方式或排列规则,焊盘的中心距离印制电路板的边缘一般应在 2.5mm 以上,至少应该大于板的厚度。

　　焊盘的位置一般要求落在正交网格的交点上,如图5.4.13所示。在国际 IEC 标准中正交网格的标准是 2.54mm;国内的标准是 2.5mm。这一标准只在计算机自动化设计、元器件自动化焊接才有实际意义。对于人工钻孔和手工装配,除了集成电路的管脚以外,其他元器件焊盘的位置可以不受此格距的约束。但在版面设计中,焊盘位置应该尽量使元器件排列整齐一致,尺寸相近的元件,其焊盘间距应力求统一。这样,不仅整齐、美观,而且便于元器件装配及引脚弯曲,如图 5.4.14 所示。

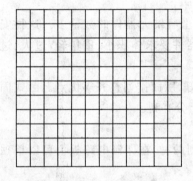

图 5.4.13　正交网格

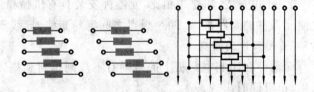

图 5.4.14　规则排列中的灵活性

3. 焊盘与导线

元器件在印制电路板上的固定,是靠元器件引线焊接在焊盘上实现的,元器件彼此之间的电气连接是依靠印制导线实现的。

(1) 焊盘

元器件通过板上的引线孔,用焊锡焊接固定在印制电路板上,印制导线把焊盘连接起来,实现元器件在电路中的电气连接。引线孔及其周围的铜箔称为焊盘。

　　1) 引线孔的直径

　　元器件引线孔的直径由元器件引线截面的尺寸所决定。一般元器件引线的截面积为圆形或矩形。矩形引线截面的最大尺寸是对角线的长度。在确定元器件引线孔的直径时,应考虑以下因素:

　　① 尽量采用标准的孔尺寸和公差,而且要使同一块印制电路板上孔尺寸的种类最少。

②为了使元器件引线能顺利地插入孔内,孔与元器件引线之间必须有一定间隙,自动装插时,间隙应该大些。

③为了得到良好的锡焊点,非金属化孔与元器件引线之间的间隙应尽可能小;金属化孔的间隙要适当。金属化孔直径可由式(5.4.1)确定:

$$D = L + \Delta L + d_0 + \Delta d \tag{5.4.1}$$

式中,D——金属化孔直径,单位为 mm;L——元器件引线标称尺寸;ΔL——引线尺寸公差;Δd——钻孔公差;d_0——金属化孔的孔径引线尺寸之差。圆形引线,d_0一般为 $0.15\sim0.7$mm;矩形引线,孔径与引线对角线应不小于 0.15mm,同时孔径与引线厚度之差应不大于 0.7mm。

2)焊盘的外径

焊盘的外径一般应当比引线孔的直径大 1.2mm 以上,即如果焊盘的外径为 $D_{外}$,引线孔的孔径为 d,则应有

$$D_{外} > d + 1.2\text{mm}$$

在高密度的印制电路板上,焊盘的最小直径可以是

$$D_{min} = d + 1\text{mm}$$

如果外径太小,焊盘就容易在焊接时粘断或剥落;但也不能太大,否则不容易焊接并且影响印制电路板的布线密度。

3)焊盘的形状

①岛形焊盘,如图 5.4.15 所示。焊盘与焊盘之间的连线合为一体,犹如水上小岛,故称为岛形焊盘。岛形焊盘常用于元器件的不规则排列,特别是当元器件采用立式不规则固定时更为适用。

岛形焊盘适合于元器件密集固定的排版设计,可大量减少印制导线的长度与数量,能在一定程度上抑制分布参数对电路造成的影响。焊盘与印制导线合为一体后,铜箔的面积加大,焊盘和印制导线的抗剥能力增强。

图 5.4.15　岛形焊盘　　　　　　　图 5.4.16　圆形焊盘

②圆形焊盘,如图 5.4.16 所示。焊盘与引线孔是同心圆。焊盘的外径一般为孔径的 2~3 倍。

设计时,如果版面的密度允许,焊盘就不宜过小,因为太小的焊盘在焊接时容易脱落。在同一块板上,除个别大元器件需要大孔以外,一般焊盘的外径应取为一致,这样不仅美观,而且容易绘制。圆形焊盘多在元器件规则排列方式中使用,双面印制板也多采用圆形焊盘。

③方形焊盘,如图 5.4.17 所示。当印制电路板上元器件体积大、数量少且线路简单时,多采用方形焊盘。这种形式的焊盘设计制作简单,精度要求低,容易实现。在一些手工制作的印制电路板中,常用这种方式,因为只需用刀刻断或刻掉一部分铜箔即可。在一些大电流的印

制电路板上也多用这种形式,它可以通过较大的载流量。

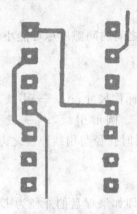

图 5.4.17　方形焊盘

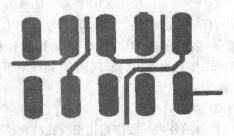

图 5.4.18　椭圆焊盘

④ 在印制电路的设计中,不必拘泥于一种形式的焊盘,要根据实际情况灵活变换。当印制电路板上的线条过于密集,焊盘有与邻近导线短路的危险时,可切掉部分焊盘,以保安全。集成电路两引脚之间的距离只有 2.5mm,如此小的距离里还要走线,可将圆形焊盘拉长,改成近似椭圆的长焊盘,如图 5.4.18 所示。

(2) 印制导线

1) 印制导线的宽度

印制电路板上连接焊盘的印制导线的宽度,主要由铜箔与绝缘基板之间的粘附强度和流过导线的电流强度来决定,宽窄要适度,与整个版面及焊盘的大小相协调。一般,导线的宽度可选在 0.3～2mm 之间。对于集成电路的信号线,导线宽度可以选在 1mm 以下,甚至 0.25mm,为了保证导线在板上的抗剥强度和工作可靠性,线条不宜太细。只要板上的面积及线条密度允许,应该采用较宽的导线;特别是电源线、地线及大电流的信号线,更要适当加大宽度。

2) 印制导线的间距

导线之间距离的确定,应当考虑导线之间的绝缘电阻和击穿电压在最坏的工作条件下的要求。印制导线越短,间距越大,绝缘电阻越大(按比例增加)。

当导线之间的距离在 1.5mm 时,绝缘电阻超过 $10M\Omega$,允许的工作电压可达到 300V 以上,间距为 1mm 时,允许电压为 200V。

为了保证产品的可靠性,应该尽量使导线间距不要小于 1mm。

3) 印制导线的布线规则

① 先考虑信号线,后考虑电源线和地线。

② 对 A/D 类器件,数字部分与模拟部分地线宁可统一也不要交叉。

③ 弱信号电路、低频电路周围不要形成电流环路。

④ I/O 驱动电路应尽量靠近印制电路板边的接插件,让其尽快离开印制电路板。

⑤ 用地线将时钟区圈起来,时钟线尽量短。

⑥ 石英晶体振荡器外壳要接地,石英晶振及对噪声敏感的器件下不要走线。

⑦ 关键的信号线要尽量粗,并在两边加上保护地,高速线要短而直。

⑧ 时钟线垂直于 I/O 线比平行于 I/O 线干扰小,时钟元件引脚需远离 I/O 电缆。

⑨ 任何信号都不要形成环路,如不可避免,则让环路区尽量小。

⑩ 单面板和双面板用单点接电源和单点接地,电源线、地线要尽量粗、线条要均匀。

⑪ 元件引脚尽量短,去耦电容引脚尽量短,去耦电容最好使用无引线的贴片电容。

⑫ 时钟、总线、片选信号要远离 I/O 线和接插件。

⑬ 时钟发生器尽量靠近用该时钟的器件。

⑭ 模拟电压输入线、参考电压端一定要尽量远离数字电路信号线,特别是时钟。

4) 印制导线的走向与形状

印制导线的走向和形状,如图 5.4.19 所示。在设计时应该注意以下几点:

① 印制导线在拐弯时不能有急剧的拐弯和尖角,其拐角不得小于 90°,否则会引起印制导线剥离或翘起。最佳的拐弯形式是平缓过渡,即拐角的内角和外角最好都是圆弧。

② 当导线通过两个焊盘之间而不是与它们连通的时候,应该与它们保持最大而相等的间距;同样,导线之间的距离也应当均匀、相等并保持最大。

③ 导线与焊盘连接处的过渡要圆滑,避免出现小尖角。

④ 当焊盘之间的中心距小于焊盘的外径 D 时,导线的宽度可以和焊盘的直径相同;如果焊盘之间的中心距比 D 大,则应减小导线的宽度;如果一条导线上有三个以上焊盘,则它们之间的距离应该大于 $2D$。

⑤ 各种印制电路板走线要短而粗,同时线条要均匀。

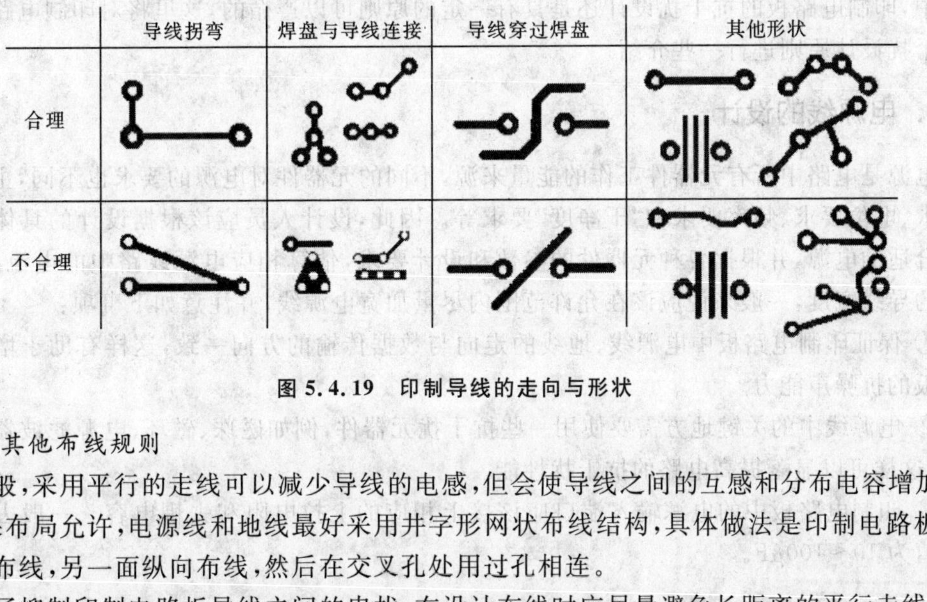

	导线拐弯	焊盘与导线连接	导线穿过焊盘	其他形状
合理				
不合理				

图 5.4.19　印制导线的走向与形状

5) 其他布线规则

一般,采用平行的走线可以减少导线的电感,但会使导线之间的互感和分布电容增加。因此,如果布局允许,电源线和地线最好采用井字形网状布线结构,具体做法是印制电路板的一面横向布线,另一面纵向布线,然后在交叉孔处用过孔相连。

为了抑制印制电路板导线之间的串扰,在设计布线时应尽量避免长距离的平行走线,尽可能拉开线与线之间的距离,信号线与地线及电源线尽可能不交叉。在一些对干扰十分敏感的信号线之间设置一根接地的印制线,可以有效地抑制串扰。

为了避免高频信号通过印制线时产生的电磁辐射,在进行印制电路板布线时,设计人员需要注意以下几个方面:

① 尽可能把具有同一输出电流,而方向相反的信号利用平行布局方式来消除相互之间的磁场干扰。

② 由于瞬变电流在印制线上所产生的冲击干扰主要是由印制线的电感造成的,因此应尽量减小印制线的电感。印制线的电感与其长度成正比,与其宽度成反比,因而短而宽的导线对抑制干扰是有利的。时钟引线或总线驱动器的信号线常常载有大的瞬变电流,所以印制线要

尽可能短。对于分立元件电路,印制线宽度在 1.5mm 左右时,即可完全满足要求;对于集成电路,印制线宽度可在 0.2~1.0mm 之间选择。

③ 发热元件周围及有大电流通过的引线应尽量避免使用大面积铜箔,否则,在长时间受热时,易发生铜箔膨胀和脱落现象。因此,在必须用大面积铜箔时,最好用栅格状,这样有利于铜箔与基板间粘合剂受热产生挥发性气体的排出。

④ 焊盘中心孔的直径要比器件引线直径稍大一些。焊盘太大易形成虚焊,焊盘外径一般不小于 $d+1.2$mm。其中,d 为引线直径。对高密度的数字电路,焊盘最小直径可取 $d+1.0$mm。

⑤ 总线驱动器应紧挨其欲驱动的总线。对于那些离开印制电路板的引线,驱动器应紧挨着连接器。

⑥ 尽量减少印制线的不连续性,例如,导线宽度不要突变、禁止环状走线等。

⑦ 时钟信号线最容易产生电磁辐射干扰,走线时应与地线回路相靠近。

5.4.2　印制电路板的抗干扰设计原则

印制电路板的抗干扰设计与具体实现的电路有着十分密切的关系。但是,在实际的设计过程中,印制电路板的抗干扰设计还是具有一定的原则可以遵循的,这里将对印制电路板的常见抗干扰设计原则进行一些介绍。

1. 电源线的设计

电源是电路中所有元器件工作的能量来源,不同的元器件对电源的要求也不同,主要有功率要求、电位要求、频率要求和"干净度"要求等。因此,设计人员应该根据设计的具体电路来选择合适的电源,并根据各种元器件的参数和设计要求,估算相应电源线路中的电流,确定电源线的导线宽度,一般来说应该在允许范围内尽量加宽电源线,并注意如下事项:

① 保证印制电路板中电源线、地线的走向与数据传输的方向一致,这样有助于增强印制电路板的抗噪声能力。

② 电源线中的关键地方需要使用一些抗干扰元器件,例如磁珠、磁环、电源滤波器和屏蔽罩等,这样可以显著提高电路的抗干扰性能。

③ 印制电路板中的电源输入端口应该接上相应的上拉电阻和去耦电容。一般去耦电容的容值为 10~100μF。

2. 地线的设计

① 印制电路板中的模拟地和数字地要尽量分开,最后通过电感汇接到一起。

② 低频电路中的地线应该尽量采用单点接地,实际布线有困难时,可以部分串联后再并联单点接地;高频电路中的地线一般应该采用多点接地。

③ 在印制电路板中,如果接地线采用很窄的印制导线,那么接地电位将会随着电流的变化而变化,从而减低电路的抗噪性能。因此,设计人员应将地线加宽,使其能通过 3 倍于印制电路板上的允许电流。一般来说,接地线应在 2~3mm 以上。

④ 设计人员应该把印制电路板中的敏感电路连接到一个稳定的接地参考源上,这样可以提高敏感电路的稳定性。

⑤ 对印制电路板或者系统进行分区时，应该把高带宽的噪声电路和低频电路分开；另外，要尽量使干扰电流不通过公共的接地回路影响到其他电路。

⑥ 在进行接地布线的过程中，设计人员应该尽量减小接地环路的面积，以降低电路中的感应噪声。

3. 去耦电容的配置

设计印制电路板时，设计人员经常会在每个集成电路的电源和地之间加一个去耦电容。去耦电容的作用主要体现在两个方面：一是用来作为集成电路的蓄能电容，二是用来旁路掉该器件的高频噪声。去耦电容配置的基本原则如下：

① 每 10 片左右的集成电路要加一片充放电电容（或者称为蓄放电容），电容大小一般可选 $10\mu F$。

② 引线式电容适用于低频电路；贴片式电容寄生电感要比引线电容小很多，因此它一般适用于高频电路。

③ 每个集成电路芯片都应布置一个 $0.01\mu F$ 的陶瓷电容。如果印制电路板的空间不够，可以每 $4\sim8$ 个芯片布置一个 $1\sim10\mu F$ 的胆电容。

④ 对于抗噪声能力弱、关断时电源变化大的器件，如 RAM、ROM 等存储器件，应在电源线和地线之间接入高频去耦电容。

⑤ 去耦电容的引线不能太长，尤其是高频旁路电容不能带引线。

4. 降低噪声和电磁干扰的设计原则

① 尽量采用 45°折线而不采用 90°折线，这样布线可以减小高频信号对外的发射与耦合。

② 通常可以采用串联一个电阻的方法来降低控制电路上下沿的跳变速率。

③ 石英晶振的外壳一般要接地，另外在石英晶振下面和对噪声特别敏感的元器件下面不要走线。

④ 闲置不用的门电路输入端不要悬空。闲置不用的运算放大器的同相输入端要接地，反相输入端接输出端。

⑤ 时钟线垂直于 I/O 线的比平行于 I/O 线的干扰小，另外时钟元件的引脚要尽量远离印制电路板中的 I/O 电缆。

⑥ 尽量让时钟信号电路周围的电动势趋近于 0，采用地线将时钟区圈起来，同时时钟线要尽量短。

⑦ I/O 驱动电路尽量靠近印制电路板的边缘，同时总线、时钟和片选信号等要尽量远离 I/O 线和接插件。

⑧ 印制电路板中的任何信号都不要形成环路，如果实在是不可避免地出现了环路，那么应该尽量减少相应的环路面积。

⑨ 对于高速印制电路板来说，电容的分布电感不可以忽略，同时电感的分布电容也是不可忽略的。

⑩ 通常功率线、交流线尽量布置在和信号线不同的板上，如果非要将它们布置在同一块印制电路板上，那么这时的功率线、交流线应该和信号线分开走线。

5. 其他设计原则

① CMOS 的输入阻抗很高,而且易受感应,因此在使用时对未使用的引脚要通过电阻接地或接电源。

② 在印制电路板中有接触器、继电器、按钮等元件时,操作它们时均会产生较大火花放电,因此必须采用 RC 电路来吸收放电电流。

③ 在印制电路板中的数据总线、地址总线和控制总线加 10kΩ 左右的上拉电阻,将有利于抗干扰。

④ 数字电路中采用全译码要比线译码具有更强的抗干扰性。

⑤ 在印制电路板中,元器件不使用的引脚可以通过上拉电阻(阻值一般为 10kΩ)来接电源,或者与使用的引脚进行并接。

⑥ 在印制电路板的布线过程中,数据总线、地址总线或控制总线要尽量一样长短,同时还要尽量短。

⑦ 多层印制电路板中两面的布线要尽量垂直,这样可以防止相互间的干扰。

⑧ 发热的元器件(如大功率电阻等)应避开易受温度影响的器件(如电解电容等),这样有利于保证电路的稳定性。

5.4.3 印制电路板的热设计原则

对于印制电路板的设计来说,板上的元器件、集成电路芯片和开关等都有相应的温度范围,一旦超过相应的温度范围,工作就会不正常,从而影响整个印制电路板的工作状态和性能。解决措施有两个:一是尽量控制印制电路板上的功率消耗,使板上的元器件、集成电路芯片和开关等工作在自己的温度范围内;二是采用相应的热设计方法来对印制电路板进行散热处理。

1. 散热的基本概念

任何事物的温度升高都是由热传导引起的,热能的传输总是从高温物体传向低温物体,从而导致低温物体的温度升高,直到达到温度平衡为止。通常,热传递的方式有 3 种形式。它们分别是传导、对流和辐射。

(1) 传导

传导存在于两个温度有差异的物体之间。在直接接触的两个物体之间,热量由温度高的一方传递给温度低的一方。与其他热传递方式相比,传导是传递速度最快并且是效率最高的一种方式。

(2) 对流

对流是一种存在于液体和气体之间的热量传递方式。一般来说,对流按照性质的不同可以分为强制对流和自然对流两种。对于发热量大的情况,通常都采用强制对流的方式来进行散热。

(3) 辐射

辐射是一种比较特殊的热传递方式,它是高温物体直接向四周空间释放热量的一种现象。可见,它无需借助任何传导媒介。

另外,在印制电路板的热设计过程中还有一个重要概念——热阻,它是指在能量传输过程中所遇到的阻力,单位为℃/W。一般来说,热阻越小,导热效率越高;热阻越大,导热效率越低。

在具体的热设计过程中,导热片是一种较为常见的元件。通常,导热片的用途体现在两个方面:一是增加元器件和散热器之间的导热性能,降低热阻;二是具有绝缘、粘附、吸振缓冲、阻隔噪声等用途。

对于导热片来说,按照不同的分类方法可以进行不同的分类。按照工作机理,导热片可以分为非相位变化导热片和相位变化导热片。其中,非相位变化导热片完全固化的程度为80%~100%,材质选择可以多种多样,虽说可以适用于几乎所有的场合,但是它的性能大多比不上相位变化导热片;相位变化导热片材质选择较少,厚度一般不超过 0.25mm,因此价位较高,一般仅适用于需要超高性能而且无绝缘考虑的应用领域。另外,按照用途来进行划分,导热片还可以分为 CPU 用导热片、芯片用导热片和其他用导热片。

选择导热片,主要需要考虑其热传导系数、热阻抗、介电常数、抗拉强度、抗剪强度、抗电强度、耐压、密度、体积电阻和背胶等多种因素。其中,热传导系数是最为重要的导热性能判断依据。

除了导热片之外,热管也是导热中经常采用的一种元件,它通常在大功率导热的过程中使用。一般来说,热管的导热能力远远超过目前任何已知金属的导热能力,它充分利用了热传导原理和制冷介质的快速热传递原理,透过热管将发热物体的热量迅速地传递到热源的外面去。简而言之,热管就是利用蒸发或者液体循环制冷来使热管两端的温度差变小,从而实现热量的快速传导。

通常,热管是由管壳、吸液芯和端盖组成的,具体的制作方法是将热管内部抽成负压状态,然后充入适当的液体,液体一般采用容易挥发、沸点较低的液体;接下来将管壁内部附上吸液芯,它一般是由毛细多孔材料构成的;同时热管的一端设为蒸发端,另一端设为冷凝端。热管的具体工作原理是:热管的一端受热后导致管中的液体迅速蒸发,蒸气在微小的压力差下流向另一端;然后蒸汽在另一端释放出热量,重新凝结成液体;接下来液体再沿着多孔材料靠毛细力的作用流回到蒸发端,进入下一次循环。

2. 散热的解决方案

在印制电路板的设计过程中,散热的解决方案可以分为 3 种,分别是被动散热、主动散热和综合散热。

(1) 被动散热

在采用这种方案的情况下,印制电路板上的散热片应该足够大,以利于板上的散热。另外,散热片的温差应该尽可能地小,否则将会对散热性能造成很大的影响。

(2) 主动散热

在采用这种方案的情况下,空气的进口和出口一定要明确进行定义,假如有必要,可以采用物体来进行相应的隔离。同时,空气通过散热部位的长度要尽可能地短,保证空气的气压和流速不会降低太多。另外,采用风扇来进行散热时,设计人员要尽量降低风扇的噪声。

(3) 综合散热

所谓综合散热就是同时采用被动散热和主动散热,这时设计人员要综合考虑散热器、热管、风扇、散热界面材料和各组件之间的组合等。

在印制电路板的设计件程中,风扇散热是设计人员经常采用的一种芯片散热方式。一般来说,风扇散热的基本原理就是利用风扇来产生风量,然后利用热对流方式使空气带走相应热源的热量。下面将重点介绍一些关于散热风扇的基本知识。

通常,散热风扇是由转子、定子和控制电路3部分构成的。其中,转子是由磁铁、扇叶和转轴构成的;定子是由硅钢片、线圈和轴承构成的;控制电路是由控制风扇转动的控制电路和封装风扇转动的动力电路构成的。按照工作原理,风扇可以分为轴流风扇和离心式风扇两种。其中,轴流风扇是利用风扇叶片的杨力使得空气在轴向方向流动,它是一种较为常见的风扇,体积小、重量轻、风扇叶片直接和电动机相连;离心式风扇利用离心力使得空气在叶片的半径方向上流动,它一般应用于通风阻抗大的场合。

风扇的选择主要需要考虑风扇的散热性能和散热对象所需要的散热效果,寻求风扇的静压力曲线和系统总体阻力曲线的相交点,这样就可以得到印制电路板上散热效果最好的点。另外,设计人员还需要考虑风扇对噪声的要求、风扇的进风口和出风口位置、风扇入风的距离等因素

对于印制电路板来说。风扇转动时发出的噪声是有害的,因此必须尽可能地减少这种风扇噪声。通常,降低风扇噪声可以采取以下措施:

① 尽量控制风扇的转速和尺寸。虽说风扇的转速越快、尺寸越大,散热效果就越好,但是转速越快、尺寸越大也会导致呼声越大,因此需要进行折中考虑。

② 由于空气的流动阻力将会引起相应的空气流动噪声。因此,需要控制系统的阻抗。

③ 由于工作电压波动将会造成风扇的转速变化,从而导致电路工作的不稳定,并且会产生额外的噪声。因此,要避免电压波动的产生。

④ 由于空气的紊流将会产生相应的高频噪声。因此,要避免空气紊流的产生,否则将会带来一定的噪声干扰。

⑤ 由于风扇的振动会引起一定的风扇噪声,同时也会使风扇的转速降低或者降低它的寿命等。因此,要控制风扇的振动现象。

3. 印制电路板的热设计原则

① 温度敏感的元器件应该尽量远离热源。对于温度高于30℃的热源,一般要求为:在风冷条件下,电解电容等温度敏感元器件离开热源的距离不应小于2.5mm;在自然冷条件下,电解电容等温度敏感元器件离开热源的距离不应小于4mm。如果印制电路板上因为空间的原因不能达到要求的距离,则应该通过温度测试来保证温度敏感元器件的温度变化在使用范围之内。

② 风扇的进风口和出风口大小的不同将会引起气流阻力的很大变化,一般来说,风扇的入口开口越大越好。

③ 对于可能存在散热问题的元器件和集成电路芯片来说,应该尽量保留足够的空间,以便调整方案,其目的是放置金属散热片和风扇等。

④ 对于能够产生高热量的元器件和集成电路芯片来说,应该考虑将它们放置于出风口或者利于对流的位置。

⑤ 对于散热通风设计中的大开孔来说,一般可以采用大的长条孔来代替小圆孔或者网格,降低通风阻力和噪声。

⑥ 在印制电路板的布局过程中,各个元器件之间,集成电路芯片之间或者元器件与芯片之间应该尽可能地保留空间,目的是利于通风和散热。

⑦ 对于发热最大的集成电路芯片来说,一般尽量将它们放置在主机板上,目的是为了避免底壳过热。如果将它们放置在主机板下,那么需要在芯片与底壳之间保留一定的空间,这样可以充分利用气体流动散热或者放置改善方案的空间。

⑧ 印制电路板中相对较高的元器件应该放置在出风口。但是,一定要注意不要阻挡风路。

⑨ 为了保证印制电路板中的透锡良好,对于大面积铜箔上的元器件焊盘,要求采用隔热带与焊盘相连;而对于需要通过 5A 以上大电流的焊盘,不能采用隔热焊盘。

⑩ 为了避免元器件回流焊接后出现偏位或者立碑等现象,对于 0805 或者 0805 以下封装的元器件两端,应该保证散热对称性,焊盘与印制导线的连接部分的宽度一般不应该超过 0.3mm。

⑪ 对于印制电路板中热量较大的元器件或者集成电路芯片以及散热元件等,设计人员应该尽量将它们靠近印制电路板的边缘,以降低热阻。

⑫ 在规则容许之下,风扇等散热部件与需要进行散热的元器件之间的接触压力应该尽可能大,同时确认两个接触面之间完全接触。

⑬ 风扇入风口的形状和大小以及舌部和渐开线的设计一定要仔细,另外风扇入风口外应该保留 3~5mm 之间没有任何阻碍。

⑭ 对于采用热管的散热解决方案来说,应该尽量加大和热管接触的相应面积,以利于发热元器件或者集成电路芯片等的热传导。

⑮ 空气的紊流一般会产生对电路性能产生重要影响的高频噪声。因此,应该尽量避免空间紊流的产生。

5.4.4 印制电路板的抗振设计原则

物理系统中某一个物理量的值不断地经过极大值和极小值的变化,这种现象通常称为振荡。振荡在力学或者声学系统中通常也称为振动。可以看出,振动是一种广泛存在的现象,它也广泛存在于印制电路板的设计中,因此设计人员在设计过程中也需要对振动进行充分考虑,从而避免对印制电路板的电路或者系统造成损害。

根据振动的不同性质,一般可以将振动分为两种类型,分别是确定性振动和随机性振动。其中,确定性振动指振动现象能够采用精确的数学关系式来进行描述,可见这种振动现象具有一定的重复性,因此可以预测它在未来时刻的精确值。随机性振动与确定性振动是完全不同的,它不能采用精确的数学关系式来进行描述,因此一般不能确定它在未来时刻的精确值,但是通常可以采用概率或者数理统计的方法来分析它的具体影响。振动现象对于印制电路板的影响主要体现在以下 3 个方面:

① 振动会破坏印制电路板的结构完整性,强烈的振动现象将会造成印制电路板的结构产生裂纹、变形或者断裂等现象。

② 振动会破坏印制电路板的功能,它将会导致印制电路板上的各种固件松动或者元器件脱开,从而造成印制电路板功能的降低或者完全丧失相应的性能。

③ 振动会引起工艺方面的故障,例如电子元器件、集成电路芯片或者接插件等部件的松动、接触不良和引脚引线的断裂等,这样将会造成电路的短路或者开路等故障。

对于印制电路板的具体设计来说,设计人员应该遵循一定的抗振设计原则,尽量减小振动现象的影响。概括起来,基本的抗振设计原则如下:

① 印制电路板设计的前期阶段就要充分进行预防振动现象的设计,提高电路和结构抗振性能。

② 印制电路板的振动控制一般应该从降低振源强度、隔振和减振三个方面入手,这样能够比较有条理地减少振动的影响。

③ 集成电路芯片要尽量采用 SMT 封装,以降低相应的安装高度,一般要将安装高度控制在 7~9mm 之内。

④ 要尽量将对振动敏感的元器件、集成电路芯片或者接插件安装在受振动影响较小的区域。

⑤ 接插件一定要安装牢固,避免振动现象引起接插件的松动对电路性能造成不可预测的影响。

⑥ 对离散元器件,要尽量缩短其引线的长度,贴面焊接。同时,采用环氧树脂或者聚氨脂胶将其点封在印制电路板上。

⑦ 通过改变印制电路板的尺寸大小、元器件或者集成电路芯片的安装形式和布局等改善印制电路板上的振动环境,以减少振动的影响。

5.4.5　印制电路板的可测试性设计原则

可测试性是指可以用尽可能简单的方法来检测某个部件是否正常工作的特性。设计印制电路板时,要尽量考虑它的可测试性。这样可以大大降低测试的难度和提高测试效率等。一般来说,印制电路板的可测试性设计原则主要体现在以下几个方面:

① 根据印制电路板的具体电路和功能,对应印制电路板上的各个部分电路选择相应的测试点。一般来说,只有那些重要或者复杂的电路才需要设置测试点。

② 印制电路板上应该具有两个或者两个以上的定位孔,以便测试过程中的印制电路板的定位。

③ 印制电路板上定位孔的直径应在 3~5mm 之间,另外定位孔的位置一般是不对称的。

④ 印制电路板上测试点的位置应该在相应的焊接面上,以便测试工作的进行,且不影响电路的性能。

⑤ 对于印制电路板上电源和地的测试点来说,要求每根测试针最大可以承受 2A 的电流。每增加 2A 电流,就需要对电源和地多提供一个测试点。

⑥ 对于数字印制电路板来说,一般要求对每 5 个集成电路芯片提供一个地线测试点,这样可以更好地监测相应电路的工作状态。

⑦ 对于印制电路板上的表面贴装元器件来说,不能将它们的焊盘作为相应的测试点,这一点一定要引起注意。

⑧ 对于印制电路板上的元器件、集成电路芯片或者接插件来说,需要进行测试的引脚间距应该是 2.54mm 的倍数。

⑨ 印制电路板上测试点的形状和大小应该符合规范。一般建议选择方形焊盘或者圆形焊盘,焊盘尺寸不小于 1mm×1mm。

⑩ 印制电路板上的测试点应该锁定,以避免在修改过程中出现测试点的移动现象;另外测试点应该具有一定的标注,目的是提供一定的指示作用。

⑪ 印制电路板上测试的距离应该大于 2.54mm,测试点与焊接面上元器件的间距应该大

于 2.54mm。

⑫ 印制电路板上测试点到定位孔的距离应该大于 0.5mm,测试点到印制电路板边缘的距离应该大于 3.175mm。

⑬ 印制电路板上低压测试点和高压测试点之间的间距应该符合安全规范要求,这样可以避免危险现象的发生。

⑭ 印制电路板上测试点的密度不能大于 $4\sim5$ 个/cm^2,另外测试点要尽量均匀分布。

⑮ 根据具体的测试要求,为了便于测试,有时候需要将测试点引到接插件或者连接电缆上来进行测试。

⑯ 印制电路板上焊接面的元器件高度一般不能超过 3.81mm,如果超过这个值,就需要进行特殊处理。

⑰ 印制电路板上的测试点不能被其他焊盘或者胶等进行覆盖,以保证测试探针的接触可靠性。

5.5 小批量印制电路板的制作

在计算机日益普及的今天,印制电路板计算机设计软件已成为常用工具之一。利用计算机设计的印制电路板,虽然具有图形规范、尺寸精确、容易修改、便于保存等优点,但制作印制板的工艺仍较为复杂,要通过光绘、照相制版等化学工艺流程,消耗材料较多,周期较长,费用较高。在正常情况下,将制版文件发给印制电路板厂,工厂以最快速度制版,并以特快专递寄回也需一周时间。而一款成熟的电路板,往往需要几次试制才可能成功。

针对上述问题,业界已开发出多种印制电路板制作系统。目前,应用比较成熟的印制电路板制作系统有两种。一种是基于物理雕刻原理设计的制板系统,它可直接利用电路设计软件的 PCB 文件信息,在不需要任何转换过程的情况下直接输出雕刻数据,通过自定义的数据格式控制制板机自动完成雕刻、钻孔、切边等工作。图 5.5.1 所示为德国 CNC3600 全自动 PCB 雕刻机外观图。另一种是基于化学腐蚀原理设计的制版系统,其工艺流程有多种形式。图 5.5.2 所示的是利用热转印机制板的工艺流程,图 5.5.3 所示的是利用曝光机制板的工艺流程。

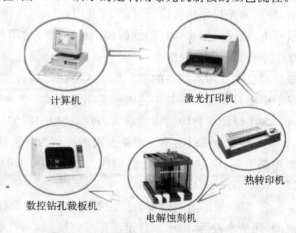

计算机   激光打印机

热转印机

数控钻孔裁板机   电解蚀刻机

图 5.5.1 CNC3600 全自动 PCB 雕刻机   图 5.5.2 印制电路板化学制板工艺流程(一)

在图 5.5.2 所示的工艺流程中,打印机的作用是将计算机输出的 PCB 文件打印在热转印纸上。热转印机的功能是将转印纸上的图转印到覆铜板上。电解蚀刻机的功能是将覆铜板上除了引线和焊盘以外的铜箔蚀刻掉。自动数控钻孔裁板机的作用是完成电路板过孔、元器件孔、板座孔的钻孔。裁边由计算机配合软件控制,可以裁出任何形状的 PCB 板。

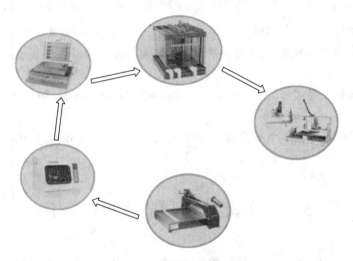

图 5.5.3　印制电路板化学制板工艺流程(二)

在图 5.5.3 所示的工艺流程中,计算机输出的 PCB 文件打印在菲林纸上,把菲林纸制作成胶片。裁板机的作用是裁剪覆铜板和胶片。曝光机的作用是将胶片上电路图通过曝光方法转移到贴有感光膜的覆铜板上。电解蚀刻机的功能是将覆铜板上裸露的铜箔蚀刻掉。铆钉机的作用是完成双面 PCB 板过孔的连接。

目前,小批量印制电路板的化学制板工艺有两种常用的形式,一种是基于热转印的印制电路板制作工艺,一种是基于曝光的印制电路板制作工艺。

1. 基于热转印的印制电路板制作工艺

基于热转印的印制电路板制作工艺流程是:首先是利用印制电路板设计软件绘制 PCB 图,使用激光打印机将设计好的 PCB 图打印到热转印纸上;再将热转印纸紧贴在覆铜板的铜箔面上,随后将贴有热转印纸的覆铜板送入热转印机,热转印机以适当的温度对其加热,转印纸上原先打印上去的图形(其实是碳粉)就会受热融化,并转移到铜箔面上,形成腐蚀保护层;最后将已完成图形转移的覆铜板放入已配好腐蚀液的蚀刻机中,覆铜板经腐蚀后就会将设计好的电路留在板上。其工艺流程见图 5.5.2。

为了保证热转印制板的成功,制作过程中需要注意以下事项。

① 布线的注意事项。理论上用热转印的方法可以做出 10mil(0.254mm)线,但在蚀刻时,如控制不当,很容易有断线的现象。在满足要求的情况下应尽量将线宽设计得大一些,例如 15mil(0.381mm)以上的线宽。

② 覆铜板的前期处理。先用抛光细砂纸将裁好的敷铜板打磨干净,再用洗涤剂或洗衣粉洗净,用清水浸透,晾干。这道工序一定要细心,打磨一定要均匀,否则很容易出现断线情况。清洗后,印制电路板的铜面不要与其他物质接触,也不要用手触摸。

③ 热转印机的温度控制。热转印机由两组(4 只)特制耐高温硅胶圆柱辊组成传动机构。

利用 2 只红外线石英加热管把其中的一组硅胶圆柱辊均匀地加温到 180.5℃（其表面最高耐温可达到 300℃）。这两组硅胶辊通过传动系统由同步电机驱动，按每分钟两转的恒速旋转。当热转印纸与敷铜板通过这组温度较高且压力较大的硅胶圆柱辊之间的夹缝时，热转印纸上吸附的墨粉将会融化。由于热转印纸是经过特殊处理的，通过高分子技术在它的表面覆盖了数层特殊材料的涂层，使热转印纸具有耐高温不粘连的特性。当温度达到 180.5℃ 时，热转印纸对融化的墨粉吸附力急剧下降，在压力的作用下，使融化的墨粉完全吸附在敷铜板上，敷铜板冷却后，形成紧固的印制图形，完成整个热转移过程。在这里需要说明的是：整个热转移过程对温度的要求特别高，温度的控制显得非常重要。例如：墨粉的融化温度最佳点一般在 180.5℃，温度过高时，过度融化的墨粉会扩散到原有线条的四周，使得图形模糊、精度变差，严重时还会将纸张烤焦。温度过低或温度不均匀时，又会出现转印效果差，甚至不能转印。在实际使用中，由于空气温度、湿度、纸张和电路板的厚度等因素对转印效果有一定的影响，因此温度的控制对转印效果的好坏显得非常重要。

④ 蚀刻过程中的时间控制。当图形转移到敷铜板上，即打印机的墨粉在敷铜板面上形成了一个有图形的保护层后，经过腐蚀液（如 $FeCl_3$ 溶液）腐蚀后即可形成做工精美的印制电路板（墨粉是由含有树脂的高分子材料制成的，对腐蚀液（如 $FeCl_3$ 溶液）具有良好的抗腐蚀性）。在蚀刻过程中如果时间过短就不能完全蚀刻掉多余的铜箔；若时间过长，则较细的导线易断裂，较粗的导线易出现毛刺。因此，要根据腐蚀液的浓度以及覆铜板的数量估算腐蚀时间，并按时注意观察。

2. 基于曝光的印制电路板制作工艺

基于曝光的印制电路板制作工艺流程为：在洁净的覆铜板上均匀地涂布一层感光胶或粘贴光抗蚀干膜，通过菲林曝光、显影、固膜、蚀刻获得电路图形；待将膜去掉后，经过必要的机械加工，最后进行表面涂敷，印刷文字、符号成为成品。这种工艺的特点是图形精度高、生产周期短。其详细工艺流程如下。

（1）设备组成

激光打印机，曝光机，热转印机（可选），显影机，蚀刻箱，裁板机等。

（2）光化学蚀刻工艺流程

光化学蚀刻的基本原理是：利用强氧化性溶液（如过硫酸钠、三氯化铁）腐蚀无线路区域的铜箔，而线路部分因被感光干膜遮盖而保留下来。感光干膜的特性是在紫外线照射后化学、物理性质将发生变化，运用这些性质上的较大差异能定向的除去曝光过或未曝光的部分。

1）制作材料

目前有两种制作材料：一是已经覆有感光干膜的成品感光覆铜板；二是将感光干膜和覆铜板分开，制作前在覆铜板上贴上感光干膜。感光油墨和感光干膜的作用相似。但由于成分不同，工艺差别也比较大。其中，覆有感光干膜的成品感光覆铜板由于化学性质稳定、与铜箔表面贴合紧密牢固，所以制作成功率高，被选作主要制板材料。其感光部分在显影的时候会与氢氧化钠溶液反应而溶化在溶液中，未感光部分则会留下来形成电路图。下面将以成品感光覆铜板为主详细介绍其制作工艺流程。

2）制作流程

打印菲林→贴膜→曝光→显影→蚀刻→去膜→涂敷阻焊层→钻孔

① 打印菲林纸（将菲林纸制作成胶片）。

将绘制好的 PCB 文件通过印制板电路设计软件的打印选项打印所需线路层或丝印层,按此方法打印的菲林纸的颜色比较浅,对于成品的感光覆铜板仍可以很好地显影,但对手工贴膜的覆铜板的显影就较差。建议将 PCB 文件导出为光绘文件,然后将其导入 CAM360(PCB 软件),增大其颜色的对比度,则打印后的菲林纸因对比度大,显影效果会较好。由于感光覆铜板上感光膜曝光的部分将被溶解,未曝光的部分就是所绘制的电路,因而打印菲林纸时应选用正片(线路为黑色),但为了让打印面尽量紧挨铜箔达到最好的曝光效果,在打印前应将绘制的PCB 图形翻转。

另外,由于手工钻孔定位不精确,建议焊盘的直径在条件允许的情况下尽可能大,在大小有限制的情况下推荐将圆形焊盘改画成椭圆形焊盘,以免在钻孔后焊盘面积过小而不便于焊接。

使用分立感光膜打印时,菲林纸必须是负片(将所画的 PCB 文件反色,线路图为无色的,而非线路图部分为黑色)。

② 贴膜。

裸覆铜板的贴膜。先用抛光细砂纸将裁好的敷铜板打磨干净,再用洗涤剂或洗衣粉洗净,用清水浸透,晾干。这道工序一定要细心,打磨一定要均匀,否则很容易出现断线情况。清洗后,电路板的铜面不要与其他物质接触,也不要用手触摸。第二道工序是剪下与覆铜板面积大小一致的感光干膜,将感光干膜表面的玻璃纸分离后平铺在覆铜板上。贴膜过程中要确保无气泡残留,不能用手挤压,可用热转印机对其热压固定,热转印机温度设定在 100℃左右,来回2~3次即可。

由于成品的感光覆铜板已经涂有感光油墨,故该步骤可以省去。

③ 曝光。

为使曝光图形更清晰,建议将菲林胶片的被打印的一面紧贴覆铜板,特别是电路布线较细时尤为重要。曝光前还要仔细检查菲林的左右方向,若方向放反,将会导致 PCB 成品的左右方向与设计方向刚好相反。当菲林胶片与覆铜板放置好后就可以曝光了,曝光时间应控制在40 秒到 100 秒,在这个时间范围内,电路布线较细的电路板曝光时间应略短一点,布线较粗的电路板曝光时间应略长一点。若时间太短,则显影将不明显,若时间太长,则易使感光膜脱落。

曝光机的曝光时间由一个 3 位的数码管构成,低二位代表的是秒,最高位代表的是分钟。例如,显示数字"140"代表的是"1 分 40 秒"。曝光时间值由曝光机上唯一的一个旋钮控制,旋转控制旋钮就可以调整曝光时间。曝光时间设定后按下旋钮就启动曝光。

④ 显影。

显影过程就是已曝光的卤化银颗粒被显影剂还原成金属银,使潜影变成可见影像的过程。不同的感光膜对应于不同的显影剂。对于覆有感光油墨的成品覆铜板,采用浓度为 1%(可略大或略小,浓度越高显影越快,速度过快不易控制,建议浓度不要偏大)的氢氧化钠(NaOH)溶液作为显影剂,制作一块单面的印制电路板(150mm×110mm)仅需要 100mL 氢氧化钠溶液。溶液用量与印制电路板面积成正比(经验值:160mm^2/1mL)。无水氢氧化钠易潮解,在使用时应即称即用。将已曝光的覆铜板放入显影液中,覆铜板大约在一分钟内显影完毕。在覆铜板显影时应仔细观察覆铜板,以非线路部分全部露出光滑、洁净的铜面为完成标志。显影完毕的覆铜板应立即用清水冲洗,若不及时清洗,则板上残存的氢氧化钠会把所有的感光膜都溶解掉。另外,由于氢氧化钠的强碱性,制作时应戴塑胶手套操作。

分立感光干膜显影液采用浓度为 1.4% 的碳酸钠溶液,温度要控制在 45℃到 50℃,用量比例仍是面积为 150mm×110mm 印制电路板对应 100mL 溶液。感光干膜对光极其敏感,故显影前应避免光的直射。

⑤ 蚀刻。

蚀刻用浓度为 35% 到 50% 的过硫酸钠溶液,温度控制在 40℃～45℃左右。注意:溶液浓度不得超过 50%,温度不得超过 50 度,以免溶液氧化性过强将铜箔氧化成黑色的氧化铜,而达不到除去多余铜箔的目的。在正常情况下,蚀刻耗时在 15 分钟到 30 分钟,蚀刻时间主要由温度和溶液浓度决定。覆铜板蚀刻完成后,用清水冲洗净。蚀刻液具有强氧化性,制作时避免直接接触蚀刻液。蚀刻也可以改用三氯化铁溶液,配制比例为 250g 三氯化铁配 1000mL 水。还可以使用高锰酸钾,浓硫酸等强氧化性物质配置腐蚀剂。

⑥ 去膜。

去膜就是除去遮盖线路的感光膜。由于铜不会与氢氧化钠反应,使用浓度为 10% 左右的氢氧化钠溶液浸泡覆铜板即可。

⑦ 钻孔。

钻孔时钻头保持竖直,紧压钻孔位置,然后开钻。注意避免钻头在覆铜板上滑动。钻头直径较小,一般为 0.5mm 或 0.4mm。若操作不当(如钻孔时钻头未与板面垂直或者钻孔时钻头晃动过大),则极易断裂,甚至飞溅,因而在操作时必须佩戴护目镜。

⑧ 涂敷阻焊层。

这层是绝缘的防护层,既可以保护铜线,又可以防止零件被焊到不正确的地方。业余制作时,常喷洒酒精松香水(1∶1 的酒精松香溶液,不具有阻燃的作用)代替涂敷。

附录 A

Protel DXP 应用简介

Protel DXP 是 Altium(前身 Protel)公司推出的新一代印制电路板设计软件平台,是基于 Windows 2000/XP 环境下的桌面 EDA 设计开发工具。Protel DXP 继承了 Protel 系列产品的优点,兼容 Protel 以前的所有版本;与 Protel 99 相比,它在许多方面有了很大的改进。Protel DXP 是第一个将所有的设计工具集成于一体的设计系统,它通过把设计输入仿真、PCB 绘制编辑、拓扑自动布线、信号完整性分析和设计输出等技术完美结合,为用户提供了全程的设计解决方案,使用户可以轻松进行各种复杂的电路板设计。

Protel DXP 将原理图编辑、PCB 图绘制以及打印等功能有机地结合在一起,形成了一个集成的开发环境。电子电路的原理图设计通过原理图编辑器来实现,生成的原理图文件为印制电路板的制作做准备工作;印制电路板的设计通过 PCB 编辑器实现,生成的 PCB 文件将直接应用到印制电路板的生产中。

A.1 原理图(Sch)设计

A.1.1 新建工程文件

Protel DXP 引入了设计工程的概念。在印制电路板的设计过程中,一般先建立一个 PCB 工程文件,该文件扩展名为".PrjPCB"。工程文件用来组织与设计有关的所有文件,例如原理图文件、PCB 文件、输出报表文件等。同一工程中的不同文件可以不保存在同一文件夹中。在查看文件时,可以通过打开工程文件的方式查看与工程相关的所有文件,也可以将工程中的单个文件以自由文件的形式单独打开。

在 Windows 2000/XP 系统中启动 Protel DXP,执行菜单命令"File/New/Project/PCB Project",弹出工程面板,如图 A.1.1 所示。

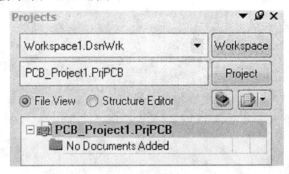

图 A.1.1 新建工程面板

工程面板中显示的是系统以默认名称创建的新工程文件,执行菜单命令"File/Save Project",在弹出的保存文件对话框中选取需要存储的文件夹,键入文件名,然后单击"保存"按钮,即可建立自己的工程文件。

A.1.2　建立电路原理图(Sch 图)

执行菜单命令"File/New/Schematic",此时工程面板中出现"Sheet1. SchDoc"的原理图文件,同时原理图编辑器启动,如图 A.1.2 所示。

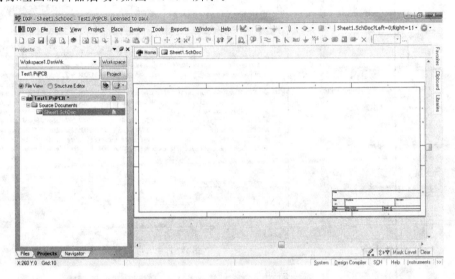

图 A.1.2　添加删除组件库窗口

在原理图上放置组件前,必须打开其所在的组件库。单击图 A.1.2 中左侧所示的面板标签 Libraries,或者执行菜单命令"View/Workspace Panels/System/Libraries",打开组件库面板,如图 A.1.3 所示。Protel DXP 系统默认打开的集合组件库有两个,常用分立元器件库(Miscellaneous Devices. Intlib)和常用接插件库(Miscellaneous Connectors. Inilib)。选中组件库,下面的窗口中将会列出组件库中的所有元器件,选中其中的一个元器件,在其最下方的窗口中即可看到该组件的器件图。

通常,系统默认组件库中并不会含所有使用到的组件库,因此可以通过手动添加外部的组件库。单击图 A.1.3 中所示"Libraries"按钮,弹出可用组件库对话框(Available Libraries),如图 A.1.4 所示。单击"Install"按钮,弹出打开库组件对话框,如图 A.1.5 所示。将路径指向安装目录下的 Library。选择待添加的组件库,单击"打开"按钮即可将组件库添加到导航面板中。否则,选择已添加的组件库,单击"Remove"按钮即可将导航面板中的组件库删除。

A.1.3　元器件放置与连接

在图 A.1.2 所示的原理图设计界面中添加各种元器件,并依据电路原理将元器件连接起来即为原理图设计。在图 A.1.6 中,选中"Miscellaneous Devices. Intlib"组件库中的 Res2 组件,单击"Place Res2"按钮或者双击元器件,则在设计界面中即会出现随鼠标指针移动的元器件,此时在原理图设计图纸上单击鼠标左键即可将该元器件放入设计图纸。

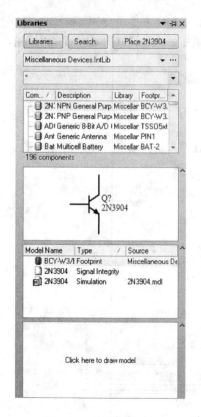

图 A.1.3　组件库窗口　　　　　　　图 A.1.4　可用组件库对话框

图 A.1.5　打开库组件对话框

提示：

① 未放置元器件前，可以按空格键调换元器件方向。

② 单击放置某元器件后，该元器件并不消失，仍然可以继续放置该元器件，单击鼠标右键即可取消该元器件的放置。

③ 在放置元器件之前按"Tab"键可以对元器件属性进行设置。

所有组件放置完毕后，就可以进行电路图中各对象间的连线（Wiring）。连接的主要目的

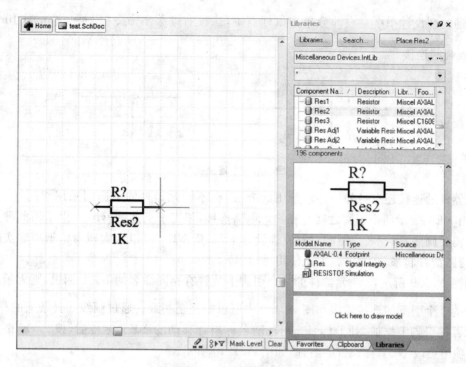

图 A.1.6　放置元器件

是按照电路设计的要求建立网络的实际连通性。

　　在设计图纸空白部分单击鼠标右键,在弹出的菜单中选择"Place Wire",即可在图纸上进行元器件连接操作。为设计方便,也可以通过 Protel DXP 的系统菜单栏"View/Toolbars/Wiring"调出如图 A.1.7 所示的画线工具条,单击 ⌇ 也可以进行元器件连接操作。

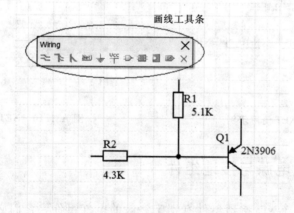

图 A.1.7　元器件连接

　　此时,鼠标指针由箭头变为大十字。只需将鼠标指针指向欲连线的组件端点,单击鼠标左键,就会出现一条随鼠标指针移动的预拉线,当鼠标指针移动到连线的转弯点时,单击鼠标左键就可定位一次转弯。拖动虚线到组件的引脚上并单击鼠标左键,则在任何时候双击鼠标左键,都会终止该次连线。若想将编辑状态切回到待命模式,则可单击鼠标右键或按下 Esc 键。

　　图 A.1.8 中所示的三个元器件通过连接线连接在一起。其中有交叉点,交叉点中的圆点表示交叉线存在物理连接,是连通的,如果实际是连通的,但是原理图上并没有出现交叉圆点,则可以通过在设计图纸空白部分单击鼠标右键，执行右键菜单命令"Place/Manual Junction"实现强制连接。

图 A.1.8　连接类型

元器件的连接还有另外一种较常用的方法：在不同元器件的引脚间采用相同的 NET 表示，即用 NET 表示两个引脚之间存在物理电路连接，相当于上述的 wire。由于用此种方法表示并不需要画线，因此在大型的电路原理设计中，采用 NET 可以大大减少图纸中的实际连接线，使得图纸看起来较为清晰，因此使用得较多。

如图 A.1.9 所示，3 个元器件的某个引脚上放置有相同命名的 NET 标识，则表示这 3 个元器件的 3 个引脚的连接效果和图 A.1.9 中所示的完全一致。通过画线工具条上的 按钮可在元器件引脚上添加 NET 标号。出现随鼠标指针移动的 NET 标号后，按"Tab"键即可在 Net 选项中更改 NET 标识符的名称，如图 A.1.10 所示。

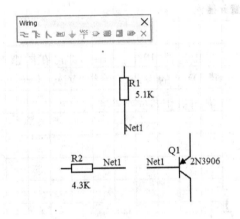

图 A.1.9　NET 使用示例

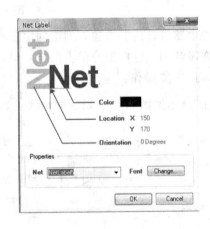

图 A.1.10　NET 选项对话框

A.1.4　放置电源与接地组件

VCC 电源组件与 GND 接地组件有别于一般的电气组件。它们必须通过菜单"Place/Power Port"或电路图绘制工具栏上的 按钮调用，这时编辑窗口中会有一个随鼠标指针移动的电源符号，按 Tab 键，即出现如图 A.1.11 所示的 Power Port 对话框。在对话框中可以编辑电源属性，在 Net 栏中修改电源符号的网络名称，在 style 栏修改电源类型，用 orientation 修改电源符号放置的角度。电源与接地符号在 Style 下拉列表中有多种类型可供选择，如图 A.1.12 所示。

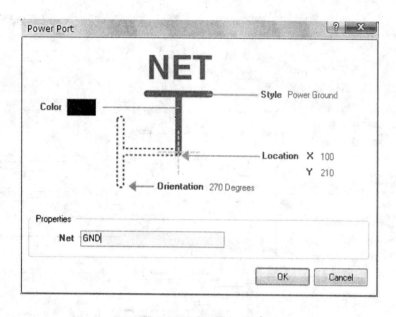

图 A. 1. 11　Proper 属性

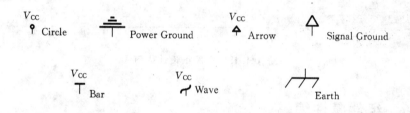

图 A. 1. 12　各种电源与接地符号

A. 1. 5　多图纸设计

一个原理图设计可以有多种组织方法,可以由单一图纸组成,也可以由多张关联的图纸组成,而不必考虑图纸号,并可将每一个设计当作一个独立的方案。原理图设计可以包括模块化组件,这些模块化组件可以建立在独立的图纸上,然后与主图连接。作为独立的维护模块允许几个工程师同时在同一方案中工作,模块也可被不同的方案重复使用。便于设计者利用小尺寸的打印设备(如激光打印机)。下面举例说明。

打开 LCD_Keypad. DSNWRK 设计文件,打开 LCD_Keypad. SchDocj 原理图设计窗口(见图 A. 1. 13)。可以看到许多绿色矩形框,叫做原理图模块,每一个原理图模块里包含一张图纸,一个总的原理图可以包含多个子原理图。选择"Design"下的"Create Sheet From Symbols",由符号生成图纸,如果已经画好原理图,则选择"Design"下的"Create Symbol Form Sheet",由图纸生成符号。利用工具条上的↑↓点取输入端口,可以在总的原理图与子原理图之间切换。

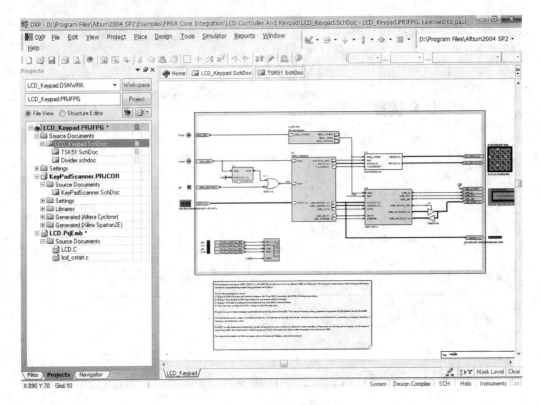

图 A.1.13　多图纸设计范例

A.1.6　组件属性编辑

schematic 中所有的组件对象都各自拥有一套相关的属性。在将组件放置到绘图页之前,组件符号可随鼠标移动,如果按下 Tab 键就可打开如图 A.1.14 所示的元器件属性对话框。设置属性(Properties)实质上是在元器件属性分组框中编辑修改元器件的参数。

① Designator——元器件编号设置。作为元器件的识别标志,编号在一个工程中不允许重复。如果希望系统对元器件自动排序编号,则此项不必修改;如果不希望该元器件参加系统的自动排序编号,则可以在其文本框中输入元件编号,同时选中不允许元器件自动排序。

② Comment——元器件注释。元器件编号和元器件注释文本框后都有一个显示复选项。

③ Part——定义子组件序号。所谓的多子件元器件是指一个集成电路中包含多个相同功能的电路模块,如 74LS14 中就包括 6 个相同的反相器。通过单击左右指向的箭头 [<<]　[<]　[>]　[>>] 可以选择多子件元器件中的不同子件。

元器件属性分组框内的其他几项参数一般不必修改。其中,元器件 ID 号 Unique Id 是由系统产生的元器件唯一标识码,原理图中的每个元器件都不同。

符号位置框中(Graphical)可以修改元器件组件的位置(Location X/Y)和角度(Orientation)(也可在放置元组件时,在单击 place 后,按组合键"Shift＋空格"修改角度)。显示隐藏管脚主要针对集成电路的电源管脚和接地管脚。

参数列表分组框(Parameters)中的参数,主要是为仿真设置的模型参数和 PCB 制板的设

图 A. 1. 14   元器件属性设置对话框

计规则。可通过 Add... Remove... Edit... 按钮添加、删除和编辑参数；通过 Add as Rule... 按钮添加规则。

封装模型在模型列表分组框(Models)中进行设置。

元器件的属性设置是比较复杂的，如果能熟练地掌握，将极大地提高设计水平和设计效率。

A. 1. 7   编译工程

编译工程是 Protel DXP 进行设计过程中非常重要的步骤，主要包括工程检查、各种数据生成等内容。

通过执行菜单命令"Project/Copile PCB Project"，对工程进行编译。编译信息可通过 Messages 面板查看，如图 A. 1. 15 所示。

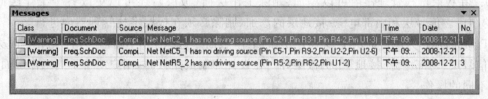

图 A. 1. 15   工程编译完成后的 Messages 面板

A.1.8　元器件报表

元器件报表也称为材料清单或元器件清单,主要报告工程中使用元器件的型号、数量等信息,也可用做采购。

打开 SCHDOC 原理图设计窗口,执行菜单命令"Reports/Bill of Materials",按照向导所给选项选择,完成选择后会生成一个 Excel 风格或者简单文件格式的材料清单。

A.1.9　生成网络表

网络表是原理图与 PCB 图之间的一座桥梁,是 PCB 自动布线的灵魂。它可以在原理图编辑器中直接由原理图文件生成,也可以在文本文件编辑器中手动编辑,还可以在 PCB 图中导出相应的网络表。

在设计好原理图,进行 ERC 电气规则检查并确认无误后,就要生成网络表,为 PCB 布线做准备。网表生成非常容易,执行菜单"Design/Netlist For Project/Protel"。网表生成后,就可以进行 PCB 设计了。

A.2　印制电路板(PCB)设计

A.2.1　建立 PCB 文件

执行菜单命令"File/New/PCB",即可完成空白 PCB 文件的建立。如果在工程中创建 PCB 文件,该文件将会自动地添加到工程中,并列表在"Projects"标签中紧靠工程名称的 PCB 下面。此时,工程面板中出现"PCB1.PcbDoc"的 PCB 原理图文件,同时 PCB 编辑器启动,如图 A.2.1 所示。

A.2.2　设置 PCB 的工作层面

Protel DXP 的 PCB 编辑器为用户提供了功能强大的板层堆栈管理器(Layer Stack Manager)。在板层堆栈管理器内可以添加、删除工作层面(板层),还可以更改各个工作层面(板层)的顺序。信号层和内部电源/接地层的添加、删除必须在板层堆栈管理器内进行。

Protel DXP 为用户提供了多达 74 层的工作层面。这些工作层面分为若干个不同类型,包括信号层、内部电源/接地层、机械层等。在设计印制电路板时,用户对于不同工作层面需要进行不同的操作。

执行菜单命令"Design/Board Layers & Colors",弹出工作层面设置对话框,如图 A.2.2 所示。

Protel DXP 提供的工作层面主要有以下几种类型:

① [Signal Layers]:信号层。

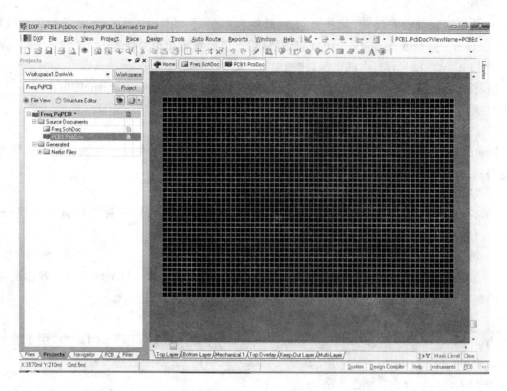

图 A.2.1 新建 PCB 文档窗口

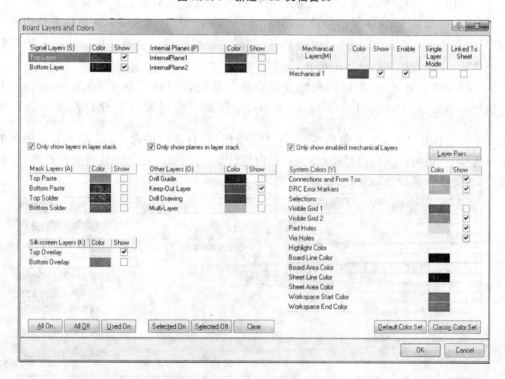

图 A.2.2 工作层面设置对话框

Protel DXP 共有 32 个信号层：[Top Layer]，[Bottom layer]，[Mid layerl]，[Mid layer2]，…，[Mid layer30]。信号层主要用来放置元器件和布线的工作层。例如，[Top

Layerl]为顶层铜膜胶布线面,用于放置元器件和布线;[Bottom layer]为底层铜膜布线层;[Mid Layer1]～[Mid layer30]为中间布线层,用于多层板可布信号线等。

② [Internal Layers]:内部电源/接地层。

Protel DXP 提供了 16 个内部电源/接地层[Internal Plane1]～[Internal Plane16]。内部电源/接地层用于布置电源线和地线。

③ [Mechanical Layers]:机械层。

Protel DXP 提供了 16 个机械层[Mechanical1]～[Mechanical16]。机械层用于放置与印制电路板的机械特性有关的标注尺寸信息和定位孔。

④ [Mask Layers]:防护层。

Protel DXP 提供了两种防护层:一种是阻焊层(Paste Mask),一种是锡膏防护层(Sold Mask)。防护层主要用于防止电路板某些部分镀上锡。

⑤ [Silkscreen Layers]:丝印层。

Protel DXP 提供了顶层(TopOverlay)和底层(BottomOverlay)两个丝印层。丝印层主要用于绘制组件的外形轮廓、元件标号和说明文字。

⑥ [Other Layers]:其他工作层面。

Protel DXP 提供了一些其他工作层面。其中,禁止布线层(Keep-Out Layer)用于绘制印制板的边框;多层(Multi-Layer)用于观察焊盘或过孔,每一层都可见电气符号。

⑦ [System Colors]:颜色体系。

工作层面的层数应根据需要而设置。机械层的层数设置只要在机械层框的"Enable"栏中,勾选某一层的复选框,该层即被设置启用。防护层、丝印层、其他层和颜色体系栏中的某些层,都只要勾选该项右侧"Show"栏中的复选框,则该层被启用。在每一层工作层名的右侧都有一颜色栏,可设置相应层显示的颜色。

信号层和内部电源/接地层的层数设置在板层堆栈管理器(Layer Stack Manager)中进行。执行菜单命令"Design/Layer Stack Manager",弹出板层堆栈管理器设置对话框如图 A.2.3所示。单击对话框左下角的 Menu 按钮,执行相应的命令,或者单击对话框中的相应设置按钮,就可以实现信号层(Layer)和内层(Plane)的添加、删除,材料属性设置,板层属性设置,板层结构的设置和钻孔属性的设置等。

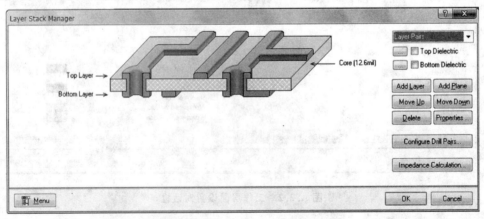

图 A.2.3　板层堆栈管理器设置对话框

A.2.3　规划印制电路板

在创建好 PCB 文件并启动 PCB 编辑器后,设计人员首先要对印制电路板进行规划。所谓规划印制电路板就是根据电路的规模以及公司或制造商的要求,具体确定所要制作印制电路板的物理尺寸和电气边界。印制电路板规划的原则是在满足公司或制造商要求的前提下,尽量美观且便于后面的布线工作。

印制电路板规划的具体操作步骤如下。

1. 规划印制电路板的物理边界

对印制电路板机械定义的具体要求是由公司或制造商提出的,通常包括角标、参考孔位置、外部尺寸等。确定印制电路板物理边界一般选用第一个机械层,而在其他的机械层上放置尺寸、对齐标志等。具体操作步骤如下。

① 设定当前的工作层为[Mechanical1]。单击工作窗口下方的[Mechanical1]标签即可将当前的工作平面切换到[Mechanical1]层面,在该层面上确定电路板的物理边界。

② 确定电路板的下边界。执行菜单命令"Place/Line",单击确定一边界的起点,然后拖动光标到某一点,再单击确定该边界的终点。同样的方法画出电路板其他边界。

③ 绘制完电路板的物理边界后,单击鼠标右键即可退出"Place/Line"命令状态。

2. 确定电路板的电气边界

电气边界用来限定布线和组件放置的范围,它是通过在禁止布线层(KeepOut layer)绘制边界来实现的。禁止布线层在 PCB 工作空间中用来确定有效的放置和布线区域的特殊工作层面。通常用户应将电气边界的范围与物理边界的范围规划成相同大小。所有信号层的目标对象(如焊盘、过孔等)和走线都将被限定在电气边界内。规划印制电路板电气边界的方法与规划物理边界的方法完全相同,只是应将当前工作层面设定在禁止布线层(KeepOut layer)。只有规划好了电气边界才能继续进行下面的工作。

A.2.4　引入网络和元件封装库

网络报表是原理图设计和 PCB 设计的接口,Protel DXP 中自动布线的操作是根据网络报表的具体内容来进行的。在添加网络报表之前应添加相应的元件封装库,否则添加网络报表的过程中将会给出错误信息,从而导致添加网络报表的失效。

在 Protel DXP 设计系统中,PCB 编辑器中的库文件工程面板与原理图编辑器中的库文件工作面板是完全相同的,这里不再对元件封装库的添加操作进行介绍。

Protel DXP 可以直接通过单击原理图编辑器内更新 PCB 文件按钮实现网络与元件封装的载入,也可以单击 PCB 编辑器内从原理图导入变化按钮实现网络与元件封装的载入。具体步骤如下。

① 在原理图编辑器中,选择菜单命令"Design/Update PCB Document..."或在 PCB 编辑器中选择菜单命令"Design/Import Changes From...",弹出如图 A.2.4 所示的 ECO(Engineering Change Order)对话框。

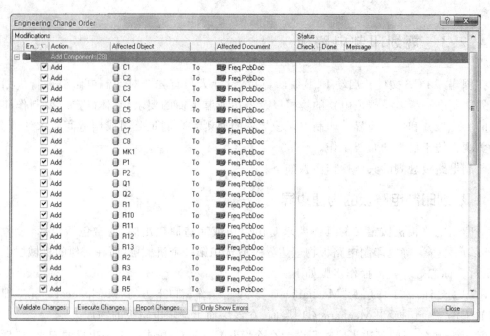

图 A. 2. 4　ECO 对话框

② 单击"Validate Changes"按钮,注意状态(Status)一栏中 Check 和 Done 的变化。如果所有的改变有效,则 Check 状态列出现勾选,说明网络表中没有错误;否则,在信息(Messages)面板中给出原理图中的错误信息。

③ 单击"Execute Changes"按钮,开始执行所有的元件信息和网络信息。完成后,Done 状态勾选。添加操作完成后的 ECO 对话框如图 A. 2. 5 所示。

④ 单击"Close"按钮,关闭对话框。所有的元件和飞线已经出现在 PCB 文件中的元件盒内,如图 A. 2. 6 所示。

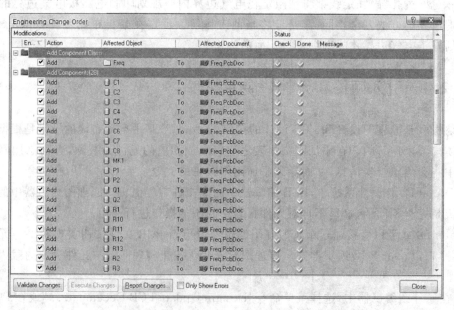

图 A. 2. 5　添加操作完成后的 ECO 对话框

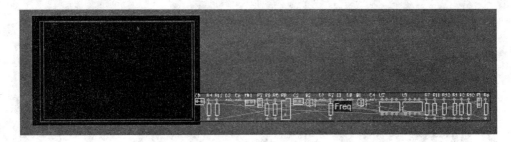

图 A. 2. 6　载入网络表后的 PCB 文件

A. 2. 5　布局设计

Protel DXP 可以自动布局,也可以手动布局。用户可以根据自己的习惯和设计需要选择布局设计。如果自动布局,则执行菜单"Tools/Component Placement/Auto Placer..."。用这个命令,可能会出现问题,比如可能导致后期的布线质量低下,从而需要大量的手工调整等。布线的关键是布局,多数设计者采用手动布局的形式。用鼠标选中一个元件,按住鼠标左键不放,拖住这个组件到达目的地,放开左键,将该元件固定。用鼠标单击元件,按住鼠标左键不放,按空格键可使元件逆时针旋转 90°,按"X"键(左右翻转)或"Y"键(上下翻转)即可调整元件的放置位置。用鼠标左键双击待编辑的元器件标注,将会弹出编辑文字标注对话框,对文字标注进行设置。除此之外,PCB 编辑器还提供了元器件的排列与对齐等其他操作。

A. 2. 6　布线设计

在布线之前先要设置布线方式和布线规则。在 PCB 编辑器中,执行菜单命令"Design/Rules...",即可启动 PCB 规则和约束编辑对话框,如图 A. 2. 7 所示。与布线相关的设计规则主要是对话框中的"Routing"目录,共分 7 类。"Width"设计规则用于布线时设定导线宽度,在该单元中可修改导线的最小宽度(Minimum)、建议宽度(Preferred)和最大宽度(Maximum);"Routing Topology"设计规则用于定义管脚到管脚之间的布线规则,此规则包括 7 种方式(连线最短方式、水平方向连线最短方式、垂直方向连线最短方式、任意起点连线最短方式、中心起点连线最短方式、平衡连线最短方式和中心放射连线最短方式);"Routing Priority"规则用于设置布线的优先次序;"Routing Layers"规则用于设置布线板层;"Routing Corner"规则用于设置导线的转角方式;"Routing Via Styles"规则用于设置布线中导孔的尺寸;"Fan Out Control"规则用于设置 SMD(表贴式元件)扇出式布线控制。

有了布线规则,就可进行自动布线或手动布线了。如果采用自动布线,选择"Auto Route"菜单,Protel DXP 支持多种布线方式,可以对全板自动布线,也可以对某个网络、某个元件布线,也可手动布线。手动布线的操作方法如下。

① 启动导线放置命令:执行菜单命令"Place/Interactive Routing",光标变成十字形状,表示处于导线放置模式。

② 放置导线:移动光标到要画线的位置,单击鼠标左键确定起点;再移动光标到合适的位置,单击鼠标左键以确定终点。

③ 布线时换层的方法:双面板底层和顶层均为布线层,在布线时不退出导线放置模式仍

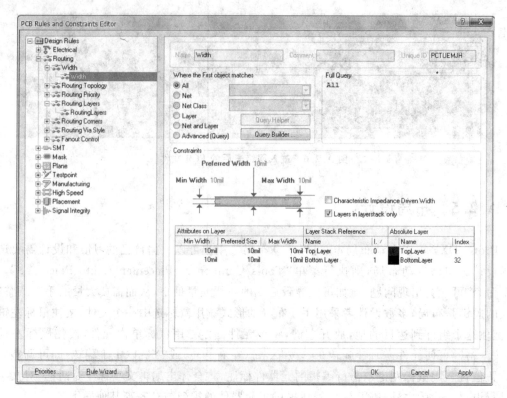

图 A.2.7　PCB 规则和约束编辑对话框

然可以换层。方法是按小键盘上的"＊"键切换到布线层,同时自动放置过孔。

④ 退出放置导线模式:单击鼠标右键取消导线放置模式。

A.2.7　电气规则检查

一块线路板已经设计好后,就要检查布线是否有错误。Protel DXP 提供了很好的检查工具"DRC",自动进行规则检查。只要运行"Tools"下的"Design Rlue Check",计算机会自动将检查结果列出来。

A.2.8　建立新的 PCB 器件封装

器件不断更新,导致经常需要从库里增加器件封装,或增加封装库。Protel DXP 提供了很好的导航器,帮助完成器件的添加。执行菜单命令"File/New/Library/PCB Library",新建默认名称为"PcbLib1,PcbLib"PCB 封装库文件,同时进入 PCB 库文件编辑器,如图 A.2.8 所示。创建一个新的元件封装时,选择"Tools"下的"New Component",弹出 PCB 元件封装生成向导(Component Wizard),如图 A.2.9 所示。按照提示,可以迅速生成一个需要的元件封装。

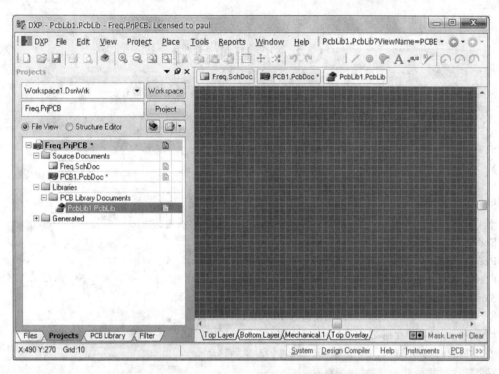

图 A. 2. 8　新建 PCB 库文件的 PCB 封装库编辑器

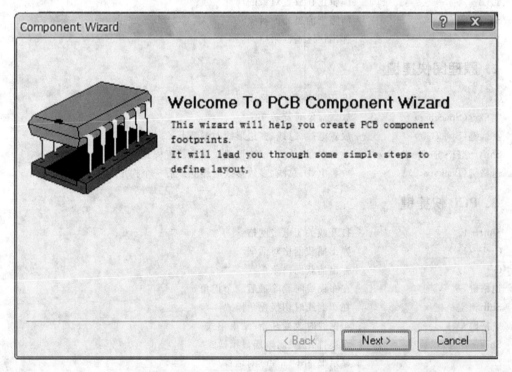

图 A. 2. 9　元件封装生成向导

A.3　常用快捷键

1. 原理图和 PCB 通用快捷键

Shift	在自动平移时,实现快速平移
Y	在放置元件时,上下翻转
X	在放置元件时,左右翻转
Shift+ ↑ ↓ ←→	箭头方向以十个网格为增量,移动光标
↑ ↓ ←→	箭头方向以一个网格为增量,移动光标
End	屏幕刷新
PageDown,Ctrl+鼠标滚轮	以光标为中心缩小画面
PageUp,Ctrl+鼠标滚轮	以光标为中心放大画面
Shift+鼠标滚轮	左右移动画面
X+A	取消所有选中的对象
单击鼠标左键并按住拖动	选择区域内部对象
单击并按住鼠标左键	选择光标所在的对象并移动
双击鼠标左键	编辑对象
TAB	编辑正在放置对象的属性
Shift+C	清除当前过滤的对象
Y	弹出快速查询菜单

2. 原理图快捷键

G	循环切换捕捉网格设置
空格键(Spacebar)	放置对象时旋转 90°
空格键(Spacebar)	放置电线、总线、多边形线时激活开始/结束模式
Shift+空格键(Spacebar)	放置电线、总线、多边形线时切换放置模式
退格键(Backspace)	放置电线、总线、多边形线时删除最后一个拐角

3. PCB 快捷键

Shift+E	打开或关闭电气网格
Ctrl+G	弹出捕获网格对话框
G	弹出捕获网格菜单
退格键	在布铜线时删除最后一个拐角
Shift+空格键	在布铜线时切换拐角模式
空格键	布铜线时改变开始/结束模式
Shift+S	切换打开/关闭单层显示模式
L	显示 Board Layers 对话框
+	切换到下一层(数字键盘)
−	切换到上一层(数字键盘)
Ctrl+M	测量距离
Shift+空格键	顺时针旋转移动的对象
空格键	逆时针旋转移动的对象

A.4　常用原理图元件符号与 PCB 封装

A.4.1　元器件封装的分类

通常,元器件的封装可以分为两大类:针脚式元器件封装和表面贴装元器件封装。

① 针脚式元器件封装。这种元器件封装一般是针对针脚类元器件而言的。具有针脚式元器件封装的元器件在进行焊接时,首先要将元器件的针脚插入到焊盘的元器件孔上,然后才能进行相应的焊接操作。

② 表面贴装元器件封装。这种元器件封装一般是针对表面贴装元器件而言的。具有表面贴装元器件封装的元器件在进行焊接时,要求它的焊盘只能分布在印制电路板的顶层或者底层。

A.4.2　元器件封装的编号

在电路系统的设计过程中,元器件封装的编号原则为"元器件类型＋引脚距离(或者引脚数)＋元器件外形尺寸"。例如,元器件封装的编号为 AXIAL-0.3,表示元器件封装为轴向的,两引脚间的距离为 300mil;元器件封装的编号为 DIP-16,表示元器件封装为双列直插式,引脚数目为 16 个;元器件封装的编号为 RB7.6-15,表示元器件封装为极性电容类,两引脚间的距离为 7.6mm,元器件的直径为 15mm。

A.4.3　常见的元器件封装

对于大多数的电子元器件来说,常见的分立元器件封装主要包括二极管类、电容类、电阻类和晶体管类等等;常见的集成电路类主要包括单列直插式和双列直插式等。

① 二极管类。二极管类器件封装的编号一般为 DIODE-xx。其中,数字 xx 表示二极管类器件引脚间的距离。例如,器件封装编号为 DIODE-0.5 表示器件引脚间的距离为 500mil。

② 电容类。电容类元器件封装可以分为两类:非极性电容类和极性电容类。非极性电容类元器件封装的编号为 RADxx,其中,数字 xx 表示元器件封装引脚间的距离;极性电容类元器件封装的编号为 RBxx-yy,其中,数字 xx 表示元器件引脚间的距离,数字 yy 表示元器件的直径。

③ 电阻类。电阻类元器件封装也可以分为两类:普通电阻类和可变电阻类。普通电阻类元器件封装的编号为 AXIAL-xx,其中,数字 xx 表示元器件引脚间的距离;可变电阻类元器件封装的编号为 VRx,其中数字 x 表示元器件的类别。

④ 晶体管类。晶体管类器件封装的形式多种多样,编号原则也略有不同,这里就不对其进行详细介绍了。

⑤ 集成电路类。集成电路类器件封装主要包括两类：单列直插式和双列直插式。单列直插式器件封装的编号为 SIL-xx，其中数字 xx 表示单列直插式集成电路的引脚数；双列直插式器件封装的编号为 DIP-xx，其中数字 xx 表示双列直插式集成电路的引脚数。

A.4.4 常用原理图元器件符号与 PCB 封装形式

序号	元器件名称	封装名称	原理图符号	PCB 封装形式
1	Battery	BAT-2	Battery	
2	Bell	PIN2	Bell	
3	Bridge1	E-BIP-P4/D	Bridge1	
4	Bridge2	E-BIP-P4/X	Bridge2	
5	Buzzer	ABSM-1574	Buzzer	
6	Cap	RAD-0.3	Cap 100pF	
7	Cap Semi	C2012-0805	Cap Semi 100pF	

续表

序号	元件名称	封 装 名 称	原理图符号	PCB 封装形式
8	Cap Var	C3225-1210	Cap Var 100pF	
9	Connecter14	CHAMP1.27-2H14A	J? Connector 14	
10	D Zener	DIODE-0.7	D Zener	
11	Diode	DSO0C/X	Diode	
12	Dpy RED-CA	DIP10	DS? Dpy Red-CA	
13	Fuse Thermal	PIN-W2/E	Fuse Thermal	
14	Inductor	C1005-0402	Inductor 10mH	
15	JFET-P	CAN-3/D	JFET-P	

序号	元件名称	封 装 名 称	原理图符号	PCB 封装形式
16	Jumper	RAD-0.2	Jumper	
17	Header5	HDR1X5	Header 5	
18	Lamp	PIN2	Lamp	
19	LED3	SMD-LED	LED3	
20	MHDR1X7	MHDR1X7	MHDR1X7	
21	MHDR2X4	MHDR2X4	MHDR2X4	
22	Mic2	PIN2	Mic2	
23	MOSFET-P3	DFT-T5/X	MOSFET-P3	

序号	元件名称	封 装 名 称	原理图符号	PCB 封装形式
24	MOSFET-P4	DSO-G3	MOSFET-P4	
25	Motor Servo	RAD-0.4	Motor Servo	
26	Motor Step	DIP6	Motor Step	
27	NPN	BCY-W3	NPN	
28	Op Amp	CAN-8/D	Op Amp	
29	Optoisolator	SO-G5/P	Optoisolator2	
30	Phonejack2	JACK/6-V2	Phonejack2	
31	Photo PNP	SFM-T2/X	Photo PNP	

序号	元件名称	封装名称	原理图符号	PCB封装形式
32	Photo Sen	PIN2	Photo Sen	
33	PNP	SO-G3/C	PNP	
34	Relay	DIP-P5/X	Relay	
35	Relay-SPST	DIP4	Relay-SPST	
36	Res2	AXIAL-0.4	Res2 1K	
37	Res Adj2	AXIAL-0.6	Res Adj2 1K	
38	Res Bridge	SFM-T4/A	Res Bridge 1K	
39	Rpot2	VR5	RPot 1K	
40	SCR	SFM-T3	SCR	

序号	元件名称	封 装 名 称	原理图符号	PCB 封装形式
41	Speaker	PIN2	Speaker	
42	SW-DIP4	DIP-8	SW-DIP4	
43	SW DIP-4	SO-G8	SW DIP-4	
44	SW-PB	SPST-2	SW-PB	
45	SW-SPST	SPDT-3	SW-SPST	
46	Trans CT	TRF-5	Trans CT Ideal	
47	Triac	SFM-T	Triac	
48	Trans	TRANS	Trans	

A.5 器件库

A.5.1 Miscellaneous Devices.ddb 分立元器件库

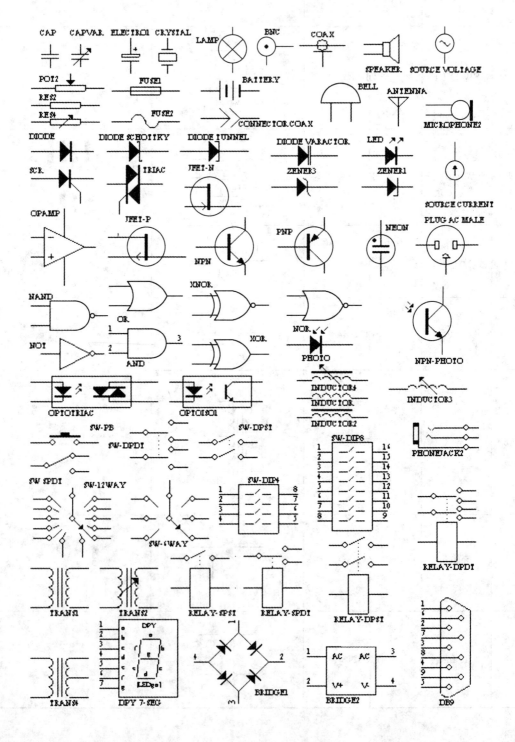

A.5.2　PCB footprints. lib 库中常用元器件封装图

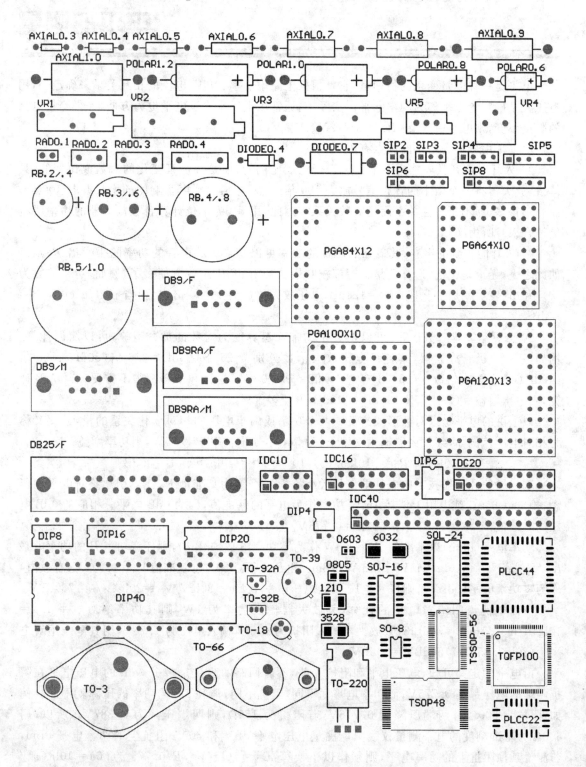

附录 B

电平的测量

电平是一种能量变化的物理量，它是根据电路中功率、电压、电流的相互关系来确定的，用电压关系确定的电平称为功率电平。实际中，通常用电压来表示电平更为方便，如果测量电路的阻抗不变，则电平$=10\lg(P_2/P_1)=20\lg(V_2/V_1)$。

电平采用分贝为单位的优点有以下几点。

① 人耳对声音强弱感觉不是和声音变化成比例的，而是和声音变化的对数成比例的，具体讲，放大器将一个微小的音频信号放大 100 倍，但人耳感觉到声音响度的增长并非 100 倍，而要小得多，即不是线性关系而是对数关系。因此，用 dB 为单位计算音频放大器的功率增益更符合人耳听力实际。

② 人耳能听到的声音，其最强的声音的功率可以是最弱的声音的功率的 10^{12} 倍，差别是如此之大，无论是记忆、运算还是书写都较麻烦。若用 dB 表示就方便多了，例如，功率倍数为 10^{12} 用 dB 表示就是 $10\lg10^{12}$dB$=120$dB；电压放大倍数为 10000 倍，只相当于 $20\lg10000$dB$=80$dB。

③ 分贝运算是对数运算，可以把数字的乘除运算变为对数的加减运算，可以简便计算。例如，一个三极管放大器，其各级电压放大倍数分别为 25 倍（28dB）、316 倍（50dB）、100 倍（40dB），电压放大倍数$=(35\times316\times100)$倍$=790000$ 倍，运算和书写都很不方便，若按 dB 计算，则电压增益$=(28+50+40)$dB$=118$dB，方便多了。

以上讲的电平是以对数形式来反映两个功率或两个电压的相对变化关系的量，因此又称为相对电平。例如，某放大器输入功率 P_1 为 5mW，输出功率 P_2 为 5W，则功率增益：

$$10\lg P_2/P_1=[10\lg5/(5\times10^{-3})]dB=10\lg1000dB=30dB$$

现代通信和广播技术中表征电信号大小的 P_1、V_1 变为基准量 P_0、V_0，引出绝对电平的概念，规定以 600Ω 纯电阻上消耗 1mW 功率作为电平的基准值，称为 0dB 电平。相应的 0dB 电压的有效值 $V_0=1\times10^{-3}$W$\times600\Omega=0.775$V。

功率电平（dBm）以基准值 $P_0=1$mW 作为零功率电平（0dBm），则任意功率 P 的功率电平 $L_P=10\lg P/P_0=10\lg P(\text{mW})/1(\text{mW})$dBm。电压电平（dBV）以基准值 $V_0=0.775$V（有效值）作为零功率电平（0dBV），则任意电压 V 的电压电平上 $L_V=20\lg V/V_0=20\lg(V/0.775)$dBV。

下面举例说明绝对电平的计算，某放大器输出功率为 1W，则其功率绝对电平 $L_P=10\lg10^3$mW/1mW$=30$dBm，某放大器输入阻抗为 600Ω，输入电压为 7.75V，则其电压绝对电平$=(20\lg7.75/0.775)$dBV$=20$dBV。

由电平的定义可知，电压电平和阻抗无关，不管回路的阻抗是多少，0dB 的电压电平在阻抗两端的电压都是 0.775V；而功率电平则不同，阻抗不同，消耗 1mW 功率的压降就不同。例如，阻抗为 600Ω 时两端压降为 0.775V，若阻抗为 150Ω，则两端压降为 0.387V。所以，用 600Ω 为基准刻度的电平测量仪表只能测量电压电平 dBV 和 600Ω 阻抗上的功率电平 dBm，若测量其他阻抗上的功率电平，则须作以下换算：$L_P=10\lg(V_2^2/R/0.775^2/600)=10\lg(v^2/0.775^2\times600/R)=L_V+10\lg(600/R)$。上式中 $10\lg(600/R)$ 称为修正项，若被测点阻抗不为

600Ω，则必须将电压电平加上修正值才是功率电平。

若实际应用中需要以 6mW 作为 0dB 电平，则 $L_P = 10\lg(P/0.006) = 10\lg P[(0.001/0.006)/0.006] = 10\lg(P/0.001 - 7.78)$。必须将测量值减去修正值 7.78 才能得到实际的功率电平。

测量电平的仪器通常采用晶体管毫伏表。若没有晶体管毫伏表，可以用万用表测量，下面以国内广泛使用的 MF-500 型万用表为例说明音频信号电平的测量方法。MF-500 型万用表表头 dB 刻度为 $-10 \sim +20$dB，误差小于 4%。测试时将红、黑表笔的一端分别接在"dB"和"∗"插孔，另一端接测试电路，选择电压挡，交流 10V 量程对应 0dB，测量值即为实际值；若超出量程，可选择交流 50V、250V，量程 50V 时测量值应加修正值 $20\lg(50/10) = 14$dB，测量范围为 $+4 \sim +36$dB；量程为 250V 时测量值应加修正值 $20\lg(250/10) = 28$dB，测量范围为 $+18 \sim +50$dB。

电平测量量程的改变，实际上与电压测量量程的改变相同，如表 B.1.1 所示，测量时电平值应为 dB 刻度尺读数加上修正值。

表 B.1.1 电压量程与电平修正值对应表

电压/V	0.775	0.775×3	0.775×10	0.775×30	0.775×100	0.775×300
修正值/dB	0	+10	+20	+30	+40	+50

附录 C

常用电工电子工具

C.1 测量工具

C.1.1 低压验电器

低压验电器又称为电笔,是检测电气设备是否带电的一种常用工具。普通低压验电器的电压测量范围为 60～500V。低压验电器的外形及使用方法如图 C.1.1 所示。

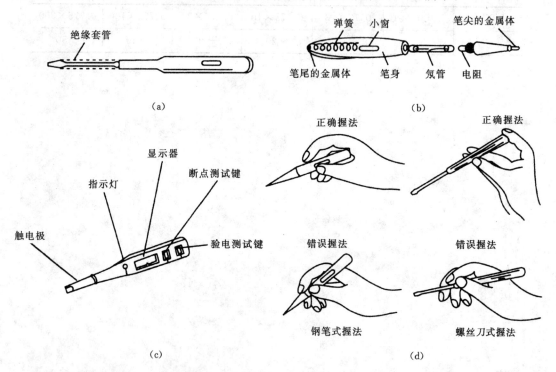

图 C.1.1 低压验电器的外形及使用方法

(a) 螺丝刀式; (b) 钢笔式; (c) 感应式; (d) 使用方法

使用低压验电器时要注意:

① 使用低压验电器之前,首先要检查其内部有无安全电阻、是否有损坏、有无进水或受潮,并在带电体上检查其是否可以正常发光,检查合格后方可使用。

② 测量时手指握住低压验电器笔身,食指触及笔身尾部金属体,低压验电器的小窗口应该朝向自己的眼睛,以便于观察。

③ 在较强的光线下或阳光下测试带电体时,应采取适当避光措施,以防观察不到氖管是否发亮,造成误判。

④ 低压验电器可用来区分相线和零线,接触时氖管发亮的是相线(火线),不亮的是零线。它也可用来判断电压的高低,氖管越暗,则表明电压越低;氖管越亮,则表明电压越高。

⑤ 当用低压验电器触及电机、变压器等电气设备外壳时,如果氖管发亮,则说该设备相线有漏电现象。

⑥ 用低压验电器测量三相三线制电路时,如果两根很亮而另一根不亮,则说明这一相有接地现象。在三相四线制电路中发生单相接地现象时,用低压验电器测量中性线,氖管也会发亮。

⑦ 用低压验电器测量直流电路时,把低压验电器连接在直流电的正负极之间,氖管里两个电极只有一个发亮,氖管发亮的一端为直流电的负极。

⑧ 低压验电器笔尖与螺钉旋具形状相似,但其承受的扭矩很小,因此,应尽量避免用其安装或拆卸电气设备,以防受损。

C.1.2　高压验电器

高压验电器又称高压测电器,10kV 高压验电器由金属丝、氖管、氖管窗、固紧螺钉、护环和握柄等组成,其结构如图 C.1.2 所示。

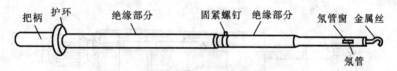

图 C.1.2　10kV 高压验电器

使用高压验电器时要注意:

① 高压验电器在使用前应经过检查,以确定其绝缘是否完好,氖管发光是否正常,与被测设备电压等级是否相适应。

② 测量时,应使高压验电器逐渐靠近被测物体,直至氖管发亮,然后立即撤回。

③ 使用高压验电器时,必须在气候条件良好的情况下进行,在雪、雨、雾、湿度较大的情况下,不宜使用,以防发生危险。

④ 使用高压验电器时,必须戴上符合要求的绝缘手套,而且必须有人监护,测量时要防止发生相间或对地短路事故。

⑤ 测量时,人体与带电体应保持足够的安全距离,10kV 高压的安全距离为 0.7m 以上。高压验电器应每半年作一次预防性试验。

⑥ 在使用高压验电器时,应特别注意手握部位应在护环以下,如图 C.1.3 所示。

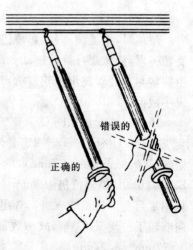

图 C.1.3　手握部位

C.1.3 钢卷尺和钢直尺

钢卷尺和钢直尺都是测量工具,用于测量长度,如图 C.1.4 所示。

图 C.1.4 钢卷尺和钢直尺实物

C.1.4 千分尺

千分尺有多种类型,在电动机维修过程中,千分尺的主要作用是测量漆包线的线径,一般选用测量范围为 0~25mm 的千分尺,其结构如图 C.1.5 所示。千分尺的螺旋读数机构,包括一对精密的螺纹副件(测微螺杆和螺纹轴套)和一对读数套筒(固定套筒和微分筒)。固定套筒上刻有轴向中线,作为微分筒的基准线。同时,在轴向中线上下还刻有两排刻线,间距为 1mm,且上排与下排错开 0.5mm。上排刻有 0~25mm 整数字码,下排不刻数字。

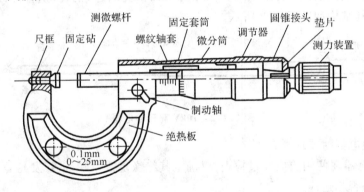

图 C.1.5 千分尺外形图

使用时,把被测零件(如漆包线)置于测量杆与固定砧之间,然后顺时针旋转测力装置。每旋转一周,测微螺杆就前进 0.5mm,被测尺寸的最小数值就是其测量精度(一般为 0.01mm)。当旋转测力装置发出棘轮打滑声时,即可停止转动,在固定套筒上读出整数值,在微分套筒读出小数值。

千分尺的读法如图 C.1.6 所示。如图 C.1.6(a)所示,千分尺的固定套筒上分 8 格,微分套筒上分 27 格。先读出固定套筒上的整数值为 8mm,然后在微分套筒上读出的小数值为 27 格(27×0.01mm=0.27mm),两者相加即为被测尺寸值(8mm+0.27mm=8.27mm)。在图 E.1.6(b)中,整数位仍为 8mm (8 格),固定套筒的基准线正好对准微分套筒上的第 27 格,但从固定筒上下排刻线就可以看出,被测尺寸已经超过了 8.5mm,表明微分筒从 8mm 之后,又向前转了一周又 27 格,故小数部分应为 0.01×(50+27)mm=0.77mm,被测数值=8mm+0.77mm=8.77mm。

使用千分尺测量时应注意以下几个方面。

① 被测的漆包线要放直,不能弯曲,否则会影响测量结果。

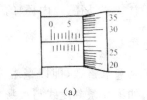

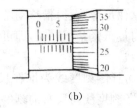

（a）　　　　　　　　　　　　（b）

图 C.1.6　千分尺读数方法

② 擦净两个测量面,对准零位,确认没有漏光现象。

③ 测量时只能旋转测力装置,不得直接旋转微分筒,否则会使精密螺纹变形,影响测量精度,甚至造成千分尺损坏。

C.1.5　游标卡尺

游标卡尺是工业上常用的测量长度的仪器,它由尺身及能在尺身上滑动的游标组成,如图 C.1.7(a)所示。若从背面看,游标是一个整体。游标与尺身之间有一弹簧片(图中未能画出),利用弹簧片的弹力使游标与尺身靠紧。游标上部有一紧固螺钉,可将游标固定在尺身上的任意位置。尺身和游标都有量爪,利用内测量爪可以测量槽的宽度和管的内径,利用外测量爪可以测量零件的厚度和管的外径。深度尺与游标尺连在一起,可以测槽和筒的深度。

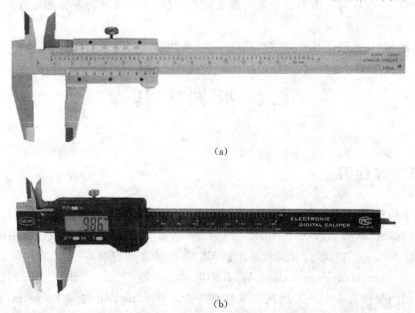

（a）

（b）

图 C.1.7　游标卡尺

（a）普通游标卡尺；　（b）数显游标卡尺

普通游标卡尺的使用方法如下。

用软布将量爪擦干净,使其并拢,查看游标和主尺身的零刻度线是否对齐。如果对齐就可以进行测量,如没有对齐则要记取零误差,游标的零刻度线在尺身零刻度线右侧的叫正零误差,在尺身零刻度线左侧的叫负零误差(规定方法与数轴的规定一致,原点以右为正,原点以左为负)。

测量时,右手拿住尺身,大拇指移动游标,左手拿待测外径(或内径)的物体,使待测物位于外测量爪之间,当与量爪紧紧相贴时,即可读数。

游标卡尺的读数:

读数时首先以游标零刻度线为准在尺身上读取毫米整数,即以毫米为单位的整数部分。然后看游标上第几条刻度线与尺身的刻度线对齐,如第 6 条刻度线与尺身刻度线对齐,则小数部分即为 0.6 毫米(若没有正好对齐的线,则取最接近对齐的线进行读数)。如有零误差,则一律用上述结果减去零误差(零误差为负,相当于加上相同大小的零误差),读数结果为:

$$L = 整数部分 + 小数部分 - 零误差$$

游标卡尺的保管方法如下。

游标卡尺使用完毕,用棉纱擦拭干净。长期不用时应将它擦上黄油或机油,两量爪合拢并拧紧紧固螺钉,放入卡尺盒内盖好。

游标卡尺有 0.01 毫米、0.1 毫米、0.05 毫米和 0.02 毫米 4 种最小读数值。

游标卡尺使用注意事项:

① 游标卡尺是比较精密的测量工具,要轻拿轻放,不得碰撞或跌落地下。不要用来测量粗糙的物体,以免损坏量爪,不用时应置于干燥地方防止锈蚀。

② 测量时,应先拧松紧固螺钉,移动游标不能用力过猛。两量爪与待测物的接触不宜过紧。不能使被夹紧的物体在量爪内挪动。

③ 读数时,视线应与尺面垂直。如需固定读数,可用紧固螺钉将游标固定在尺身上,防止滑动。

④ 实际测量时,对同一长度应多测几次,取其平均值来消除偶然误差。

C.2 拆 卸 工 具

C.2.1 螺丝刀

螺丝刀又称旋凿、改锥、起子等,是一种手用工具,主要用来旋动(紧固或拆卸)头部带一字槽或十字槽的螺钉,其头部形状分一字形和十字形,柄部由木材或塑料制成。常用的螺丝刀如图 C.2.1(a)所示。一字形螺钉旋具规格用柄部以外的长度来表示,一字形螺钉旋具常用的规格有 50mm、100mm、150mm 和 200mm 等,其中电工必备的是 50mm 和 150mm 两种。十字形螺钉旋具常用的规格有 4 个,I 号适用于螺钉直径为 2~2.5mm,II 号为 3~5mm,III 号为 6~8mm,IV 为 10~12mm。

根据螺钉直径的大小,有不同的手柄和握法。首先要选择螺丝刀头与螺钉大小相配的螺丝刀。可采用图 C.2.1(b)、(c)所示的使用螺丝刀的方法。当螺钉较小时,先用手扶住螺丝刀的前端,对准螺钉头的沟槽,然后一手拿螺丝刀的柄部开始旋动螺钉,在最后加力拧紧时,用手指转动刀柄即可。当螺钉较大时,要用手掌握紧刀柄处用力旋转。当用力很大时,如果螺丝刀滑落会造成危险,所以在拧紧时,要用一只手轻轻扶住螺丝刀的杆,另一只手的大拇指要压住刀柄端头上。此外,还有手柄直径较大的电共螺丝刀,这种螺丝刀便于加力。

使用螺钉旋具时应该注意:

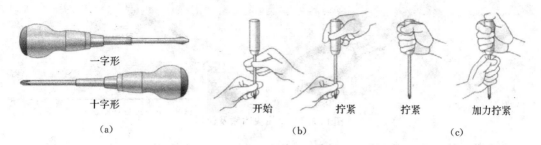

图 C.2.1 螺丝刀及其使用方法

（a）螺丝刀；（b）紧固小螺钉时的握法；（c）紧固大螺钉时的握法

① 螺钉旋具的手柄应该保持干燥、清洁、无破损且绝缘完好。

② 不应让螺钉旋具的金属杆部分触及带电体，可以在其金属杆上套上绝缘塑料管，以免造成触电或短路事故。

③ 不能用锤子或其他工具敲击螺钉旋具的手柄，或当作錾子使用。

C.2.2 断线钳

断线钳又称斜口钳或挑口钳，其外观如图 C.2.2 所示。

图 C.2.2 常见断线钳实物图

断线钳主要用来剪断较粗的电线或细金属丝，修剪焊接后多余的线头，捋掉导线外层的绝缘皮等。在捋导线的绝缘外皮时，要控制好断线钳刃口的咬合力度，既要能咬住绝缘外皮，又不会剪伤绝缘层内的金属线芯。

选购断线钳时注意：支轴部松紧要适度，刃口无缺陷；并拢斜口钳的钳口，应该没有间隙。使用断线钳时，不能用来剪断硬度较大的金属丝，以防止钳头变形或断裂。

C.2.3 尖嘴钳

尖嘴钳能在较狭小的工作空间操作，不带刃口者只能夹捏工作，带刃口者能剪切细小导线，为仪表及电讯器材等装配及修理工作常用的工具。其外观如图 C.2.3 所示。

尖嘴钳一般用来处理小零件，如导线打圈、小直径导线的弯曲、夹持一些小的螺母，还可以利用其后部剪断一些细的导线，适合在其他工具难于到达的部位进行操作。

选购尖嘴钳时，应仔细确认尖嘴部齐整吻合，支轴部松紧适度，但要注意尖嘴钳不能用于剪断较粗的金属丝，以防止将尖嘴钳损坏。

图 C.2.3　常见尖嘴钳及使用

尖嘴钳按其全长分为 130mm、160mm、180mm、200mm 四种。

C.2.4　钢丝钳

钢丝钳又叫平口钳,其实物及使用方法如图 C.2.4(c)所示。钢丝钳主要用于剪切、绞弯、夹持金属导线,也可用作紧固螺母、切断钢丝。常用钢丝钳的规格有 150mm、175mm 和 200mm 三种。

使用钢丝钳时应该注意:

① 首先应该检查绝缘手柄的绝缘是否完好,如果绝缘破损,则在带电作业时会发生触电事故。

② 用钢丝钳剪切带电导线时,不能用刀口同时切断相线和零线,也不能同时切断两根相线,而且,两根导线的断点应保持一定距离,以免发生短路事故。

③ 不得把钢丝钳当作锤子使用,也不能在剪切导线或金属丝时,用锤或其他工具敲击钳头部分。另外,钳轴要经常加油,以防生锈。

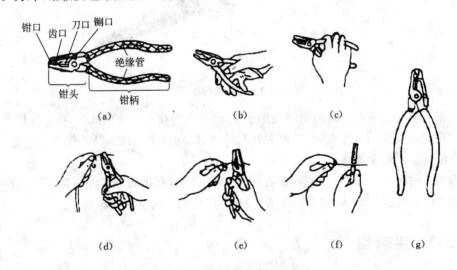

图 C.2.4　钢丝钳及其使用方法
(a) 构造; (b) 握法; (c) 紧固螺母; (d) 弯绞导线; (e) 剪切导线;
(f) 侧切钢丝; (g) 裸柄钢丝钳

C.2.5　剥线钳

剥线钳主要用于剥小直径导线接头的绝缘层。图 C.2.5 所示的是其早期产品,使用时把导线放入相应的切口中（直径 0.5～3mm），用手将钳柄握紧，导线的绝缘层即被拉断并自动弹出。如图 C.2.6(c)所示，剥线钳前段（剥线）用于拨除绝缘线上的绝缘层，将要剥的导线绝缘层放入相应的刃口槽中（比导线芯直径稍大，以免损伤导线），按压钳柄后顺着线的方向用力即可。后端（剪切）与平口钳类似，可以用来剪一般粗细的导线，切勿用其来剪断过粗的铁丝。

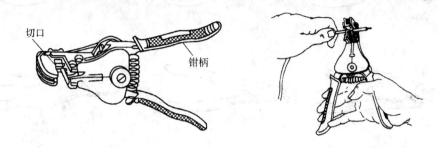

图 C.2.5　自动剥线钳实物图及使用

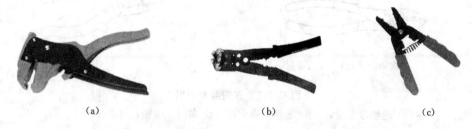

(a)　　　　　　　　　　　　(b)　　　　　　　　　　　　(c)

图 C.2.6　其他常见剥线钳实物图

(a) 鹰嘴剥线钳；　(b) 新型自动剥线钳；　(c) 压接剥线钳

C.2.6　多用与专用工具钳

专用工具钳如图 C.2.7 所示。

C.2.7　活扳手

活扳手用来旋转六角或方头螺栓、螺钉、螺母等。它的特点是开口尺寸可以在规定范围内任意调节，特别适用于螺栓规格多的场合。活扳手由头部和柄部组成，头部由活络扳唇、呆扳唇、扳口、蜗轮和轴销等构成，如图 C.2.8(a)所示。

使用时，将扳口调节到比螺母直径稍大一点，用右手握手柄，再用右手指旋动蜗轮使扳口紧压螺母。扳动大螺母时，力矩较大，手应握在手柄的尾处，如图 C.2.8(b)所示。扳动较小螺母时，需用力矩不大，但螺母过小易打滑，故手应握在靠近头部的地方，如图 C.2.8(c)所示，可随时调节蜗轮，收紧活络扳唇，防止打滑。

C.2.8　剪刀

剪刀主要用来剪各种导线和细小的元器件引脚、套管、绝缘纸、绝缘板等，其实物如图 C.2.9所示。

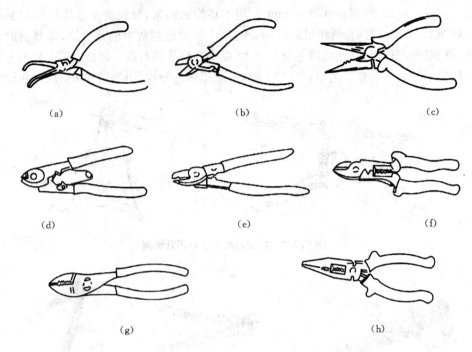

图 C.2.7 多用与专用钳

(a) 迷你弯嘴钳；　(b) 迷你斜嘴钳；　(c) 多用尖嘴钳；　(d) 钢缆钳；

(e) 电缆钳；　(f) 多用斜口钳；　(g) 鲤鱼钳；　(h) 多用尖嘴钳

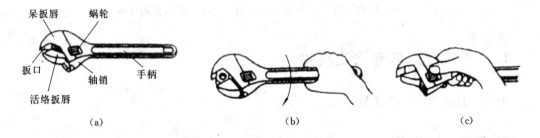

图 C.2.8 活扳手及其使用

(a) 活扳手；　(b) 扳较大螺母的握法；　(c) 扳较小螺母的握法

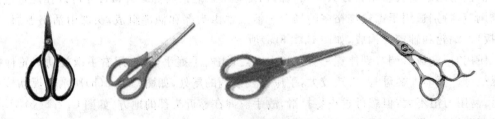

图 C.2.9 几种常见剪刀实物图

C.2.9 镊子

　　镊子用于夹取小的电子器件(如贴片 SMD 器件)和导线,在焊接一些对温度比较敏感的元器件时,用镊子夹住元器件的引线,还能起到散热的作用。若夹持较大的零件,应该换用头部带齿的大镊子或平口钳。特别注意,当镊子因为受较大外力而变形时就很难恢复原来形状了。几种常见镊子外形如图 C.2.10 所示。

图 C.2.10 几种常见的镊子实物图

C.2.10 集成电路起拔器

集成电路起拔器用于从集成电路插座上拔起集成电路芯片。不同规格的起拔器对应于不同封装的芯片。图 C.2.11 所示的是两种常见的集成电路起拔器外观。

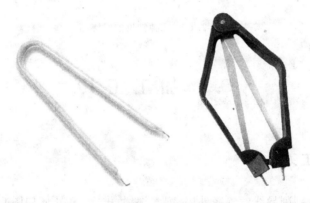

图 C.2.11 两种常见的集成电路起拔器

C.2.11 热风枪

热风枪常用于拆卸引脚密集的芯片或难于拆卸的器件,热缩管加热及一些需无火高温加热的地方,其外形如图 C.2.12 所示。

热风枪一般有两个旋钮,一个是温度调节旋钮,另一个是风力调节旋钮,此外热风枪的枪头还具有磁控装置,暂时停止使用时可以将枪头放在架上,而不用关闭开关。

图 C.2.12 几种常见的热风枪

C.2.12 吸锡器

吸锡器用于拆焊电子器件和集成芯片，主要有带电热和不带电热两种，前者可以直接对焊点加热并吸取上面的焊锡，使用简便。后者需要电烙铁对焊点加热至锡融化然后吸取上面的焊锡，清除焊锡效果好，寿命长且价格较低，推荐使用。

几种常见的吸锡器外形如图 C.2.13 所示。

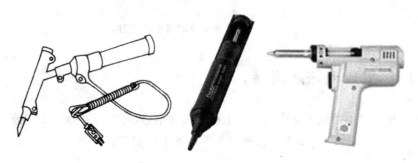

图 C.2.13　几种常见的吸锡器

C.3　加　工　工　具

C.3.1　电工刀

电工刀主要用于剖削导线的绝缘外层，削木榫、竹榫等，其外形如图 C.3.1 所示。在使用电工刀进行剖削作业时，应将刀口朝外，剖削导线绝缘时，应使刀面与导线成较小的锐角，以防损伤导线；还应避免伤手；使用完毕后，应立即将刀身折进刀柄；因为电工刀刀柄是无绝缘保护的，所以绝不能在带电导线或电气设备上使用，以免触电。

图 C.3.1　电工刀

C.3.2　锉刀

锉刀用于手工打磨和抛光各种金属物件和电路板，一般在台钳夹持下进行。

最典型钢锉的使用方法如图 C.3.2 所示。右手握锉柄，用力方向与锉的方向一致，左手握住锉头处，锉的用力方向与工件成 45°，还要保持锉成水平状态。

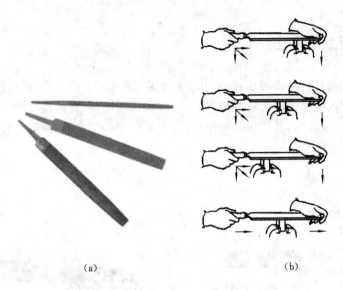

（a）　　　　　　　　　　　　　　（b）

图 C.3.2　锉刀的外观与使用
（a）锉刀的外观；　（b）锉刀的使用方法

C.3.3　手锯

手锯主要用于分割各种金属材料和非金属材料（如电路板、木材、薄钢板、塑料板等），可以在台钳夹持下进行。

注意应使齿尖朝着向前推的方向。锯条的张紧程度要适当。过紧，容易在使用中崩断；过松，容易在使用中扭曲、摆动，使锯缝歪斜，也容易折断锯条。握锯一般以右手为主，握住锯柄，加压力并向前推锯；以左手为辅，扶正锯弓。根据加工材料的状态（如板料、管材或圆棒），可以做直线式或上下摆动式的往复运动，向前推锯时应均匀用力，向后拉锯时双手自然放松。快要锯断时，应注意轻轻用力。手锯的构造及使用见图 C.3.3 所示。

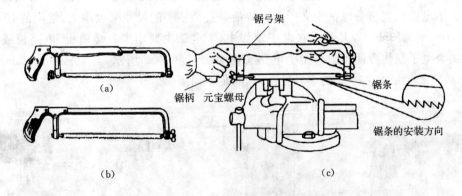

图 C.3.3　手锯的构造及使用
（a）可调式手锯；　（b）固定式手锯；　（c）手锯握法

C.3.4　压线钳(杜邦)

压线钳用于杜邦针和导线的连接,使其美观牢靠,还可以制作 2510 排线。常用方法如下。

先将杜邦针放入压线钳的合适槽口,然后轻捏压线钳钳柄,直到钳口的两端恰好碰到杜邦针,然后将导线伸入压线钳,紧按压线钳钳柄,直到听到"咔嚓"声响,钳柄此时自动弹开。其实物图如图 C.3.4 所示。

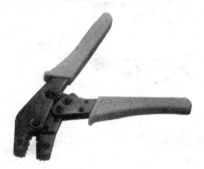 

图 C.3.4　压线钳外形　　　　　　　　图 C.3.5　网线钳

C.3.5　网线钳

网线钳是用来卡住 BNC 连接器外套与基座的,它有一个用于压线的六角缺口。网线钳同时具有剥线、剪线功能。实物如图 C.3.5 所示。

C.3.6　手电钻

手电钻是一种携带方便的小型钻孔用工具,它由小电动机、控制开关、钻夹头和钻头几部分组成。手电钻的规格是以钻头夹所能夹持最大直径钻头的尺寸来表示的,常见的有 $\phi 3mm$、$\phi 6mm$、$\phi 10mm$、$\phi 13mm$ 等几种。在电子制作中,手电钻主要用来在金属板、电路板或机壳上打孔。适合电子制作者使用的小型手电钻实物如图 C.3.6(a)所示,其规格多为 $\phi 3mm$,可夹持最小 $\phi 0.5mm$、最大 $\phi 3mm$ 的多种钻头,以满足不同需要。

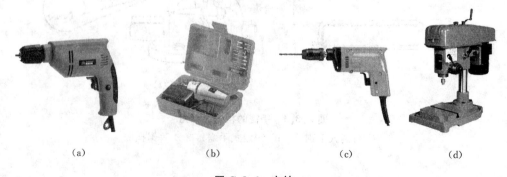

(a)　　　　　　(b)　　　　　　(c)　　　　　　(d)

图 C.3.6　电钻

(a) 小型手电钻;　(b) 一种套装手电钻;　(c) 普通手电钻;　(d) 普通台钻

图 C.3.6(b)所示的是电钻/电磨套装件。它配有 $\phi0.5mm$、$\phi1mm$、$\phi1.5mm$、$\phi2mm$、$\phi2.5mm$ 和 $\phi3mm$ 五种规格的钻头夹,以及与钻头夹适配的钻头、交流 220V 直流 12V 电源变换器、4 个小砂轮等,可完成钻孔、打磨、抛光等任务,是加工电路板和机壳等非常得心应手的工具。

图 C.3.6(d)所示的是台钻。台钻通常放在桌上,较重,可以在金属,塑料,木材上钻出各种大小的圆孔。

C.3.7 冲击钻

冲击钻是一种电动工具(见图 C.3.7),具有两种功能:一种可作为普通电钻使用,用时应把调节开关调到标记为"钻"的位置;另一种可用来冲打砌块和砖墙等建筑面的木榫孔和导线穿墙孔。这时,应把调节开关调到标记为"锤"的位置。通常可冲打直径为 6～16mm 的圆孔。有的冲击钻尚可调节转速,有双速和三速之分。在调速和调挡("钻"和"锤")时,均应停转。用冲击钻开錾墙孔时,需配专用的冲击钻头,规格按所需孔径选配,常用的直径有 8mm、10mm、12mm 和 16mm 等多种。在冲錾墙孔时,应经常把钻头拔出,以利排屑;在钢筋建筑物上冲孔时,遇到坚硬物不应施加过大压力,以免钻头退火。

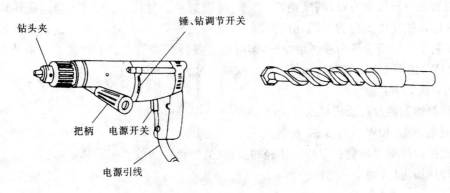

钻头夹 锤、钻调节开关
把柄 电源开关
电源引线

图 C.3.7 冲击钻

C.3.8 砂轮机

砂轮机是用来对刃磨刀具、钻头表面进行修磨的工具,也常用打磨电路板边缘使其平整美观。其实物如图 C.3.8 所示。使用砂轮机时要注意:

① 在安装砂轮时,要检查砂轮本身有无裂痕,砂轮必须完好无损方能安装,并将砂轮用螺母固定好。

② 使用时应先将电源接通,待电动机带动砂轮达到额定转速后,方能进行加工磨削工作。在磨削时,禁止将工件与砂轮撞击磨削,以免损坏砂轮。

③ 在磨削过程中如发现砂轮因磨损而过小或出现偏摆跳动现象,要停机修整后再使用,磨削操作人员要站在斜侧位置,以免砂轮碎裂或工件跳出伤人;使用时应将挡尘盖放下,避免磨下的粉末进到眼中。

图 C.3.8　砂轮机

C.3.9　热熔胶枪

热熔胶枪是一种专门用来加热熔化热熔胶棒的专用工具,其实物如图 C.3.9 所示。热熔胶枪内部采用居里点≥280℃的 PTC 陶瓷发热元件,并配设紧固导热结构,当热熔胶棒在加热腔中被迅速加热熔化为胶浆后,用手扣动扳机,即从喷嘴中挤出胶浆,供直接粘固用。

热熔胶是一种粘附力强、高度绝缘、防水、抗震的粘固材料,使用时不会造成任何环境污染。热熔胶枪按使用场合的不同,分为大、中、小号三种规格,并且喷嘴可做成各种各样的形状。电子制作时采用普通小号热熔胶枪,即可满足各种粘固要求。小号热熔胶枪的耗电一般为 $10\sim15W$,使用 $\phi7mm\times200mm$ 的胶棒,喷嘴尺寸为 $\phi2mm$。

使用方法如下:

① 将热熔胶棒放在胶枪里面。

② 通电预热(60W 大约 $3\sim5$ 分钟)。

③ 把胶枪的嘴对准要打胶的物体轻扣扳机(假如很费力就说明预热不够)。

④ 轻压固定(大约 $1\sim2$ 分钟)。

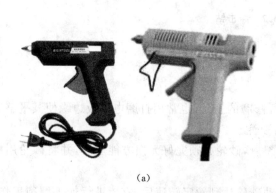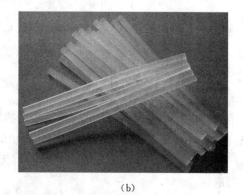

(a)　　　　　　　　　　　　　　　　(b)

图 C.3.9　热熔枪和热熔胶棒

(a) 热熔枪；(b) 热熔胶棒

C. 3. 10　虎钳

　　虎钳也称台钳,常固定在桌上,用于夹持待加工物件(如电路板),使其固定,便于使用锉刀、手锯等对其加工。其前端的支棒用于调节虎钳钳口间距。其外形如图 C. 3. 10 所示。

　　使用虎钳应注意:

　　① 虎钳应可靠地固定在钳工台上;

　　② 螺杆、螺母和导轨应保持清洁和润滑;

　　③ 在用钳加工时不损害零件。

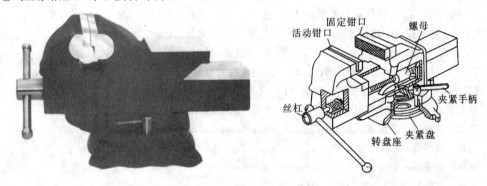

图 C. 3. 10　虎钳的外观及结构图

C. 3. 11　手摇绕线机

　　手摇绕线机主要用来绕制小型电动机的绕组、低压电器线圈和小型变压器,如图 C. 3. 11 所示。手摇绕线机体积小、质量轻、操作简便、能记忆绕制的匝数。在使用于摇绕线机时应注意:

　　① 使用时要把绕线机固定在操作台上;

　　② 绕制线圈时注意记下起头指针所指示的匝数,并在绕制后减去;

　　③ 绕线时操作者用手把导线拉紧拉直,注意较细的漆包线,切勿用力过度,以免将线拉断。

图 C. 3. 11　手摇绕线机

参考文献

[1] 康华光. 电子技术基础(模拟部分)[M]. 4 版. 北京:高等教育出版社,1999.

[2] 康华光. 电子技术基础(数字部分)[M]. 4 版. 北京:高等教育出版社,1999.

[3] 谢自美. 电子线路设计·实验·测试[M]. 2 版. 武汉:华中理工大学出版社,2000.

[4] 陈大钦. 电子技术基础实验[M]. 2 版. 北京:高等教育出版社,2000.

[5] 王天曦,李鸿儒. 电子技术工艺基础[M]. 北京:清华大学电子出版社,2000.

[6] 王卫平. 电子技术工艺基础[M]. 2 版. 北京:电子工业出版社,2003.

[7] 张洪润,唐昌建,马平安. 电子线路及应用[M]. 北京:科学出版社,2002.

[8] 魏群. 怎样选用无线电电子元器件[M]. 北京:人民邮电出版社,2000.

[9] 沈长生. 常用电子元器件使用一读通[M]. 北京:人民邮电出版社,2002.

[10] 湖北省教学研究室. 实用电子技术[M]. 武汉:湖北教育出版社,1997.

[11] 莫恩. 电阻器和电位器. 无线电[J],2002(1):56-57.

[12] 莫恩. 电容器. 无线电[J],2002(2):57-58.

[13] 莫恩. 电感器. 无线电[J],2002(3):56-57.

[14] 莫恩. 电声器件. 无线电[J],2002(4):57-58.

[15] 莫恩. 晶体二极管. 无线电[J],2002(5):56-57.

[16] 莫恩. 继电器. 无线电[J],2002(6):57-58.

[17] 莫恩. 晶体三极管和场效应管. 无线电[J],2002(7):57-58.

[18] 莫恩. 发光二极管. 无线电[J],2002(9):59-60.

[19] 莫恩. 光电器件. 无线电[J],2002(10):59-60.

[20] 门宏. 红外无线耳机. 无线电[J],2002(8):59-60.

[21] 李东方. 实用接插件手册[M]. 北京:电子工业出版社,2008.

[22] 黄继昌. 电子元器件应用手册[M]. 北京:人民邮电出版社,2006.

[23] 张盖楚,陈振明. 电工基本操作技能[M]. 北京:金盾出版社,2007.

[24] 任致程. 画说电工工具操作技能[M]. 北京:机械工业出版社,2007.

[25] 刘云和. 电子电工常用工具选用、自制与调修即时通[M]. 北京:机械工业出版社,2005.

[26] 阎士琦. 电工工具手册[M]. 北京:中国电力出版社,2004.

[27] R. S. Khandpur 著,曹学军,刘艳涛,钱宗峰,等译. 印制电路板——设计、制造、装配与测试[M]. 北京:机械工业出版社,2008.

[28] 张怀武. 现代印制电路原理与工艺[M]. 北京:机械工业出版社,2006.

[29] 姜雪松,陈绮,许灵军,等. 印制电路板设计[M]. 北京:机械工业出版社,2006.

[30] 王建石. 印制电路板设计技术标准手册[M]. 北京:中国标准出版社,2007.

[31] 熊信银,张步涵. 电气工程基础[M]. 武汉:华中科技大学出版社,2005.

图书在版编目(CIP)数据

电工电子工程基础/尹 仕 —武汉:华中科技大学出版社,2009 年 3 月
ISBN 978-7-5609-4640-5

Ⅰ.电… Ⅱ.尹… Ⅲ.①电工技术-高等学校-教材 ②电子技术-高等学校-教材
Ⅳ.TM TN

中国版本图书馆 CIP 数据核字(2008)第 090811 号

电工电子工程基础 尹 仕

责任编辑:沈旭日 封面设计:潘 群

责任校对:李 琴 责任监印:周治超

出版发行:华中科技大学出版社(中国·武汉)

   武昌喻家山 邮编:430074 电话:(027)87557437

录 排:华中科技大学惠友文印中心

印 刷:湖北新华印务有限公司

开本:787 mm×1092 mm 1/16 印张:16.25 字数:395 000

版次:2009 年 3 月第 1 版 印次:2009 年 3 月第 1 次印刷 定价:24.80 元

ISBN 978-7-5609-4640-5/TM·101